Betriebliche Risiken in der Nassbaggerei

Volker Patzold · Günter Gruhn

Betriebliche Risiken in der Nassbaggerei

Volker Patzold
Ing.-Büro Dr.-Ing. V. Patzold
Buchholz i.d.N., Deutschland

Günter Gruhn
Luckau, Deutschland

ISBN 978-3-662-49344-1 ISBN 978-3-662-49345-8 (eBook)
DOI 10.1007/978-3-662-49345-8

Die Deutsche Nationalbibliothek verzeichnet diese Publikation in der Deutschen Nationalbibliografie; detaillierte bibliografische Daten sind im Internet über http://dnb.d-nb.de abrufbar.

Springer Spektrum

Gedruckt auf säurefreiem und chlorfrei gebleichtem Papier

Planung: Merlet Behncke-Braunbeck

Springer Spektrum ist Teil von Springer Nature
Die eingetragene Gesellschaft ist Springer-Verlag GmbH Berlin Heidelberg

Das Foto zeigt den das Projektrisiko mindernden optimierten Gemischstrom aus schluffigem Feinsand und Wasser beim Austritt aus einer mehr als 10 km langen Spülrohrleitung, D_i 900 mm.

Die Optimierung berücksichtigte insbesondere folgende Risiken:

- Garantie vonseiten der Auftraggeber geforderten hohen Baggerleistung bei geringer Aufspülhöhe,
- selektive Baggerung von in Ton und Schluff eingelagertem Sand,
- relativ große Spülentfernung über bis zu 13 km,
- Einsatz einer sehr langen Dükerleitung zur Querung der Bucht,
- Auflockerung bindiger Schichten im Spülfeld
- Bau und Unterhaltung der Spülfelddeiche aus Moorboden,
- temporäre Einfuhr von Gerät in Brasilien.

Der Boden wurde von dem Konsortium DEME-Boskalis mittels Schneidkopfsaugbagger *Vlanderen XIX* der Firma DEME, Antwerpen/Belgien, in der Bucht von Sepetiba/Brasilien gebaggert. Die insgesamt installierte Maschinenleistung von Schneidkopfsaugbagger und Druckerhöhungsstation betrug rd.18.000 kW.

Vorwort

Mit den vorgelegten Ausführungen berichten wir nach jahrelanger Beschäftigung mit der Thematik über oftmals erhebliche Risiken organisatorischer, technischer und wirtschaftlicher Art in der Nassbaggerei – einem Sonderbereich des Erdbaus – und stellen mögliche Ursachen und Gründe dieser Risiken und deren Bewertung heraus.

Im Rückblick ist es erstaunlich, dass immer wieder die gleichen, dem Grunde nach bekannten Risiken in der einen oder anderen Preiskalkulation nicht angemessen berücksichtigt wurden und wohl auch in Zukunft werden, obwohl deren Eintrittswahrscheinlichkeit und Folgen im Vergleich mit anderen baulichen Tätigkeiten besonders hoch sind. Im Vordergrund stehen dabei die Folgen des Baugrundrisikos, insbesondere das Risiko bei der Abgrabung bindiger Böden.

Eine Erklärung, solche Risiken einzugehen, mag zu flüchtige Projektbearbeitung sein. Unerfahrenheit im Umgang mit geotechnischen Parametern oder gar Unkenntnis bei deren Interpretation könnten weitere Gründe sein. Auch mag der Wettbewerbsdruck eine Erklärung sein, der die Betrachtung und Berücksichtigung des einen oder anderen Risikos bei der Preisfindung leichtfertigerweise unnötig erscheinen lässt. Das „warum" des ständigen, erneuten Eingehens derselben Risiken lässt sich hier nicht erschöpfend klären. Mögen die Ausführungen dennoch helfen, zukünftig Folgen eingegangener Risiken zu mindern.

Die nachfolgenden Ausführungen stehen in Zusammenhang mit dem 2008 bei Springer erschienenen Fachbuch *Der Nassabbau* und sollen ein weiteres Sonderthema aus dem Bereich von Nassabgrabungen diskutieren.

Risiken sollen hier nicht nur in Zusammenhang mit der Preisfindung von Nassbaggerarbeiten untersucht werden, also erst zu einem recht späten Zeitpunkt der Projektabarbeitung, sondern bereits in dessen Vorfeld bei Beginn der Planung des Projektes. Die Projektbearbeiter von Auftraggeber und Auftragnehmer sollen schon in der Planungs- und Ausschreibungsphase eines Nassbaggerprojektes bezüglich etwaiger besonderer Wagnisse sensibilisiert werden. Denn erkannte Gefahr ist ja bereits eine gebannte.

Dazu werden verschiedene technische Parameter ausführungsbezogen dargestellt, diskutiert und weitgehend mit Fallbeispielen erläutert. Im zweiten Teil des Buches wird auf die Preisfindung eingegangen.

Dank gilt den in- und ausländischen Auftraggebern, für die wir an interessanten Fragestellungen der Nassbaggerei, meist in Zusammenhang mit Auseinandersetzungen über Nachträge für Projektleistungen, mitgearbeitet haben.

Nicht zuletzt gilt besonderer Dank den Mitarbeitern des Ingenieurbüros Dr.-Ing. V. Patzold und der Ingenieurgesellschaft Patzold, Köbke & Partner GmbH, Buchholz i.d.N. für deren Mitarbeit an der Erarbeitung von im Laufe von drei Jahrzehnten entstandenen Lösungen verschiedener Fragestellungen.

Glückauf!

Holm-Seppensen
im November 2015

Volker Patzold
Günter Gruhn

Inhaltsverzeichnis

Abbildungsverzeichnis

Tabellenverzeichnis

Abkürzungsverzeichnis

Abkürzungsverzeichnis

a	Jahr
ADCP	Fließgewässervermessung (*Acoustic Doppler Current Profiler*)
AG	Auftraggeber
AN	Auftragnehmer
ATV	Allgemeine Technische Vertragsbedingungen
BE	Baustelleneinrichtung
BGL	Baugeräteliste
BHD	Stelzenpontonbagger (*backhoe dredger*)
BLD	Eimerkettenbagger (*bucket ladder dredge*)
BR	Baustellenräumung
BS	British Standard
CD	chart datum
CEDA	Central European Dredging Association
CERCHAR	Centre d'Etudes et de Recherche des Charbonnages de France
CIRIA	Construction Industry Research and Information Association
CSD	Schneidkopfsaugbagger (*cutter suction dredger*)
d	Tag
DEME	Dredging Engineering & Environment N.V., Antwerpen/Belgien
D&I	Abschreibung und Verzinsung (*depreciation & interest*)
DIN	Deutsches Institut für Normung e.V.
EAK	Empfehlungen Arbeitsausschuss Küste
EAU	Empfehlungen Arbeitsausschuss Ufereinfassungen
EKT	Einzelkosten Teilleistung
EN	Europäische Norm
GAEB	Gemeinsamer Ausschuss Elektronik im Bauwesen
GD	Greiferbagger (*grab dredger*)
GPS	Positionierungssystem (*global positioning system*)
GK	Gesamtkosten
GT	gross tonnage
HABAK	Handlungsanweisung Baggerarbeiten Küste
HFO	Heavy Fuel Oil

HK	Herstellkosten
HRC	Härte Rockwell
HSD	Stationär arbeitender Laderaumsaugbagger
IADC	International Association of Dredging Companies
ICE	Institute of Civil Engineers
IHO	International Hydrographic Organisation
JDN	Jan de Nul N.V., Aalst/Belgien
JV	Joint Venture
kn	Knoten Schiffsgeschwindigkeit
LAGA	Bund/Länder-Arbeitsgemeinschaft Abfall
LV	Leistungsverzeichnis
MAG	Magnetometer
MBES	Fächerlotung (*multi beam echo sounding*)
MDO	Marine Diesel Oil
M&R	Reparaturkosten (*maintenance & repair*)
mon	Monat
NIVAG 1995	Geräteliste Nieuwe Vereniging van Aannemers Grootbedrijf
NL	Niederlande
NU	Nachunternehmer
PFV	Planfeststellungsverfahren
PIANC	The world association for waterborne transport infrastructure
PSD	Kornverteilung (*particle size distrinution)*
RHSD	Fräskopfsaugbagger (*road header scution dredger*)
SB	Vermessungsboot (*survey boat*)
SBP	parametrisches Echolot (*sub bottom profiler*)
SBES	Profilecholotung (*single beam echo sounding*)
SCSD	Seitenarmsaugbagger (*side casting suction dredger*)
SD	Grundsaugbagger (*plain suction dredger*)
SKN	Seekartennull
sm	Seemeile
SPT	Anzahl der Schläge beim Standard-Penetration-Test
SSS	Seitensichtgerät (*side scan sonar*)
STLB	Standardleistungsbeschreibung
TA	Technische Anleitung
THSD	Laderaumsaugbagger (*trailing hopper suction dredger*)
UCS	einaxiale Druckfestigkeit in MPa (*unconfined compressive strength*)
UWC	Unterwasserschneidrad (*under water cutting wheel*)
VOB	Vergabe- und Vertragsordnung für Bauleistungen
W&G	Wagnis & Gewinn
WID	Wasserinjektionsgerät (*water injection dredger*)
ZVB	Zusätzliche Vertragsbedingungen
ZTV-W	Zusätzliche Technische Vorschriften – Wasserbau

Formelzeichen

ρ_S	Schüttgewicht [t/m³]
φ	Reibungswinkel [°]
A	(Bagger)Fläche [m²]
A_0	Investitionssumme [€]
A_h	tatsächliche Einsatzstunden je Woche [h/w]
A_n	Annuität [€]
B	Breite [m]
Bft	Beaufort [Bft]
c_u	Scherfestigkeit [kPa]
c_v	Bodenanteil Gemischstrom [Vol%]
CAI	Cerchar-Verschleißindex
D_F	Drehfaktor
D_R	Innendurchmesser Druckrohr [m]
d_{mfx}	äquivalenter Korndurchmesser weit verteilter Böden [µm]
d_{10}	Korndurchmesser bei 10 % Siebdurchgang [µm]
EP	Einheitspreis [€]
EP_A	angebotener Einheitspreis [€]
EP_{eff}	tatsächlicher Einheitspreis nach Risikoeintritt [€]
EP_u	kalkulierte untere Preisgrenze [€/m³]
EP_o	kalkulierte obere Preisgrenze [€/m³]
E_W	Eintrittswahrscheinlichkeit [%]
f_A	Auflockerungsfaktor gebaggerter Boden
f_F	Füllungsgrad Laderaum, abhängig von Bodenart
f_{abr}	Faktor Abrechenbarkeit Baggerleistung
F	Faktor Mehrkosten M&R gemäß CIRIA Liste
FS	erwartete Schadenshöhe des Risikofalls [€]
$F_{S\ gesamt}$	gesamte erwartete Schadenshöhe [€]
F_{Rohr}	Rohrquerschnitt [m²]
f_{Fsp}	Anzahl Förderspiele Baggergut je h
GP	Gesamtpreis [€]
H	Seitenhöhe Schiffskasko [m] oder Standardeinsatzstunden je Woche gemäß CIRIA-Liste [h/w]
H_{cut}	Schnitthöhe [m]
HK_{eff}	tatsächliche Herstellkosten [€/w]
I_c	Konsistenzzahl
I_p	Plastizitätszahl
i	Zinssatz [%]
L	Länge [m]
LE_{eff}	tatsächliche Leistung [m³/w]
M	Antriebsleistung Schneidkopf [kW]

mWS	Druckhöhe Wassersäule
n	wirtschaftliche Lebensdauer [a]
P_p	Gemischerförderleistung Baggerpumpe [m^3/h]
p	Zinsfuß = 1+i/100
Q_{THSD}	abrechenbare Baggerleistung THSD je Woche [m^3/w]
$Q_{CSD, SD}$	abrechenbare Baggerleistung CSD, SD je Woche [m^3/w]
Q_{BLD}	abrechenbare Baggerleistung BLD je Woche [m^3/w]
Q_{BHD}	abrechenbare Baggerleistung BHD jr Woche [m^3/w]
Q_{GD}	abrechenbare Baggerleistung GD je Woche [m^3/w]
SK	Selbstkosten [€]
t	wöchentliche Arbeitszeit in Tagen zu 24 Stunden [h/w]
T	Temperatur [°C]
T_v	vertikale Baggertoleranz [m]
$T_{v\ technisch}$	Technisch erforderliche vertikale Baggertoleranz [m]
$T_{v\ bezahlt}$	Bezahlte vertikale Baggertoleranz [m]
T_h	horizontale Baggertoleranz [m]
$T_{v\ technisch}$	technisch erforderliche vertikale Baggertoleranz [m]
$T_{v\ bezahlt}$	vergütete vertikale Baggertoleranz [m]
V	Wiederbeschaffungswert [€]
V_{Abgr}	Abgrabungsvolumen [m^3]
V_B	bezahltes Baggervolumen [m^3]
V_E	Eimervolumen [m^3]
V_L	Löffelvolumen [m^3]
V_G	Greiferinhalt [m^3]
V_{Lad}	Laderaumvolumen [m^3]
V_{deg}	Abriebsvolumen [m^3]
$v_{Gemisch}$	Geschwindigkeit Gemischstrom [m/s]
v_s	Schwenkgeschwindigkeit [m/min]
v_u	Umfangsgeschwindigkeit [upm]
v_z	Sauggeschwindigkeit [m/s]
w_L	Fließgrenze
w_p	Ausrollgrenze
w	Woche
W	Wassergehalt [%]
W_{Bagger}	Konstruktionsgewicht Bagger [t]
z_d	Baggertiefe [m]

Im Nachfolgenden wird das Internationale Einheitensystem (SI) verwendet. Abweichungen werden zugelassen, wenn dies im Hinblick auf den Sprachgebrauch in der Nassbaggerei zweckmäßig erscheint. Bei Zahlen werden Dezimalstellen durch ein Komma abgegrenzt, tausender Einheiten durch einen Punkt.

1 Grundlagen der Nassbaggerei

Im Folgenden werden Nassbaggerarbeiten als Teil des Erdbaus verstanden. Der Erdbau im Nassen (Abb. 1.1) gliedert sich in wasserbauliche Arbeiten, dann Nassbaggerei genannt, sowie in Rohstoffgewinnung, dann Nassgewinnung genannt. Im englischen Sprachraum wird Nassbaggerei mit *dredging* bezeichnet und bedeutet das Heraufbringen von Boden von der Meeres- oder Flussbettsohle. Nassgewinnung wird mit *dredge mining* übersetzt [1]. Nassbaggerei bedeutet Erdaushub im Nassen in Zusammenhang mit Hafenbau, Flussvertiefung, Küstenschutz oder Landgewinnung, seeseitige Rohrgrabenbaggerung sowie Seekabelverlegung.

Über Nassbaggerei wurde in der Literatur wiederholt aus wechselnder Sichtweise geschrieben. Zu erwähnen sind insbesondere aus Sicht

- von Forschung und Lehre: Arbeiten von Vlasblom und Miedema [2],
- des Nassbaggereibetriebs: ein Handbuch von Bray [3],
- der Nassgewinnung: die Ausführungen von Patzold, Gruhn, Drebenstedt [4],
- des Maschinenbaues und -betriebes: Vorlesungsskript von Welte [5] und die Ausführungen von Blaum, v. Marnitz [6] sowie von Richardson [7],
- der Förderung mittels Baggerpumpen: das Buch von Herbich [8],
- von Verschleißfragen: in den Ausführungen von Verhoef [9] oder
- ökologischer Fragen: die Ausführungen von Bray [11].

Das Risiko bei Durchführung von Nassbaggerei gliedert sich in

- unternehmerisches Risiko,
- betriebliches Risiko und
- finanzielles Risiko.

In diesem Buch sollen die betrieblichen Risiken beim Betreiben der Nassbaggerei näher untersucht werden.

V. Patzold, G. Gruhn, *Betriebliche Risiken in der Nassbaggerei*,
DOI 10.1007/978-3-662-49345-8_1

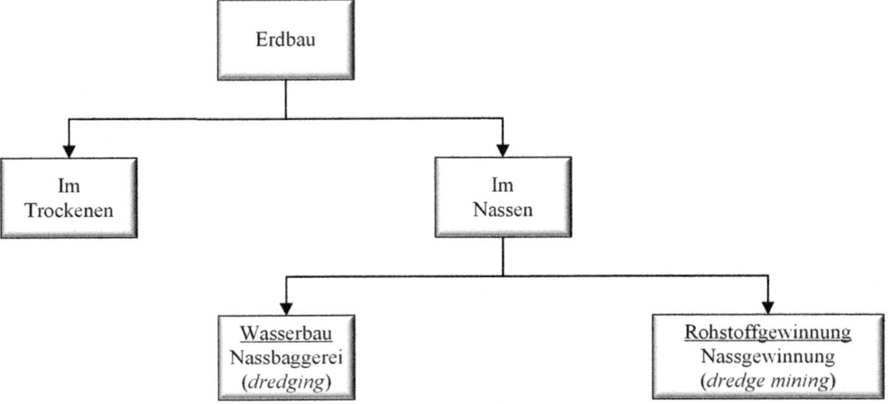

Abb. 1.1 Gliederung des Erdbaus im Nassen

1.1 Unternehmerisches Risiko der Nassbaggerei

Im Vergleich zum trockenen Erdbau bedeutet das Wagnis, Nassbaggerei zu betreiben, ein sehr viel höheres Risiko einzugehen, was allein an der notwendigen Investitionssumme für die Anschaffung eines einzigen Nassbaggergerätes deutlich wird. Doch sind es nicht nur die hohen Investitionssummen, die eine gesunde Kapitalbasis der Nassbaggerei treibenden Gesellschaft erfordern.

So dauert es vom Entschluss, in einen Nassbagger zu investieren, bis zur Inbetriebnahme des neu gebauten Gerätes ca. 4 Jahre und mehr, bis mit dem neuen Gerät ein Kapitalrückfluss erwirtschaftet werden kann. Davon entfallen rd. 1 Jahr auf die Planung des Gerätes, weitere 2 Jahre auf den Bau in der Werft und dann oftmals mehrere Monate, bis ein geeignetes Projekt für die neu erstellte Geräteart akquiriert worden ist.

Der neu gebaute Nassbagger ist mit seinen Eigenschaften wie Laderaumgröße, Schneidkopfleistung, Baggerpumpenleistung oder erreichbarer Baggertiefe immer nur für ein Projekt die beste Lösung. Alle anderen Projekte bedeuten immer einen Kompromiss mit Auswirkungen auf Risikohöhe, Leistung oder Verschleiß und damit auf das wirtschaftliche Ergebnis der Unternehmung.

Man kann schon mit einem einzigen Gerät am Markt teilnehmen. Der Unternehmer wird jedoch sehr schnell feststellen, dass dieses eine Gerät marktpolitisch eigentlich so viel wie kein Gerät zu haben bedeutet, d. h., dass er am Markt nicht so teilnehmen kann, wie es notwendig wäre, um eine möglichst kontinuierliche Beschäftigung des einen Gerätes zu erreichen.

Der Wettbewerber weiß um die Schwäche des neuen Unternehmers – der keine weiteren Geräte verfügbar hat – und hilft dem neuen Mitbewerber nicht. Der neue Unternehmer kann auch keine Arbeitsgemeinschaften eingehen, um auf diesem Wege eine bessere Auslastung zu erreichen, sein eigenes Gerät ist beschäftigt, über weitere verfügt er nicht. Vielmehr muss er u. U. lange warten, bis das laufende Projekt abgewickelt ist und ein geeignetes neues Projekt akquiriert werden konnte.

Tab. 1.1 Anzahl seit ca. 1970 gebauter Gerätearten nach [12]

Geräteart	THSD	CSD	SD	BLD/GD	BHD	Spezial-geräte
Kriterium	GT	D_R	D_R	V_E	V_L	
Größe	>700 t	>0,35 m	>0,35 m	>0,5 m^3	>3 m^3	
Anzahl	478	410	38	53	228	95
%	37	31	3	4	18	7

Ein weiteres, mit der vorausgehenden Frage zusammenhängendes Problem ist, in welchen Gerätetyp investiert werden soll. Soll ein Laderaumsaugbagger angeschafft werden oder besser ein Schneidkopfsaugbagger oder irgendein anderer Gerätetyp?

Die International Association of Dredging Companies (IADC) hat eine Statistik verschiedener Gerätetypen aufgelistet, die seit mehr als 40 Jahren von ihren Mitgliedsgesellschaften in Dienst gestellt worden sind [12]. Die Anzahl der Geräte, nach Typen geordnet, ist in Tab. 1.1 dargestellt.

In die Auflistung sind keine speziellen Gerätearten aus der Nassgewinnung von Rohstoffen einbezogen, was jedoch nicht ausschließt, dass einige der aufgelisteten Geräte in der Nassgewinnung ebenfalls eingesetzt werden können.

Den größten Teil dieser Nassbaggerei-Flotte nehmen danach die Gerätetypen Laderaumsaugbagger (THSD) (37 %) und Schneidkopfsaugbagger (CSD) (31 %) ein, gefolgt von dem Gerätetyp Stelzenpontonbagger (BHD) (18 %). Greiferbagger (GD), Eimerkettenbagger (BLD), Grundsaugbagger (SD) und Spezialgeräte zusammengenommen haben einen Anteil an der Flotte von rd. 14 %.

Einer betriebswirtschaftlichen Markt- und Unternehmensanalyse bleibt vorbehalten, in welche Geräteart unter Berücksichtigung der geplanten zukünftigen Aktivitäten zu investieren ist.

Das erkennbare unternehmerische Risiko liegt neben den direkten Projektrisiken, d. h., den betrieblichen Risiken (s. Abb. 1.4) im zu niedrigen Beschäftigungsgrad des Geräteparks. Wie weiter unten ausgeführt, beträgt die Beschäftigung eines Gerätes im langjährigen Mittel rd. 45 % der jährlichen Verfügungszeit. Die restliche Zeit eines Jahres ist Stillstandszeit, Dockzeit oder ggf. Umbauzeit. Aus dieser Beschreibung wird das Unternehmerrisiko der Nassbaggerei deutlich.

Vor der weiteren Diskussion der Risiken sollen in diesem Kapitel zunächst Wesen und Eigenheiten der Nassbaggerei sowie auch der Nassgewinnung dargestellt werden.

1.2 Definition der Nassbaggerei

Im Zusammenhang mit Baugrundabtrag im Nassen unterscheidet man zwischen [4]

- der wasserbaulichen Nassbaggerei mit schwimmendem Gerät zur Neuerstellung von Wasserwegen, Kanälen, Hafenbecken und deren Unterhaltungsbaggerei, Aufspülung z. B. von Deichen oder Dämmen sowie zur Landgewinnung und
- der Nassbaggerei im Zuge der bergmännischen Nassgewinnung mit schwimmendem oder landgestütztem Gerät im Wesentlichen zur Gewinnung von Rohstoffen.

In der Nassbaggerei auszuführende Abgrabungen, z. B. für Schifffahrtswege, Fluss- oder Kanalbauten, finden oftmals auf kilometerlangen und hunderte Meter breiten Flächen statt. Die Ausdehnung der zu bearbeitenden Flächen bedeutet, dass die Abgrabungsleistung von häufig und manchmal stark wechselnden Verhältnissen unterschiedlicher Art geprägt ist, z. B. sich ändernder

- geologischer und geotechnischer Verhältnisse,
- hydrologischer Bedingungen,
- klimatischer Gegebenheiten oder auch
- anthropogener Einflüsse.

Die folgenden Ausführungen gelten schwerpunktmäßig für Nassbaggerarbeiten, sind jedoch sinngemäß auch auf die Nassgewinnung übertragbar. Die beiden Tätigkeiten gleichen einander weitgehend und sind oftmals mit gleichen Risiken verbunden. Dennoch gibt es ein sehr unterschiedliches Risikopotenzial, wovon das der Nassbaggerei im Allgemeinen weit höher einzuschätzen ist als das der Nassgewinnung. Gründe hierfür sind:

- weit größere zu bearbeitende Projektflächen,
- Erfordernis profilgerechten Baggerns von Sohle und Böschung,
- vorgegebene Bauzeit, in der erheblich größere Mengen abzugraben sind,
- eingesetztes Kapital, dessen Höhe ein Vielfaches des in der Nassgewinnung üblichen Betrages ausmacht u. a. m.

Neben dem Risikopotenzial unterscheiden sich Gerätebauweise, Zielsetzung und Ausführungsphilosophie der mobilen Nassbaggerei erheblich von der der stationären Nassgewinnung. Einige Unterschiede sind in nachfolgender Tabelle aufgelistet (Tab. 1.2).

1.2.1 Nassbaggerarbeiten

Zu Nassbaggerarbeiten gehören u. a. folgende kontrolliert ausgeführte Nassabgrabungen:

- im **Hafenbau**, z. B. Herstellung von Zufahrtskanälen, Wendebecken, Liege plätzen sowie Bodenaustausch, z. B. im Bereich eines neuen Kais,
- im **Deichbau**, z. B. Aufspülen des Dammkerns,
- im **Straßenbau**, z. B. Auftrag von Dammkörpern und Frostschutzschichten, ggf. nach Bodenaustausch nicht tragfähiger Schichten,
- in der **Landgewinnung**, z. B. Aufspülung von Wohn- oder Industrieflächen, Vorspülung zur Ufersicherung sowie künstlicher Inseln,
- in der **Unterhaltung** von Häfen und Wasserstraßen,
- im **Rohrleitungsbau** zum Herstellen und Rückverfüllen von Rohrleitungsgräben.

Tab. 1.2 Merkmale von Nassbaggerei und Nassgewinnung

Kriterien		Nassbaggerei	Nassgewinnung
Meistgenutzte Gerätetypen		THSD, CSD, SD, BLD, BHD, GD	SD, BLD, GD
Bauart		Monoponton	Zerlegbarer Ponton
Wiederbeschaffungswert V [€]		3.000.000 > V < 165.000.000	300.000 > V < 5.000.000
Klassifizierung		Klassifikationsgesellschaft	Binnen-schiffsberufsgenossenschaft
Nutzung		Wasserbau, Landgewinnung	Rohstoffgewinnung
Einsatzgebiete		See, Fluss	Landgruben
Bodenart		Rollig, bindig	Rollig, Kies, Steine
Transportentfernungen [km]	Spülen	<4,0	<0,4
	Förderband		<3,0
	Schuten	<100,0	>2,0
Mittlere Leistung [m^3/a]		>1.500.000	200.000
Mittlerer Umsatz		6.000.000	1.800.000

Die Aufgabe der Nassbaggerei ist der planmäßige Bodenabtrag bis zu vorgegebenen Grenzen, die Aufgabe der Nassgewinnung die maximierte Rohstoffgewinnung innerhalb eines vorgegebenen Gebietes.

Wasserbauliche Nassbaggerei findet im Gegensatz zur bergmännischen Nassgewinnung auch im Fels mit höheren einaxialen Druckfestigkeiten (UCS) von bis zu ca. 150 MPa statt. Je nach Gesteinsgenese und tektonischer Struktur, Anzahl und Abmessungen von Störungen wie Klüften oder Schichtflächen können Nassbaggereiarbeiten auch in höheren Druckfestigkeitsklassen ausgeführt werden, z. B. Baggern von

- Kalkstein oder Korallenkalken mittels Schneidkopfsaugbaggern wie CSD *d'Artagnan* mit großen installierten Leistungen am Lösewerkzeug, im Falle des CSD *d'Artagnan* von 6.000 kW, oder von
- Magmatiten in kleineren Mengen, wenn Lockerung durch Sprengen oder Meißeln nicht ausgeführt werden kann, schrämend mittels Fräskopfsaugbagger mit einer am Fräskopf relativ geringen installierten Leistung von ca. 500 kW.

1.2.2 Nassgewinnungsarbeiten

Bei der Nassgewinnung handelt es sich um Rohstoffgewinnung, d. h., es erfolgt i. d. R. keine profilgerechte Nassabgrabung von Lockergestein bis hin zu leichtem Fels. Dies bedeutet im Einzelnen:

- das **Lösen** und Entfernen aus dem ursprünglichen Gebirgsverband sowie Heben des Baggergutes über die Wasserlinie (Nassgewinnung), einschl. ggf. dem Abtrennen des für die Weiterverwendung ungeeigneten Materials aus dem Baggergut (Voraufbereitung) sowie
- den **Transport** des abgegrabenen Bodens zur Weiterverarbeitungsstelle (THSD-, Schuten-, Rohrleitungs-, Förderband- bzw. Lkw-Transport), meist mittels Einsatz von schwimmendem und terrestrischem Gerät unterschiedlicher Bauart und Größe.

Den weitaus größten Umfang im Bereich der Nassgewinnung nimmt der Abbau von Kies und Sand an. Dafür werden im Vergleich zur Nassbaggerei kleine Geräteeinheiten in Kombination mit Aufbereitungsanlagen z. B. für Entwässerung, Trennung von unerwünschten Bestandteilen, wie z. B. Schadstoffen, oder Klassierung erforderlich.

Bei der Nassgewinnung von z. B. Schwermineralen werden wegen der geringen Gehalte an Erz weit größere Geräteeinheiten erforderlich als bei Sand- und Kiesgewinnung, wodurch die Grenzen von Nassbaggerei und Nassgewinnung weiter verschwimmen (vgl. Lastfall 1.1).

Die Ähnlichkeit von Nassbaggerei- und Nassgewinnungstätigkeit zeigt sich weiter darin, dass auch in der Nassgewinnung Endböschungen vor allem in dicht besiedeltem Lebensraum häufig profilgerecht hergestellt werden müssen, wobei zur Ausführung die Technik der Nassbaggerei übernommen wird. Unterschiedlich dagegen ist

Lastfall 1.1 Gerätegrößen in Nassbaggerei und Nassgewinnung

Bei der Gewinnung von Sand und Kies werden bei mittleren terrestrischen Abbauvorhaben von jährlich ca. 250.000 m^3 und Transportentfernungen von ca. 400 m relativ kleine Geräte (SD) benötigt.

Bei seewärtiger Kiesgewinnung werden dagegen selbstlöschende THSD mit einem Laderaumvolumen von 5.000 m^3 und mehr eingesetzt. Diese Geräte klassieren den anstehenden kiesigen Sand bereits auf See vor. In diesem Fall ist das Verhältnis von Laderaumgröße und Transportentfernung zwischen Gewinnung und Anlandung entscheidend für die Wirtschaftlichkeit.

Beim israelischen Steinsalzabbau am Toten Meer dagegen sollen Mengen von jährlich 5.500.000 m^3 je Nassbagger bei Transportentfernungen von bis zu 8.000 m, in diesem Beispiel CSD, bzw. insgesamt 16.000.000 m^3 pro Jahr mit 3 CSD im Nassen gebaggert und verbracht werden, was spezielles Großgerät, wie in der Nassbaggerei üblich, erforderlich macht.

Im südafrikanischen Rutilabbau werden CSD mittlerer Größe mit einem Druckrohrleitungsdurchmesser von ca. 500 mm eingesetzt.

In der Offshoregewinnung von Diamanten vor der namibischen Küste werden nassbaggereiliche Großgeräte wie CSD genutzt, in der Onshore ausgeführten namibischen Diamantengewinnung werden ebenso wie in der malaysischen Zinnbaggerei große BLD eingesetzt. Die Eimervolumina betragen >>850 l/Eimer.

die Anforderung an die Ebenflächigkeit der Gewässersohle. Bei Abgrabungen für wasserbauliche Vorhaben wie Wasserstraßen, Häfen mit Liegeplätzen u. a. m. kommt es darauf an, dass die ausgeschriebene Solltiefe im Bereich der gesamten Ausbausohle hergestellt ist und damit spätere Grundberührungen durch Schiffe ausgeschlossen sind. In der Nassgewinnung spielt dieser Aspekt keine Rolle.

1.3 Bodenmengen und Gerätegröße

Bei Nassbaggerarbeiten fallen sehr häufig große Bodenmengen an, die gelöst, transportiert und an anderem Ort wieder verbaut oder abgelagert werden müssen. Das gilt sowohl für Neubaumaßnahmen als auch für Unterhaltungsbaggerungen sowie für Landgewinnungsprojekte.

Als größeres deutsches Landgewinnungsvorhaben ist u. a. die seit 1972 stattfindende Strandvorspülung von Sylt zu nennen, in dessen Zuge jährlich ca. 1,5 Mio. m^3 Sand vorgespült werden.

Die in Abb. 1.2 dargestellten, der Küste von Dubai in einem Abschnitt von ca. 60 km Länge vorgelagerten 6 Aufspülflächen zeigen beeindruckende Größenordnungen in einer Ausdehnung von bis zu ca. 100 km^2, auf die mehrere Milliarden m^3

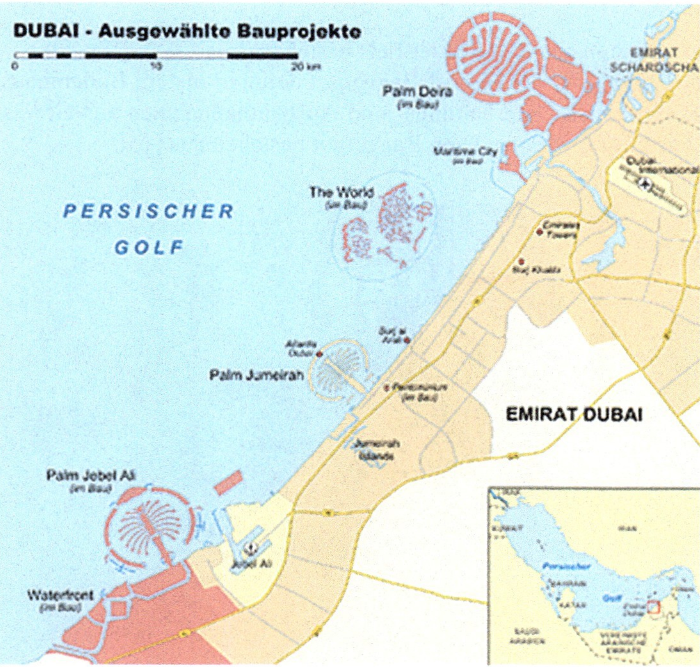

Abb. 1.2 Landgewinnungsprojekte Dubai (Vereinigte Arabische Emirate). Aufspülungsflächen rot markiert. (Quelle: Wikipedia)

Sand aufgespült worden sind. Diese häufiger zu bewegenden großen Bodenmengen von einigen Millionen m^3 machen Großbaggergerät erforderlich.

Nassbagger sind im Vergleich zu sonstigem Erdbaugerät i. d. R. große Geräteeinheiten, im Fall des CSD *d'Artagnan* z. B. mit Abmessungen von rd. 125 m Länge, 25 m Breite und 6 m Seitenhöhe. Sie verfügen über installierte Maschinenleistungen von 30.000 kW und mehr.

Die Baggergeräte verfügen über Steuerungen z. B. zur Kontrolle

- des Schneidkopfes beim CSD oder
- des Schleppkopfes beim THSD oder
- des Saugkopfes beim Grundsaugbagger (SD) sowie
- der Baggerpumpe(n) und damit des Förderstroms.

Mit der verknüpften Steuerung dieser Einrichtungen lässt sich der Baggervorgang bei weitgehend gleichmäßigen ungestörten Gegebenheiten automatisieren.

In Abb. 1.3 und 1.4 sind beispielhaft einige Nassbaggertypen, hier CSD und THSD, in unterschiedlicher Gerätegröße abgebildet.

Die Kenndaten der im vorliegenden Text erwähnten Nassbagger sind in Tab. 1.3 zusammengefasst.

1.4 Baggergut

Der Baugrund kann aus Boden oder Fels bestehen.

In DIN 19731 wird der Begriff Baggergut definiert als ein Bodenmaterial, welches im Rahmen von Unterhaltungs- und Ausbaumaßnahmen aus Gewässern entnommen wird. Im Einzelnen kann Baggergut bestehen aus [15]:

Abb. 1.3 CSD: Mittelgroßer CSD, DN 600, *ex M30*, Fa. Möbius

Abb. 1.4 THSD **a** $\text{THSD}_{\text{heavy duty}}$ *Gerardus Mercator*, 18.000 m³ (© Vissers, [13]) **b** THSD *Hegemann II*, 1.400 m³ (© D.Hegemann AG [14])

- jungen Sedimenten bzw. Unterwasserböden der Gewässersohle,
- Oberböden im Ufer- bzw. Überschwemmungsbereich des Gewässers und
- Unterböden und deren Ausgangsmaterial (Locker-, Festgesteine) aus dem Gewässerbettumfeld.

Nassabgrabungen finden unter Wasser statt. Etwa über dem Wasserspiegel anstehendes Material wird im Zuge der Baggerung unterschnitten und fällt so dem Lösewerkzeug zu. Der Baggermeister sieht demzufolge das Geschehen am Lösewerkzeug nicht direkt und kann die möglicherweise auftretenden Erschwernisse nicht vorausblickend erkennen. Er spürt sie jedenfalls spätestens, wenn „der Kaffee aus der Tasse schwappt", d. h. wenn der Bagger durch Auftreffen auf einen Block oder ein sonstiges Hindernis stark

Tab. 1.3 Kenndaten im Text zitierter Nassbagger

				KENNDATEN							
			Bau-	Abmes-sungen	Rohr durch-messer	gesamt inst. Leistung	inst Leistung Schneid kopf	Bagger-pumpe	Ge schwin-digkeit	Bagger-tiefe	Gefäß-gröte
Name	Firma	Typ	jahr	[m]·[m]·[m]	[mm]	[kW]	[kW]	[kW]	[kn]	[m]	[m3]
Antigoon	DEME N.V./B	THSD	1989/ 1994	115·22·5·9,8	1200/900	10.853		7000	14,0	24/45	8.400
Hegemann II	Hegemann	THSD	1991	67·12·2,6	450	1.400			8,0	12,0	1.400
Gherardus Mercator	Jan de Nul	THSD	1997	153·29·11,5	1.000	22.000			15,2	55,0/ 112,0	18.000
Ajax R	Rhode Nielsen	BLD	1966/ 1990	45,6·11,8·3.7		1.100				19,5	0,52
Rozowiadzda	Polen	BLD				1.000					0,85
Castor	vanOord N.V./NI	CSD	1983	104,6·18·4	850	14.260	3.680			25,7	
Usedom	vanOord N.V./NI	BLD	1990/ 1994	70·14,8·5,2		2.005				24,0	0,8
Faunus	vanOord N.V./NI	SD	1972	83,2·11,5·3,6		2130				58,0	
Kovin I	EPS	UWC/ CSD	1990	55·15·4	900	12000	750			45,0	

Abb. 1.5 Handstücke Korallenkalkstein (Bahamas)

geschüttelt wird. Bei entsprechender flächenhafter Erkundung des Baggergebietes wird der feste Horizont dem Baggermeister auf einem Monitor rechtzeitig angezeigt, sodass er die Betriebsbedingungen wie Schnittstärke oder Schneidkopfdrehzahl ggf. ändern kann.

In Abbildung (Abb. 1.5) sind Handstücke von Korallenkalkstein abgebildet, die mit einem CSD mit 3.000 kW installierter Schneidkopfleistung gebaggert worden sind. Aufgrund seiner einaxialen Druckfestigkeit (UCS) von >30 MPa wurden „nur" ca. 300 m^3/h von diesem Material gebaggert, d. h., vielleicht 10 % der Baggerleistung in Sand.

Früher wurde Fels erst nach Lockerung des gewachsenen Materials, sei es durch Meißelung oder durch Sprengen, gebaggert. Die zwischenzeitliche Verbesserung der Konstruktions- und Bauart der Nassbagger und der eingesetzten Baumaterialien lassen heutzutage auch die direkte Nassbaggerung von Fels zu.

Mittels Nassbagger ohne vorherige Lockerung abgrabbarer Fels kann in Abhängigkeit von Art und Umfang der das Gestein zergliedernden Störungen beispielsweise eines der folgenden Gesteine sein:

- Magmatite (z. B. Rhyolith),
- Sandstein,
- Kalkstein, Korallengestein,
- Konglomerate, Brekzien,
- Mergel mit einer Scherfestigkeit von $c_u > 700$ kPa,
- in einer Matrix von Sand und Mergel eingebettete Blöcke,
- u. a. m.

1.5 Lösewerkzeuge

Nassbagger müssen mit Lösewerkzeugen ausgerüstet werden, es sei denn, dass frei zulaufender, nicht bindiger Boden zur Abgrabung ansteht. Nachfolgend sind einige Lösewerkzeuge dargestellt:

Abb. 1.6 Schneidkopf 6-armig für Fels, Fabr. Esco, Meißelart: *pick points*; aus: Patzold et al. 2008 [4]

Abb. 1.7 Schneidkopf 5-armig, Fabr. Esco, für Mergel, Meißelart: *chisel*; aus: Patzold et al. 2008 [4]

- Schneidkopf für CSD (Abb. 1.6 und 1.7) zur Baggerung von Sand bis leichtem Fels,
- Fräskopf für Fräskopfsaugbagger (RHSD) (Abb. 1.8) für den Abtrag von kleineren Mengen Fels hoher Druckfestigkeit (<100 MPa)
- Unterwasserschneidrad (UWC) für CSD (s. a. Abb. 2.2) zur Baggerung von Mergel.

Die Antriebsleistung der Lösewerkzeuge für CSD reicht derzeit von 75 kW installierter Leistung für einen kleinen Schneidkopf im Bereich der Nassgewinnung bis >6.000 kW für Nassbaggerei in Fels.

Die Antriebsleistung des Schneidkopfes ist ein Merkmal für das gesamte Schiff. Die Reaktionskräfte, die am Vorschiff mit dem Eindringen des Schneidkopfes in den Baugrund auftreten, müssen über die Verankerung des Baggers, im Regelfall seiner Pfähle, wieder in den Grund geleitet werden.

Beispielsweise erfolgt beim CSD der Krafteintrag in den Baugrund durch die Rotationsbewegung des Schneidkopfes sowie durch den Andruck an den Baugrund.

Abb. 1.8 Lösewerkzeug RHSD, Fabr. Sandvik, 300 kW Fräskopf für Saugbagger; © Sandvik AB [16]

Die den Andruck an das Gebirge hervorrufende Vorschubkraft wird im Falle CSD durch den Pfahlvorschubzylinder erbracht. Da die Geräte schwimmen, erfolgt die Aufnahme der Rückstellkräfte beim Schneidvorgang durch das Schiffsgewicht und die Pfahlverankerung.

1.6 Gerätetypen und -auswahl

Die technischen Lösungsansätze für die Leistungskette Abgraben – Transportieren – Verbringen resultieren im Zuge der Durchführung von Nassbaggerarbeiten in einer sehr großen Gerätevielfalt (Tab. 1.4).

Die Vielfalt wird schon durch die vorstehenden Beispiele von Baggergeräten und deren Lösewerkzeugen verdeutlicht. Hinzu kommen weitere Varianten durch verschiedene Transportsysteme, z. B.

- Verspülen
  - mittels Jetten (*rainbowing*) bis ca. 90 m,
  - mittels Baggerkreiselpumpe via Rohrleitung und Ablagern im bis ca. 4.000 m entfernten Spülfeld, bei größeren Spülentfernungen ggf. Betrieb von Druckerhöhungsstationen..
- Transportieren
  - mittels Kolbenpumpe bis ca. 40.000 m,
  - Schutentransport,
  - THSD-Transport,
  - Bandtransport.

Tab. 1.4 Baggervarianten

Gruppe	Einsatzgebiet	Transport Baggergut	Arbeitsmodus	Lösewerkzeug	Baggertyp
BLD	An Land	Mechanisch, nicht kontinuierlich	Stationär	Eimerkette	BLD landgestützt
	Schwimmend				BLD
SD	Schwimmend	Hydraulisch. kontinuierlich	Stationär	Saugkopf	SD
				Druckwasseraktivierter Saugkopf	
				Schneidkopf	CSD
				Schneidrad	UWC
				Auger-Schneidkopf	Umwelt-CSD
		Hydraulisch, mechanisch, nicht kontinuierlich		Saugkopf	Stationärer Laderaum-saugbagger HSD
			Trailing	Schleppkopf	THSD
Airlift-SD	Schwimmend	Airlift, hydraulisch	Stationär	Druckluft-Saugkopf	Airliftbagger
		Kontinuierlich			

Für die Nassgewinnung wurden Varianten für Transportarten kostenmäßig bewertet. Die Kosten für Transporte über eine Distanz von 1.500 m Transportentfernung variieren zwischen 1,30 €/t und 1,90 €/t für Band- bzw. Schutenförderung.

In der Ausgabe 1995 hat British Standard (BS 6349–5) für den im Vorfeld tätigen Planer Tabellen erstellt, aus denen die Eignung von verschiedenen Gerätearten im Falle von Neubau-, Unterhaltungs- und Felsbaggerung zu entnehmen ist [17].

In den BS-Tabellen ist der technische Stand der Geräte von 1995 berücksichtigt. Die zwischenzeitliche Entwicklung der Geräte erlaubt heute den Einsatz in weit festeren Böden, der 1995 noch nicht möglich war. Auch werden von BS erwähnte Geräte wie z. B. Löffelstielbagger oder Hoppergreiferbagger heutzutage in der allgemeinen Nassbaggerei kaum noch eingesetzt, da sehr unwirtschaftlich. Deren Aufgaben sind von BHD, GD bzw. THSD übernommen worden. Die BS-Tabellen sind auch deshalb überarbeitungsbedürftig. Ein weiterer Überarbeitungspunkt sind die relativ kleinen Mengenvorgaben, nach denen unterschieden wird.

In Anlehnung an die BS-Typisierung wurde ein Auszug vorgenommen und eine überarbeitete Liste mit den hier diskutierten, heute gebräuchlichen Geräten THSD, CSD, SD, BLD, BHD und GD erstellt (Tab. 1.5).

Eine dem Projekt und seinen Bedingungen nicht angemessene Geräteauswahl ist Ursache für u. U. erhebliche Risikofolgen. Beispielhaft sei der Einsatz eines THSD in fester Moräne erwähnt anstelle z. B. eines CSD.

Folgende Kriterien sind zu nennen, die in der Nassbaggerei mehr oder weniger Einfluss auf das Risiko des Auftragnehmers (AN) nehmen. Diese sind:

- Planungsziel des Auftraggebers (AG),
- Baustellengegebenheiten,
- Lage des Baggergebiets im Onshore- oder Offshorebereich,
- geforderte Baggergenauigkeit,
- Sollbaggertiefe z_d zuzüglich technisch erforderlicher Toleranzbaggerung,
- geotechnische Eigenschaften des abzugrabenden Baugrunds,
- zugelassene Ausführungszeit,
- die Verbringungsart und der Verbringungsort, ggf. unter Berücksichtigung von Kontaminationen insbesondere von Laich- und Aufzuchtgebieten sowie Rastvogelplätzen durch das Baggergut, unter Berücksichtigung des Bundesnaturschutzgesetzes.

1.7 Angebotsbearbeitung von Nassbaggerprojekten

Die zunächst simpel erscheinende Abgrabungstätigkeit bleibt sehr häufig eine komplizierte Arbeit, die sehr viel Erfahrung vom Planer sowie dem ausführenden Unternehmer und seinem Kalkulator benötigt, um wirtschaftlich erfolgreich zu werden, d. h.,

Tab. 1.5 Eignung verschiedener Nassbaggerarten (überarbeitet nach BS 6349–5, [17])

	THSD			CSD			SD		GD			BLD			BHD		
Naßbaggerung	N	U	F	N	U	F	N	U	N	U	F	N	U	F	N	U	F
Bodenart																	
Schluff	1	1		1	1		1	1	2	2		2	2		2	2	
fester Schluff	1	1		1	1				1	1		1	1		2	2	
Feinsand	1	1		1	1		1	1	2	2		1	2		2	2	
Mittelsand	1	1		1	1		1	1	2	2		2	2		2	2	
Grobsand	1	1		1	1		1	1	1	2		1	2		2	1	
Kies	1			1			1	1	1			1			1		
weicher Ton	1			3					2			2			2		
steifer Ton	2			3					2			2			1		
fester Ton	3			3					3			3			1		
Blöcke	N			N		N			2	2		2		2	1		
sehr weicher Fels	3		N	1		1			3		2	3		1	1		
weicher Fels	N		N	1		1			N		3	N		2	1		
mäßig lockerer Fels	N		N	1		1			N		N	N		3	1		
vorgelockerter Fels	2		2	3		2			2	2	2	2		2	1		
Baggergebiet																	
abgeschlossen	N	3		1	1	2	3	3		1		1	2	2	2	2	N
geschützt	1	1		1	1	1	3	3		1		2	1	1	1	1	N
offen	1	1		2	2	2	N	N		3		3	3	2	3	3	1
Verbringung																	
an Land	1	2		1	2	1	1	1		N		N	2	N	2	2	2
Tidegebiet	1	1		1	1	N	3	3		N		N	N	N	N	N	N
off shore	1	1		1	1	2	N	N		3		1	1	1	1	1	1
Verkehrsbelastung																	
stark	1	1		2	3	3			3	3	3	3	3	3	2	2	2

N = Neubau (*capital dredging*); U = Unterhaltungsbaggerung (*maintenance dredging*); F = Felsbaggerung; 1 = gut; 2 = möglich; 3 = mäßig; N = nicht verwendbar

- den angemessenen Preis für die Abgrabung zu finden,
- die Arbeiten zu diesem Preis beauftragt zu bekommen und
- diese technisch und wirtschaftlich erfolgreich auszuführen.

Ein erster wichtiger Hinweis für die an der Preisfindung arbeitenden Ingenieure ist, dass sie das Baggergut unbedingt selbst in Augenschein und den Boden in die Hand nehmen sollten, um das Probematerial zu tasten, zu reiben, zu riechen, und schon vor Erhalt von Laborwerten

- erste Eindrücke über bindige Anteile, d. h. etwaige größere, zum Lösen erforderliche Scherfestigkeiten,
- Korngrößen und evtl. nötige Transportgeschwindigkeit oder das
- Verschleißverhalten aufgrund der Kornform u. a. m. zu erhalten.

Die Teilnahme an der Baubegehung vor Angebotsabgabe wird damit einem jeden Bieter zur unbedingten Pflicht. Die erste Einschätzung des Baggergutes, die sehr viel Erfahrung und Beurteilungsvermögen erfordert, ist für die weitere Bearbeitung außerordentlich wichtig, zumal, wenn es nicht eindeutig klar sein sollte, ob das geeignete Gerät verfügbar ist oder das Angebot überhaupt gefertigt werden soll.

Die Vielfalt der Lösungsmöglichkeiten, Nassbaggerprojekte durchzuführen, bedeutet immer mehrere Lösungsvarianten, die für eine Preisfindung gegeben sein werden, deren optimale es zu ermitteln und anzubieten gilt. Die optimale Lösung eines Nassbaggerprojektes wird bestimmt durch Minimierung von:

- Preis,
- Menge (Toleranzbaggerungsmenge),
- Ausführungszeit und
- Umweltbeeinträchtigung.

Die Aufgabe des Bieters, d. h. im Vergabefall des zukünftigen AN, ist nun, anhand der Bauvertragsunterlagen, insbesondere der Leistungsbeschreibung unter Berücksichtigung der vertraglich heranzuziehenden Regelwerke die günstigste Geräte- und Durchführungsvariante herauszufinden und nach Möglichkeit gewinnbringend, mindestens aber kostendeckend zu bepreisen.

Um den günstigsten Preis zu finden, müssen diese Parameter vorab sorgfältig analysiert werden, um festzustellen, ob überhaupt ein sinnvolles Angebot ausgearbeitet werden kann. Dabei muss bedacht werden, dass eine gute und stichhaltige Angebotsbearbeitung je nach Projektumfang leicht mehrere 100.000 € kosten kann.

Planerische Kostenvorermittlungen für auszuführende Leistungen sollten das günstigste Submissionsergebnis nicht um mehr als 5 % über- bzw. unterschreiten.

Infolge der großen Variantenzahl an Gerätevarianten können ggf. auch Nebenangebote möglich werden. Öffentliche Auftraggeber haben die Möglichkeit, den Bietern die Abgabe von Nebenangeboten zu gestatten. Der Auftraggeber muss jedoch im Vorfeld angeben, ob und in welchem Umfang Nebenangebote zulässig sind.

Nebenangebote ermöglichen den Bietern, von Vorgaben der Leistungsbeschreibungen abzuweichen und eigene Projektlösungen anzubieten. In der Nassbaggerei kann es sich dabei hauptsächlich um alternative Baggermethoden handeln, z. B. Seitenarmbagger (SCSD) statt Egge, wobei von ersterem der Boden an die gesamte Strömung abgegeben und von dieser weiter mitgenommen wird, während beim zweiten nur die Grundströmung auf den Transport einwirkt. Oder es kann sich anstelle vom Aufspülen um ein Verklappen des Bodens handeln.

Nebenangebote müssen allerdings gleichwertig zu den Hauptangeboten sein. Nebenangebote müssen bei europaweiten Vergabeverfahren die vorgegebenen Mindestanforderungen an den geplanten Beschaffungsvorgang und die konkrete Ausgestaltung einhalten. Zudem ist vom Bieter das anzubietende Nebenangebot auf seine Gleichwertigkeit mit dem Inhalt des Hauptangebotes zu unterziehen.

Vonseiten des Bieters sind Nebenangebote einer besonderen rechtlichen Analyse u. U. zusätzlich übernommener Risiken, z. B. infolge Haftung für den Entwurf des Alternativvorschlags, zu unterziehen.

Literatur

1. Brabeck A (Hrsg) (1999) Fachwörterbuch Bergbau Deutsch-English, Englisch-Deutsch. Glückauf, Essen
2. Vlasblom J (2003) College dredging process, Teil 1–11, Vorlesungsskript Universität Delft
3. Bray RN, Bates AD, Lang JM (1996) Dredging, A handbook for engineers, 2 Aufl. Butterworth-Heinemann, Oxford
4. Patzold V, Gruhn G, Drebenstedt C (2008) Der Nassabbau. Springer, Heidelberg
5. Welte A (2000) Nassbaggertechnik, Reihe V/Heft 20, IMB TU Karlsruhe
6. Blaum MR, v. Marnitz F (1923/1963) Die Schwimmbagger, Bd 1–2. Springer, Heidelberg
7. Richardson MJ (2001) The dynamics of dredging. Placer Management, Irvine
8. Herbich JB (2000) Handbook of dredging engineering, 2 Aufl. McGraw-Hill, New York
9. Verhoef PNW (1997) Wear of rock cutting tools, implications for the site investigation of rock dredging projects. Balkema, Rotterdam
10. Neil DM et al (1995) Production estimating techniques for underground mining using roadheaders
11. Bray RN (2008) Environmental aspects of dredging. Taylor & Francis, London
12. International Association of Dredging Companies (o.J.) Dredgers of the World 7th Edition
13. Vissers B (o. D.) Directory of Dredgers. http://www.dredgers.nl
14. D. Hegemann AG, Firmenkatalog
15. HABAK (2000) Handlungsanweisung für den Umgang mit Baggergut im Binnenland
16. Sandvik AB, Firmenkatalog
17. British Standard (1995) Nr. 6349

2 Betriebsrisiken der Nassbaggerei

Risiko ist gemeinhin definiert als möglicher negativer Ausgang des Wagnisses einer Unternehmung, mit dem Nachteile, Verlust oder Schäden verbunden sind [1]. Der Begriff Risiko wird als das Produkt aus der Eintrittswahrscheinlichkeit eines Ereignisses und dessen Ereignisschwere bestimmt. Die Schadenshöhe wird entweder abgeschätzt oder mit ausgewertetem Datenmaterial statistisch berechnet.

Risiko wird auch in der Nassbaggerei verstanden als etwas, das Schwierigkeiten bereitet oder sogar eine Gefahr bedeuten kann, z.B. wenn in Bereichen mit Kampfmittelverdacht gebaggert werden muss. Vom Untergang eines Baggerschiffs durch Explosion einer Bombe in der Pumpe wird hin und wieder berichtet.

Der umgekehrte Fall eines Risikos, die Chance, nämlich die einer Leistungserhöhung, tritt bei Nassbaggerprojekten natürlich hin und wieder auch ein. Diese Situation wird aber auch hier nicht als Risikofall verstanden und im Folgenden nicht weiter diskutiert. Anzumerken bleibt, dass, wie immer wieder erfahren, positive Baustellenergebnisse im Allgemeinen kaum weiter diskutiert werden. Sie werden hingenommen. Der Frage, warum das Ergebnis nicht noch besser hätte ausfallen können, wird häufig nicht weiter nachgegangen.

Die nachfolgenden Ausführungen beziehen sich auf die Risiken nach dem Zeitpunkt, zu dem die unternehmerische Entscheidung, Nassbaggerei zu betreiben, bereits gefallen und Gerät angeschafft worden ist, und nunmehr Nassbaggereiprojekte für das verfügbare Gerät zu planen, anzubieten und im Auftragsfalle durchzuführen sind, d. h. die nachfolgenden Ausführungen behandeln das Betriebsrisiko.

Die betriebliche Zielsetzung der Nassbaggerei ist, für das jeweilige Gerät

- ein geeignetes Projekt zu kostendeckenden Preisen zu akquirieren,
- die anhand der Verdingungsunterlagen erkannten Risiken nach bestem Wissen einzugrenzen und deren Folgenschwere im Angebotspreis zu berücksichtigen, um damit
- einen möglichst hohen Beschäftigungsgrad des Nassbaggers zu erreichen.

V. Patzold, G. Gruhn, *Betriebliche Risiken in der Nassbaggerei*,
DOI 10.1007/978-3-662-49345-8_2

Um diese Ziele zu erreichen, muss der Bieter/AN die anfallenden Betriebsrisiken analysieren und bewerten.

Dafür werden im nachfolgenden die wesentlichen Merkmale und Eigenschaften sowie Einsatzbedingungen von sechs ausgesuchten Gerätearten, die heutzutage am häufigsten in der Nassbaggerei eingesetzt sind, dargestellt und erläutert. Dieser Darstellung folgen Ausführungen zur kalkulatorischen Leistungsabschätzung sowie zu dem in der internationalen Nassbaggerei angewandten Weg der Preisfindung. Der Umgang mit nassbaggereispezifischen Gerätelisten bei der Ermittlung von Kapital- und Reparaturkosten wird im Anhang erläutert.

Die direkten betrieblichen Risiken sind in der Nassbaggerei sehr häufig aus den Verdingungsunterlagen eines Projektes nicht erkennbar, zumindest nicht im erforderlichen Umfang, um eine überschaubare Risikominimierung durch kalkulatorische Berücksichtigung zu erwartender Verluste vorzunehmen. Bestehende Zweifel eines erfahrenen Kalkulators z.B. an den dargestellten Bodenbedingungen können wegen der Kürze der für die Ausarbeitung des Angebotes zur Verfügung stehenden Zeit oftmals nicht mit dem Bauherrn oder durch ergänzende Untersuchungen abgeklärt werden (Tab. 2.1).

In solchen Fällen muss der Bieter zwangsläufig ein u. U. hohes Risiko eingehen, d. h. einen zukünftigen Schaden mit ungewisser Eintrittswahrscheinlichkeit sowie ungewissem Ausmaß in Kauf nehmen. Diese Situation ist bei Nassbaggereiprojekten praktisch ständig gegeben.

In anderen risikoreichen Unternehmungen, wie z. B. der Sanierung von bergmännisch aufgefahrenen Grubenbauen, erfolgt in diesem Zusammenhang nach der Risikoanalyse ein Risikomanagementprogramm. Zum Beispiel, saniert man den Altbergbau und dessen Hohlräume auf Basis des Programms nicht in toto, sondern nur diejenigen Hohlräume, die bei Einsturz Schäden an der Oberfläche, z. B. im Bereich der Rohrleitung, verursachen können. Dieses Risiko hat in Abhängigkeit von der Größe mit zunehmender Teufe des Hohlraums den Verlauf einer sich der Abszisse asymptotisch nähernden Hyperbel. Da man den Verlauf der Risikokurve kennt, kann man im Zuge des Risikomanagements unter Berücksichtigung der Gesteinssensibilität einen Grenzwert der Teufe festlegen, bis zu dem saniert werden muss. Tiefer liegende Hohlräume werden nicht saniert [Frdl. Mitt. S. Päßler]. Ein solches Risikomanagement der Nassbaggerei ist kaum möglich, jedenfalls nicht für den AN.

Man könnte bei Eintritt des Risikofalls und damit verbundener Leistungsminderung zumindest zur AG-seitigen Schadensminderung an die Mobilisierung zusätzlichen Gerätes denken. Einerseits hat diese zulasten des AN ohne weitere Vergütung durch den AG zu erfolgen. Anderseits liegt die Problematik in der Singularität des angebotenen Nassbaggergerätes, von dem es gleiche allenfalls in sehr geringen Stückzahlen gibt, die im Schadensfall meist alle beschäftigt sind, und dadurch eine erheblich eingeschränkte Verfügbarkeit gleicher Gerätetypen bei Eintritt des Schadensfalls gegeben ist. Erfahrungsgemäß ist davon auszugehen, dass der angebotene Gerätetyp zum gewünschten Zeitpunkt auf dem Markt kaum ein weiteres Mal verfügbar ist und, wenn ja, nicht zu den vom AN angebotenen Preisen. Erfahrungsgemäß sind solche Ergänzungslösungen kostenerhöhend und vergrößern den AN-seitigen Verlust.

Tab. 2.1 Ursachen und Folgen von ausgewählten betrieblichen Risiken des AN

Risiken	Zu Lasten	Risikoursachen	Risikofolgen
Verdingungsunterlagen	AG	Planungsziel, Baustellengegebenheiten, Lage des Baggergebietes, Geräteauswahl	Falsch ausgelegtes/ bemessenes Gerät, Je größer Gerät desto größer technisch erf. Überbaggerung, ggf. größere Baggermenge
Vermessung	AG	Geforderte Baggertiefe, geforderte Baggergenauigkeit, zulässige Baggertoleranzen, Baggermenge incl. Toleranzen	Mehrmengen, wegen zu große Tiefe Baggerung ohne Pfähle, wenn zu tief,
Baugrund	AG	Konsistenz Bodenfestigkeit Kornverteilung	Einschätzung der Bodeneigenschaften und deren Auswirkung auf das Lösen, Transportieren und Verbringen, Mehrmengen durch Setzungen, Leistungsabschätzung
Wetter	AN	Klimatische Bedingungen	Fehlerhafte Einschätzung der produktiven Arbeitszeit
Hydrologie	AN	Hydrologische Situation	Verlustmengen bei Verklappen
Ökologie	AN	Zu schützende Fauna/Flora Lärm/Luft	Ggf. Arbeitsunterbrechungen
Verkehrstechnik	AN	Belastung durch Fahrzeuge Dritter	Minderung produktive Arbeitszeit durch vorrangigen Schiffsverkehr

Wie vorstehend für die geänderten Bodenverhältnisse geschildert, können die Folgen der anderen in der Nassbaggerei relevanten Betriebsrisiken, wie aus Menge oder Wetter resultierend, ebenfalls kaum durch ein Risikomanagementsystem gelöst werden.

Ein betriebliches Risikomanagement zur Eingrenzung der AN-seitigen Risikofolgen kann allenfalls in einer Optimierung des bereits mobilisierten Gerätesatzes und dessen Betrieb erfolgen. Ist diese Optimierung bereits erfolgt, nicht möglich oder nicht erreichbar, ist der Schaden infolge der Leistungsminderung von AG und AN zunächst hinzunehmen. Die Folgen dieser Situation sind zwangsläufig Nachtragsverhandlungen über die beiderseitigen Mehrkosten, die im Falle von Nichteinigung der Parteien sehr oft in prozessualen Auseinandersetzungen enden.

Allgemein unterscheidet die Betriebswirtschaftslehre finanzwirtschaftliche und leistungswirtschaftliche Risiken. Die nachfolgend diskutierten Betriebsrisiken in der Nassbaggerei gehören zur zweiten Risikogruppe (siehe auch Abb. 2.1).

Die **AG-seitigen** Risiken sind

- insbesondere bei unsicherer Genehmigungslage im Planungsrisiko,
- im Baugrundrisiko sowie im
- Bauzeitrisiko infolge der vorgenannten Risiken begründet.

Die **AN-seitigen** betrieblichen Risiken werden in Anlehnung an Wolke [2] weiter aufgeteilt in interne und externe Betriebsrisiken.

In der Nassbaggerei ist die Folge des betrieblichen Risikos hauptsächlich Leistungsminderung und damit immer Unterdeckung der kalkulierten leistungsabhängigen Kosten, d. h. Verlust.

Die Folgen eines Risikos können AG und AN treffen. Die AG-seitigen Folgen eines Risikoeintritts können vom Bieter im Allgemeinen nicht bewertet werden.

Die Bewertung der Folgenschwere des Risikos bzw. der Schadenshöhe des auf den AN entfallenden Teils lässt sich dagegen gemäß der nachfolgenden Beziehung einfach berechnen:

$$EP_{\text{eff}} = EP_{\text{kalk}} + \left(\frac{HK_{\text{eff}}}{LE_{\text{eff}}} - EP_A \right) \quad \left[€/\,\text{m}^3 \right]$$

mit:

EP_{eff} tatsächlicher Einheitspreis nach Risikoeintritt [$€/m^3$]
EP_{kalk} kalkulierter Einheitspreis [$€/m^3$]
EP_A angebotener und beauftragter Einheitspreis [$€/m^3$]
HK_{eff} tatsächliche Herstellkosten je Woche [€/w]
LE_{eff} tatsächliche Leistung je Woche [m^3/w]

Weiter unten im Kap. 7 wird auf die quasi fixen Kosten je Woche näher eingegangen. Die Variable ist die effektive Leistung. Diese ist im Risikofall bekannt. Sie kann sich erfahrungsgemäß um mehr als 50 % der kalkulierten Leistung aufgrund anderer als in den Verdingungsunterlagen dargestellten Verhältnissen reduzieren.

Schwieriger ist die Einschätzung der Eintrittswahrscheinlichkeit des Risikos. Der Kalkulator erkennt ggf. ein u. U. erhöhtes Baugrundrisiko aus den Verdingungsunterlagen. Zum.Beispiel, in einem fest gelagerten Moränebaugrund bei Betrieb eines BLD wird er nicht davon ausgehen, dass mit gleicher Eimerkettengeschwindigkeit gebaggert wird wie in einem Sandboden. Er reduziert in seinem Kalkulationsansatz die Zahl der Schüttungen von 20 Eimer/min auf 10 Eimer/min.

Diese Risikominderung reicht jedoch oftmals nicht aus. Vorab nicht abschätzbares Risiko, das sich erst nach Beginn der Baggerarbeiten z. B. infolge eines Antreffen höherer Festigkeiten des Baugrunds als ausgeschrieben ergibt, zwingt den Baggermeister,

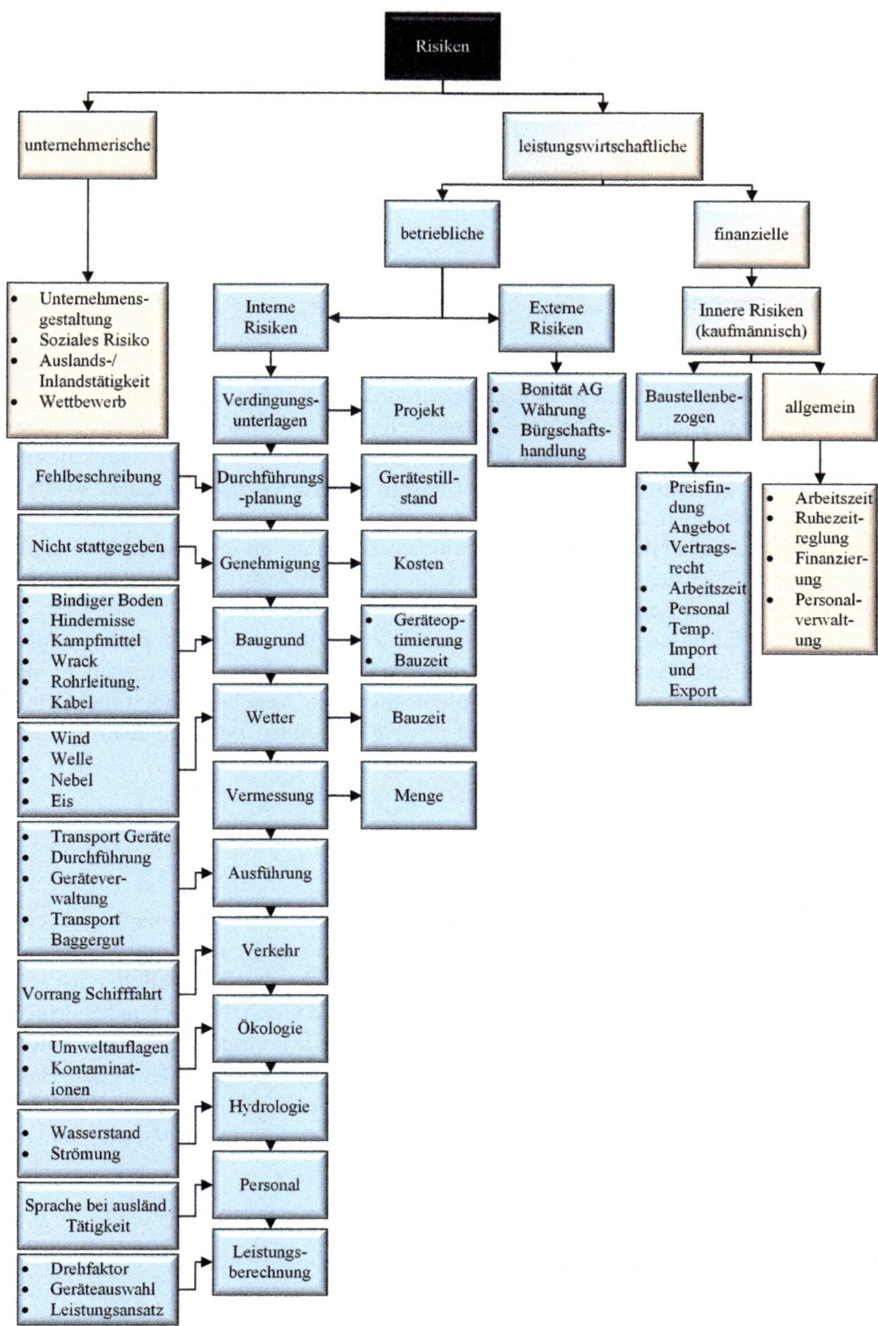

Abb. 2.1 Risiken der Nassbaggerei

die Anzahl der Schüttungen nach Ad-hoc-Entscheidung weiter zu reduzieren als kalkuliert. Dadurch wird eine geringere Leistung erzielt. Die Eintrittswahrscheinlichkeit dieses Risikos lässt sich anhand der Verdingungsunterlagen nicht erkennen, ist erfah rungsgemäß jedoch sehr hoch.

Ebenso wie mit dem Risiko Baugrund, wie vorstehend vorgetragen, verhält es sich auch mit anderen Risiken, wie

- dem Vermessungsrisiko,
- dem Toleranzbaggerungsrisiko,
- dem Wetterrisiko u. a. m.,

wie weiter unten ausgeführt werden soll.

Solche Risiken sind zum Kalkulationszeitpunkt, wie ausgeführt, nicht erkennbar. Sie können im Eintrittsfall weder vermieden noch vermindert werden. Um zu erwartende Verluste zu vermeiden, müssen diese Risiken deshalb im kalkulatorischen Ansatz berücksichtigt werden, sei es durch Berücksichtigung eines zusätzlichen vorzuhaltenden Gerätes, was nur in den seltensten Fällen realistisch sein dürfte, oder pauschal durch einen prozentualen Zuschlag auf die Kosten für Wagnis und Gewinn. Oder der Bieter lässt sich darauf ein, den Ausgleich der ihm entstandenen Mehrkosten mittels Klagverfahren durchzusetzen.

Dass der fahrlässige Mitbewerber solche zusätzlichen Kosten u. U. nicht in Ansatz bringt und damit ein scheinbar günstigeres Angebot vorlegt, ist nicht vermeidbar. Der erfahrene AG wird das zu optimistische Angebot jedoch möglicherweise entsprechend werten und dem zu niedrig Bietenden ggf. den Auftrag nicht erteilen, um Schaden von sich selbst abzuwenden.

2.1 Risikoeinschätzung

Die Schwierigkeit in diesem Zusammenhang ist, dass in der Nassbaggerei keine Schadensfalldatenbank zur Verfügung steht, wie sie zur Beurteilung von finanzwirtschaftlichen Risiken verfügbar ist. Diese Datenbank zu erstellen wird ggf. schwierig sein, da wegen Lage, Baugrund, Menge und Gerätetyp sich jedes Projekt vom vorausgegangenen unterscheidet. Dennoch wird empfohlen, eine solche Datenbank anzulegen. Beispielsweise im Bergbau oder bei der Deutschen Bahn wird jeder Unfall seit Jahrzehnten detailliert untersucht und in einer solchen Datenbank gespeichert, um daraus zukünftige Betriebsrisiken im Vorwege einzuschätzen und zu bewerten.

2.1.1 Modellrechnung

Im nachfolgend dargestellten Modellfall wird die jeweilige spezifische Schadenshöhe erwarteter besonderer betrieblicher Risiken anhand von Expertenwissen abgeschätzt

Tab. 2.2 Einschätzung besonderer Risiken, Beispiel CSD

Allgem. Vorgaben: D_F, H_{cut}, $T_{v\ bezahlt}$, $T_{v\ technisch.}$						
0	1	2	3	4	5	6
Risiko	V_{Abgr}	E_W	Risikogrund	Risikofolge	$F_{S\ gesamt}$ je m^3 $F_S = V_{abgr}\ E_W\ F_R$	Zusätzliche Vorgabe; F_R

D_F Drehfaktor, H_{cut} Schnitthöhe, $T_{v\ bezahlt}$, bezahlte vertikale Überbaggerung, $T_{v\ technisch}$ rechnisch erf. vertikale Überbaggerung
V_{Abgr} Anteil der vom Risiko betroffenen Baggermenge, E_W angenommene Eintrittswahrscheinlichkeit des Risikofalles, F_S erwartete Schadenshöhe des Risikofalles, $F_{S\ gesamt}$ gesamte erwartete Schadenshöhe, F_R auf Expertenwissen basierender Faktor Risikoabschätzung

und zunächst bezogen auf 1 m^3 gebaggertes Volumen für die hier untersuchten sechs verschiedenen Gerätetypen ermittelt.

In den Ergebnistabellen wird nicht die maximale Schadenshöhe, d. h. der maximale Verlust, abgeschätzt, sondern der in Höhe von bis zu 50 % der maximalen Schadenshöhe erwartete Verlust.

Der Modellfall sieht die Ausführung eines Nassbaggerprojektes vor, dessen Kosten auf Basis CIRIA-Geräteliste ermittelt werden. Je Gerätetyp werden die besonderen Risiken aufgelistet und der erwartete Verlust ermittelt. In Tabelle (Tab. 2.2) ist der prinzipielle Rechengang dargestellt. Der Schadensfaktor F_S ergibt sich aus der Multiplikation von betroffener Sollbaggermenge V_B (Spalte 1), der Eintrittswahrscheinlichkeit E_W (Spalte 2) und der Risikoabschätzung gemäß (Spalte 5).

Die Schadenshöhe des einzelnen Risikofalles ergibt sich nach der Beziehung

$$F_S = V_{Abgr}\ E_w\ F_R$$

mit:

F_S	erwartete Schadenshöhe des Risikofalles,
V_{Abgr}	Anteil der vom Risiko betroffenen Baggermenge,
E_W	angenommene Eintrittswahrscheinlichkeit des Risikofalls,
F_R	auf Expertenwissen basierender Faktor Risikoabschätzung.

Die Summe ergibt die erwartete Schadenshöhe $F_{S\ gesamt}$.

Die Wahrscheinlichkeit des Wirksamwerdens eines Schadens wird entsprechend der Eintrittswahrscheinlichkeit unterschiedlich gewichtet, ansonsten wie in den Tabellen in Zusammenhang mit den Geräterisiken dargestellt.

Die insgesamt erwartete Schadenshöhe in % vom Gesamtpreis GP ist dem allgemein angesetzten Wagnisanteil in der Kostenart Wagnis und Gewinn hinzuzurechnen.

Die im Zuge der Modellrechnung angenommene Abschätzung der Schadenshöhe erfolgt beispielhaft gemäß Vorgaben in Abschn. 3.1.3 und Tab. 3.1 für den THSD, Abschn. 3.2.3 und Tab. 3.4 für den CSD, Abschn. 3.3.3 und Tab. 3.5 für den SD, Abschn. 3.4.3 und Tab. 3.8 für den BHD, Abschn. 3.5.3 und Tab. 3.11 für den BLD, Abschn. 3.6.3 und Tab. 3.12 für den GD.

Bei anderen Projekten als dem angenommenen Modellfall kann die Risikolage natürlich anders sein und die geänderten Verhältnisse müssen dann entsprechend berücksichtigt werden. Die in den Tabellen beispielhaft erfolgte Abschätzung der Folgekosten basiert auf Annahme einer 10 m mächtigen Abtragsschicht, bezahlter vertikaler Toleranz T_v von 0,3 m, bezahlter horizontaler Toleranz T_h von 2,0 m, geräteabhängiger wöchentlicher Leistung in m^3/w und geräteabhängigen, Wochenkosten in €/w, ansonsten wie in Tab. 7.8 (Abschn. 7.4.1) zusammengestellt. Die Leistungsminderung bei bindigem Boden wird mit 50 % der Leistung gemäß Angebotskalkulation angesetzt.

Auf dieser Basis ergeben sich bei Eintritt aller gelisteten Risikogründe Faktoren für die Baggerung rolliger oder bindiger Böden, die den jeweilig erwarteten Verlust beschreiben. Der für normale Verhältnisse ohne Annahme eines Risikoeintritts ermittelte Einheitspreis in €/m^3 ist um den jeweiligen Faktor oder um Teile davon zu erhöhen, um das Verlustrisiko zu minimieren.

Die Modellrechnung und deren Ergebnis sind in Kap. 7 dargestellt.

2.2 Risikopolitik von AG und AN

Die Risikopolitik von Auftraggeber (AG) und Auftragnehmer (AN) muss zum Ziel haben, die Risiken für beide Parteien zu minimieren und Verluste und Schäden nach Möglichkeit zu vermeiden.

Der AN-seitige Verlust entsteht durch nicht erreichen der kalkulierten Wochenleistung bei annähernd in gleicher Höhe über die Bauzeit anhaltenden Wochenkosten. Allein schon wegen der oftmals großen Baggermengen kann der Verlust dadurch erheblich sein.

Die sich laufend ändernden Bedingungen verschiedener Projekte, aber gerade auch die innerhalb eines einzigen Projektes anstehenden, sind das Risiko des AN. Beide Seiten, AG und AN, müssen die Risiken unter Berücksichtigung der Vorgaben einer umfassenden AG-seits erstellten Ausschreibung der zu erbringenden Leistungen sowie eines AN-seits sorgfältig erarbeiteten Angebotes der Leistungen des im Auftragsfalle auszuführenden Werkvertrages eingrenzen und minimieren.

Der AG kann Schaden nehmen, beispielsweise durch infolge der eingetretenen Risikofälle entstandene Bauverzögerungen oder durch Böschungsbrüche mit damit verbundenen Sanierungsmaßnahmen und deren Mehrkosten, durch Nachforderungen des AN infolge geänderter Baugrundverhältnisse u. a. m. und sich daraus ergebenden Deckungslücken bei der Finanzierung des Vorhabens.

- Das Risiko des AG besteht im Wesentlichen in der Erstellung einer fachgerechten Leistungsbeschreibung, die gemäß VOB so umfassend sein muss, dass der Bieter ohne zusätzliche eigene Untersuchungen den Preis der im Leistungsverzeichnis vorgegebenen Positionen kalkulieren kann,
- dasjenige des Bieters/AN im Wesentlichen in der Ermittlung des wettbewerbsfähigen, auskömmlichen Angebotspreises.

2.3 Eintritt des Risikofalls

Der AN versucht natürlich bei Eintritt eines Risikofalls, die Gründe für etwa erfahrene Verluste in den mangelhaften Verdingungsunterlagen des AG zu suchen, und wird die von ihm ggfs. erstellten Nachträge auf Basis der Behauptung AG-seitigen Verschuldens notfalls prozessual durchzusetzen versuchen. Erfahrungsgemäß wird dies jedoch nur in wenigen Fällen erfolgreich möglich sein. Einigungen der Vertragsparteien über den eingetretenen Schaden enden nur sehr selten in Schadenshöhe, meist findet, wenn überhaupt, ein Vergleich im Bereich von 10–30 % der vom AN geforderten Schadenshöhe statt.

Die angemessene Einschätzung aus den Verdingungsunterlagen erkannter Risiken – nach sorgfältiger Prüfung der Verdingungsunterlagen auf etwaige Fehler, Widersprüche, mangelhafte oder ungenügende Information und Datenlage – kann u. U. langwierige und z. B. durch zusätzliche, vom AN zu erstellende Gutachten sehr aufwendige Gerichtsverfahren vermeiden helfen.

Die Erfahrung zeigt in Zusammenhang mit der Durchführung von Nassbaggerarbeiten immer wieder, dass diese oftmals nicht kostendeckend, wenn nicht sogar nur mit erheblichen Verlusten ausgeführt werden können.

In deren Folge ergeben sich nahezu regelmäßig Streitigkeiten zwischen den Parteien, AG und AN oder zwischen AN und dessen Subunternehmer, die oft in jahrelangen, manchmal sogar mehr als 10 Jahren dauernden Prozessen in allen verfügbaren Instanzen ausgetragen werden.

Der Grund solcher Streitigkeiten liegt in der Komplexität von Nassbaggerarbeiten, hauptsächlich in

- fehlerhafter Planung des Projektes seitens AG,
- mangelhaften Ausschreibungsunterlagen, vor allem mangelhafter Baugrundbeschreibung aufgrund unangemessener, nicht ausreichender Erkundung,
- mangelhafter Angebotsbearbeitung, vor allem unrealistisch hoher Einschätzung einer vom Nassbagger zu erbringenden Leistung.

2.4 Technische Betriebsrisiken

Zwecks Minimierung der technischen Betriebsrisiken des AN wird die richtige Geräteauswahl zum bestimmenden Faktor.

Die in der Nassbaggerei eingesetzten Geräte bzw. die aus mehreren unterschiedlichen Geräten bestehenden Gerätesätze müssen den Baugrund

- abgraben,
- transportieren und
- verbringen.

Auf diese Arbeitsschritte hat die Geräteauswahl meistens abzustellen. Zu einem Gerätesatz gehören mindestens folgende Geräte und Ausrüstungen:

- Nassbagger,
- Rohrleitung, sowohl schwimmende als auch an Land verlegte Rohrleitung, ggf. auch Dükerleitung, wenn große Strecken zwischen Bagger und Verbringungsort im Wasserbereich zu überbrücken sind (s. a. Abb. 3.15),
- Versorgungsboot, das die Versorgung des Baggers vornimmt und den Bagger, seine Anker sowie die Rohrleitung betriebsbereit hält,
- Mannschaftsversetzboot,
- Vermessungsboot.
- Versorgungsbasis an Land inkl. Elektro- und Kommunikationsversorgung,
- Spülfeldgeräte (Raupe, Hydraulikbagger, Radlader, Beleuchtung u. a. m.).

Zusammenfassend ist nachfolgend ein Katalog stets wiederkehrender AN-seitiger betrieblicher Risiken aufgeführt. Dieser Katalog beginnt mit Risiken bei der Angebotsbearbeitung und setzt sich fort in den Durchführungsrisiken:

2.4.1 AN-seitige Risiken bei Angebotsbearbeitung

- **Unterlagenrisiko**, infolge von
  - unvollständiger Prüfung der Verdingungsunterlagen,
  - ungenügender Leistungsbeschreibung bzw. Leistungsverzeichnis (LV),
  - Regelungen in den Besonderen Vertragsbedingungen.
- **Genehmigungsrisiko**
  - nicht erteilter Plangenehmigung und deren Auflagen,
  - Genehmigung Durchführungszeit,
  - Genehmigung Gerätetyp und -größe,
  - Einsatzbedingungen,
- **Vermessungsrisiko**, infolge von
  - Fehlern in der hydrographischen Vermessung, insbesondere im Böschungsbereich,
  - gerätespezifisch erforderlicher Überbaggerung.
- **Risiko Leistungsberechnung** (Kap. 4)
- **Risiko Angebotspreisabschätzung**
  - Zuschlagshöhe für Risikoabgrenzung.
- **Wettbewerbsrisiko**
  - Einschätzung der Konkurrenzsituation.

2.4.2 AN-seitige Durchführungsrisiken von Nassbaggereiarbeiten

- **Ausführungsrisiko** infolge von u. a.
  - nicht ausreichende Personalqualifikation,
  - Böschungsbaggerung,
  - Böschungsbrüchen und -rutschungen,
  - unzureichender Toleranzbaggerung,

 - Eintreibung und Resedimentation,
 - Verluste aus Transporteinheiten (Schuten).
- **Wetterrisiko**, infolge von u. a.
 - Überschreiten der statischen Mittelwerte aufgezeichneter, langjähriger Beobachtungen von Wind, Wellenhöhen, Wasserständen, Eisgang, Frosttagen, Beschränkung der Sichtweiten während Projektdurchführung.
- **Ökologisches Risiko**, infolge von u. a.
 - Lärmbeschränkungen in Wohngebieten,
 - Lärmemissionen in Seegebieten mit Schallintensitäten >150 dB,
 - CO_2-Beschränkungen,
 - Auflagen wg. Trübungen,
 - Auflagen zum Schutz von Flora und Fauna, z. B. Berücksichtigung von Laich- und Brutzeiten, insbesondere, wenn vorstehende Auflagen nach Baggerbeginn erlassen werden.
- **Verkehrstechnisches Risiko**, infolge von u. a.
 - Vorrangsrecht des Schiffsverkehrs,
 - Passagezeiten von Konvois in Schifffahrtsstraßen,
 - eingeschränkten Möglichkeiten, Anker zu verlegen; sowie
- **Baugrundrisiko**, infolge von u. a.
 - fehlerhafter Leistungsberechnung des Nassbaggers u. U. zu optimistisch eingeschätzter, abrechenbarer Baggerleistung, oder Folgeschäden, beispielsweise infolge von Entsorgung statt Umlagerung kontaminierter Böden, infolge von Risiken wie u. a. ungenügender bzw. unvollständiger Erkundung, fehlerhafter Beschreibung des Baggergutes;
 - Anwendung unangemessener Erkundungsverfahren,
 - ungenügender Darstellung von Hindernissen und deren Lage oder
 - fehlender Kampfmittelfreiheit.

2.4.2.1 Unterlagenrisiko

Das Unterlagenrisiko, d. h. das Risiko des AN infolge von Unvollständigkeit der Unterlagen liegt beim AN, es sei denn, dieser hat den AG auf die fehlenden Dokumente vor Angebotsabgabe hingewiesen. Nur dann kann der AN ggf. erlittenen nachgewiesenen Schaden geltend machen und ist aus der Haftung für den AG-Entwurf entlassen.

2.4.2.2 Vermessungsrisiko

Neben den geotechnischen Parametern bestimmt die je Zeiteinheit geforderte Baggermenge die Geräteauswahl. Die mindestens erforderliche Baggermenge folgt aus dem AG-seits erstellten Planungsziel und muss vom Kalkulierenden überprüft werden.

Dabei ist die Vorvermessung kritisch darauf zu prüfen, ob durch diese das Baggergebiet fächendeckend und in genügender Größe auch über die Grenzen des Plangebietes hinaus vermessen ist, um eventuelle Eintreibungen nach Beginn der Abgrabung bestimmen zu können. Ein bis zu 500 m breiter Streifen sollte um das eigentliche Baggergebiet, das sich aus Sohl- und Böschungsbereich ergibt, herum zusätzlich vermessen sein, um späterer Nachweispflicht genügen zu können, zumal, wenn diese Vorpeilung als Urpeilung für die Leistungsabrechnung genutzt werden soll.

In diesem Zusammenhang ist anzumerken, dass auch das Datum der Vorpeilung zu prüfen ist. Wenn dieses zu weit in der Vergangenheit liegt, sollten unbedingt aktuelle Vermessungsdaten beschafft werden.

Auch ist das Messverfahren, dessen Positionsbestimmung, die Pegelanbindung und die genutzten Echolotfrequenzen zu überprüfen. Mit gleichem System und gleichen Frequenzen sollte später die Schluss- und Abnahmepeilung erfolgen. Hierauf wird weiter unten noch im Detail eingegangen.

2.4.2.3 Baugrundrisiko

Der Baugrund, d. h. zu baggernder Boden oder Fels, und dessen Eigenschaften sind für die Ausführung von Nassbaggerarbeiten von allergrößter Bedeutung, weil die Baugrundparameter den Gerätetyp und damit die Leistung der Baustelle bestimmen. Wegen seiner komplexen Eigenschaften und direkter Einflussnahme auf den Baggererfolg sowie wegen der Unmöglichkeit, den Baugrund zu 100 % zu untersuchen, bleiben Abweichungen vom Ausgeschriebenen hoch, wenn nicht sogar sehr hoch, und es verbleiben damit immer Risiken, die vom Kalkulator häufig nur sehr schwierig einzuschätzen sind. Aus den sich meistens daraus ergebenden Erschwernissen ergibt sich Minderleistung je Zeiteinheit und damit – wenn nicht kalkulatorisch entsprechend berücksichtigt – Verlust.

Das Risiko für den AN liegt in der richtigen und angemessenen Einschätzung der Baugrundeigenschaften und deren Auswirkung auf das Lösen, Transportieren und Verbringen des Baggergutes.

Das sog. Baugrundrisiko, d. h. das Antreffen anderer Baugrundeigenschaften als in den Verdingungsunterlagen beschrieben, liegt beim AG. Folgeschäden müssen im Zuge von Nachträgen vom AN geltend gemacht werden, sofern keine Einheitspreise im Vertrag vereinbart sind.

Das Risiko könnte z. B. im Falle einer Hafenvertiefung anstehender Mergel sein, der durch glaziale Präkonsolidierung eine Scherfestigkeit erreicht hat, durch die aus dem Lockergestein partiell ein Fels wird, ein Umstand, der den Ausschreibungsunterlagenu. u. U. nicht zu entnehmen war. Auch die Baggerung von Sanden kann ein Risiko bedeuten, wenn die zu baggernden Sande beispielsweise wegen ihrer gleichförmigen Kornverteilung nach Anschnitt zu fließen beginnen und damit erhebliche Mehrmengen zu baggern sind, die Verdingungsunterlagen jedoch dicht gelagerte Sande mit hohen SPT-Werten von mehr als beispielsweise 100 Schlägen je 30 cm anführen.

Auf die abzugrabende Baugrundart und deren geotechnische Charakteristika als wesentlichem Kriterium für die Geräteauswahl wird weiter unten ausführlich eingegangen.

„Die europäische Norm EN 1997 Teil 1, Abschn. 3 befasst sich mit Baugrundaufschlüssen. Bezüglich der Anforderungen an die Planung sowie allgemeine Geräte- und Versuchsdurchführungen von Labor- und Feldversuchen wird auf EN 1997–2 verwiesen. Die angesprochenen Felduntersuchungen sollen außer bodenmechanischen Aufschlüssen auch ingenieurgeologische und hydrogeologische Erkundungen auch unter umweltrelevanten Aspekten einbeziehen.... Wichtig ist auch die Forderung, dass der Umfang der Baugrunderkundung auch nach Baubeginn zu ergänzen ist, wenn zu Tage tretende, neue Umstände das erfordern.“ [3]

Baugrund ist gemäß Definition des BGH ein Stoff. Er umfasst *„alle Gegenstände aus denen, an denen oder mit deren Hilfe das Werk herzustellen ist.“*

Baugrund ist gemäß DIN 4020 *„Boden oder Fels einschließlich aller Inhaltsstoffe, z. B. Grundwasser oder Kontaminationen in und auf dem Bauwerke gegründet bzw. eingebettet werden sollen bzw. sind oder der durch Baumaßnahmen beeinflußt wird“.*

Der Baustoff „Baugrund“ gehört dem AG. Gemäß BGB haftet der AG für den Baustoff „Baugrund“. Laut BGH ist der Unternehmer *„für den zufälligen Untergang und eine zufällige Verschlechterung des vom* Auftraggeber *gelieferten Stoffes nicht verantwortlich“.*

Im BGB heißt es weiter zur Verantwortlichkeit des AG: *„Ist das Werk vor der Abnahme infolge eines Mangels des von dem Besteller gelieferten Stoffes oder infolge einer von dem Besteller für die Ausführung erteilten Anweisung untergegangen, verschlechtert oder unausführbar geworden, ohne dass ein Umstand mitgewirkt hat, den der Unternehmer zu vertreten hat, so kann der Unternehmer einen der geleisteten Arbeit entsprechenden Teil der Vergütung und Ersatz der in der Vergütung nicht inbegriffenen Auslagen verlangen…“.*

Die Baugrunderkundung ist immer eine nur auf Stichproben beruhende Schätzung der Untergrundverhältnisse, die wegen des Aufwandes praktisch niemals vollständig sein kann. Insofern ist auch die Preiskalkulation nur eine Schätzung und unterliegt immer bestimmten Wahrscheinlichkeiten.

Es liegt auf der Hand, dass die Richtigkeit der Annahmen umso wahrscheinlicher ist, je mehr Daten verfügbar sind. Damit ergibt sich ein geringeres Risiko, wenn die Wahrscheinlichkeit richtiger Annahme hoch ist und dieses damit gut eingeschätzt werden kann. Und dennoch: Trotz des eigentlich verminderten Risikos infolge hohen Aufschlussgrades kann und wird der Baugrund vom Bieter immer wieder falsch eingeschätzt.

Aus dieser Betrachtung ergibt sich nach Witt [4] ein unterschiedliches Baugrundrisiko, nämlich

- ein unvorhersehbares, echtes Risiko, das i. d. R. vom AG getragen wird und
- ein erweitertes Risiko, das durch Verschulden eines der Beteiligten entstanden ist, z. B. durch Fehlansprache des Bodens und dessen falsche Klassifizierung. Der Beteiligte hat dann auch die Konsequenzen zu tragen.

Im Zusammenhang mit Nassbaggerarbeiten dreht es sich in den meisten prozessualen Auseinandersetzungen zwischen AG und AN um den Baugrund betreffende Fragen, z. B.:

- Wurde der Baugrund umfassend genug beschrieben? Das heißt, waren repräsentative Aufschlüsse in ausreichender Zahl und in genügender Teufe mit erforderlicher Messausrüstung ausgeführt und in den Verdingungsunterlagen dargestellt worden?
- Sind vom AG auch Aufschlüsse aus angrenzenden Bereichen, sofern vorhanden, bekannt gemacht worden?

- Wurde in der Baugrundbeschreibung auf geogene oder anthropogene Hindernisse hingewiesen, z. B. Blöcke, Stein- und Blockfelder bzw. Wracks oder Kampfmittel, und wurden diese quantifiziert?
- Wurden Aufschlüsse, ggf. aus verschiedenen Erkundungsverfahren, so angeordnet, dass eine flächenhafte Beschreibung des Baugrundes möglich war, d. h. z. B. auch in den Böschungsbereichen?
- Wurden geeignete Feldbeprobungen in ausreichender repräsentativer Zahl vorgenommen?
- Wurden geeignete Laboruntersuchungen vorgenommen, um die für Nassbaggerei relevanten geotechnischen Parameter zu bestimmen?
- Konnte anhand der Baugrundbeschreibung das für die Durchführung der anzubietenden Leistungen geeignete Gerät bestimmt werden und eine zutreffende Leistungsberechnung z. B. der Baggerpumpe erfolgen?
- Konnte der erforderliche Gerätesatz, bestehend aus Bagger und Hilfsgeräten, umfassend ausgelegt werden?

2.4.2.4 Risiken infolge Baustellengegebenheiten und Wetter

Die Auswahl des Gerätes hängt weiter von den Baustellengegebenheiten ab, insbesondere den klimatischen und hydrologischen Bedingungen. Offshore einsetzbares Gerät ist in Monopontonbauweise gebaut und z. B. mit höherer Seitenwand und mehr Freibord ausgelegt als bei für Onshorearbeiten geeignetem Gerät erforderlich. Letzteres ist damit für Arbeiten im Offshorebereich ungeeignet. Grenzwertig sind z. B. Arbeiten in den Ästuaren großer Flüsse, in denen immer wieder Offshorebedingungen vorherrschen, die durch Wellenhöhe, Wellenlänge und Wellenperiode bestimmt sind. Wegen dieser Bedingungen jedoch könnte der Betrieb von für landwärtigen Einsatz ausgelegte, u. U. zerlegbare Bagger nicht erfolgen. Letztere könnten in ihrer Verfügungszeit z. B. durch zu große Wellenhöhe beschränkt werden.

Wellengang kann auch bei starr befestigten Lösewerkzeugen, wie z. B. Schneidkopf oder Eimerkette, einen den Einsatz beschränkenden Umstand bedeuten. Die den Einsatz begrenzende Wellenhöhe beträgt z. B. beim

- BLD: 0,5–0,75 m,
- CSD: 1,0–1,5 m und
- THSD: bis zu 3 m.

Auch die Wellenlänge kann eine erhebliche Rolle bei der Geräteauswahl spielen.

Beim THSD ist das Saugrohr über einen sog. Schwellkompensator geführt, sodass diese Geräteart auch bei höherem Seegang arbeiten kann.

2.4.3 Besondere Ausführungsrisiken

2.4.3.1 Baggergenauigkeit

Ein wichtiges Kriterium für die Auswahl des einzusetzenden Baggergerätes und dessen Lösewerkzeug ist die Erfüllung der geforderten Abtragsgenauigkeit, z. B. wenn einerseits der liegende Grundwasserstauer nicht angeschnitten werden darf, andererseits Wertstoffe als Gewinnungsverluste verloren gehen. Auch wenn unterschiedliche Bodenarten wie Kies oder Kohle (Abb. 2.2) selektiv gewonnen werden sollen, wie z. B. in Lastfall 2.1 dargestellt.

Lastfall 2.1: Selektive Baggerung von Kohle, Kies und Sand
In diesem Lastfall sollten Braunkohle, Kies und Sand separat aus bis zu 40 m Tiefe gewonnen werden. Um der Anforderung an die Baggergenauigkeit zu genügen, wurde statt eines in der Nassbaggerei üblichen CSD ein pfahlverankerter Schneidradsaugbagger (UWC-SD), als Gewinnungsgerät ausgewählt, (Abb. 2.2), um die erforderliche Abtragsgenauigkeit zu erreichen und damit das Vorkommen von Nebengestein aus der im Anschnitt befindlichen Schicht weitgehend frei zu halten.

2.4.3.2 Sollbaggertiefe

Ein weiterer bestimmender Faktor für die Geräteauswahl ist die Sollbaggertiefe. Dabei darf die gerätespezifische, technisch erforderliche Überbaggerung und die sich dadurch ergebende unbezahlte Mehrmenge nicht vergessen werden.

Auch ist die Verankerungsart des Baggers zu beachten. Höchste Baggergenauigkeit wird mithilfe einer Pfahlverankerung erreicht. Bei achterlicher Verankerung des Baggers mittels Dreipunktwindenanlage nimmt diese Genauigkeit ab, das Risiko besteht dann in größeren, nicht vergüteten Baggermengen.

Manchmal kommen Lösungen mit Geräten in Betracht, die eigentlich durch die heute verwendeten Großgeräte wie CSD und deren Leistungen scheinbar unwirtschaftlich geworden sind, z. B. Baggerung von festem Mergel mit Scherfestigkeiten in Höhe von c_u >700 kPa aus 35 m Wassertiefe mittels Greiferbagger (GD). Für die Baggerung solchen Baugrunds in geforderter Wassertiefe kommt infolge der Festigkeit eigentlich nur ein CSD in Betracht, doch stehen Großgeräte vom Typ CSD nur in sehr geringer Zahl zur Verfügung. Mittels in größerer Zahl verfügbarer GD sind diese Böden zwar baggerbar, jedoch nur mit geringerer Leistung als bei CSD-Einsatz. Damit wird die Bauzeit u. U. ein entscheidendes Kriterium für die Wahl.

2.4.3.3 Toleranzbaggerung

Wesentliches Merkmal der wasserbaulichen Nassbaggerei ist das profilgerechte Herstellen von Abgrabungen, nicht nur der Böschungen, sondern insbesondere der Gewässersohle. Dabei gewinnt die Toleranzbaggerung oftmals infolge der „zusätzlichen“ Mengen erhebliche Bedeutung.

Mehrmengen ergeben sich aus der notwendigen Überbaggerung, die zwangsläufig erforderlich wird, um zu gewährleisten, dass das Sollprofil vollständig abgegraben ist (Abb. 2.3). Dabei sind zu unterscheiden:

- die durch den Gerätetyp geprägte, technisch erforderliche Toleranzbaggerung, die von mehreren Parametern abhängig ist, wie Positioniergenauigkeit des Baggers, Gerätegröße, Bodenart, Hindernissen, Strömung, Wind oder Wellenhöhe (Tab. 2.3),

a

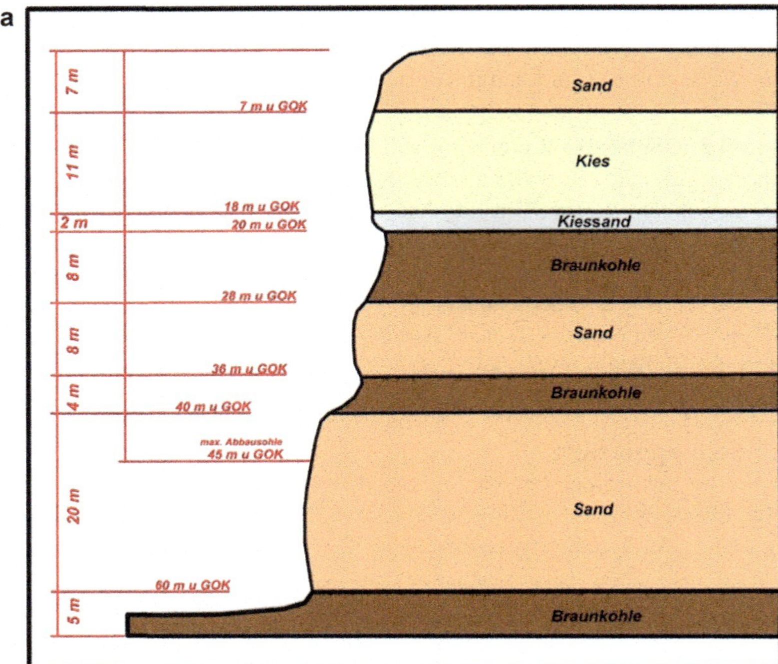

b

Abb. 2.2 Schichtung verschiedener Bodenarten und verwendetes Lösewerkzeug UWC **a** Schichtenverzeichnis, GOK = Geländeoberkante **b** UWC

Abb. 2.3 Söhlige Schnittsicheln eines CSD, © den Dekker

- die tatsächlich ausgeführte Toleranzbaggerung, die im Wesentlichen von dem Gerätetyp, aber auch von der Qualifikation des Baggerpersonals abhängig ist, sowie
- die bezahlte Toleranzbaggerung, deren Höhe von der vertraglichen Übereinkunft abhängig ist.

Es ist jeweils zu prüfen, ob die Leistungsbeschreibung eine gesonderte Abrechnung der Toleranzmengen zulässt oder ob diese Mehrmengen in den Einheitspreis einzurechnen sind und damit nicht zusätzlich vergütet werden. Bei Einschluss der Mehrmenge aus der Toleranzbaggerung werden sich höhere Einheitspreise ergeben, da der Bieter/AN von der erforderlichen gerätespezifischen Toleranz ausgehen muss.

Tabelle 2.3 gibt Aufschluss über die zu erwartenden Toleranzen bei Nassbaggerungen in Abhängigkeit von:

- Geräteart und -größe,
- Bodenart,
- Wasserstandsänderungen (Tide),
- Strömungen,
- Wellen.

Die Aufschlüsselung der Tab. 2.3 scheint in Zusammenhang mit der Risikoabschätzung von Toleranzbereichen und daraus u. U. folgenden Mehrmengen eine geeignetere Vorgabe als die EAU [6] zu sein, da sie Gerätegröße und Einflussfaktoren auf die Baggergenauigkeit in größerer Detailliertheit betrachtet und darüber hinaus auch horizontale Toleranzen berücksichtigt.

Tab. 2.3 Baggertoleranzen nach [5]

TECHNISCH BAGGERTOLERANZEN [cm]																							
Bagger-typ	**Gerätegröße**	**Boden**																		**Zulage**			
	Tragfähigkeit, Schneidkopf-durchm., Eimerinhalt, Löffelinhalt, Greiferinhalt	Fels				rollig						bindig						organisch		Tide	Quer-Strömung	Wellenhöhe	
		Vorge-lockert		Verwittert weich		Blöcke		Steine, Kies		Sand		Schlick		fester Ton		weicher Ton		Torf			>1,5m/s		
		T_h	T_v	T_v	T_v	T_h	T_v	T_h	T_v	T_h	T_v	T_h	T_v	T_h	T_v	T_h	T_v	T_h	T_v	T_v	T_v	T_h	T_v
THSD	500t-3000t	1000	30	THSD ungeeignet				1000		1000	20	1000	30	1000	20	1000	50	THSD ungeeignet		5	50	25	15
	3000t-6000t	1500	75					1500		1500	50	1500	50	1500	50	1500	75			5	75	50	25
	>6000t	1500	100					1500		1500	75	1500	90	1500	75	1500	100			5	100	75	35
CSD	0,75m- 1,5m	CSD Zu klein				Csd ungeeignet		150	50	200	40	150	30	75	15	100	25	100	30	5	50	25	15
	1,5m-2,5m	75	25	50	20			225	75	250	50	200	40	100	20	150	40	125	40	5	75	50	25
	>2,5m	100	30	75	25			300	100	300	60	250	50	150	30	200	50	175	60	5	100	75	35
SD	<0,25m	SD ungeeignet																		5	50	25	15
	0,25m-0,5m																			5	75	50	25
	>0,5m																			5	100	75	35
BLD	$0,05m^3$-$0,2m^3$	Größe BLD ungeeignet						50	20	100	30	75	15	50	10	75	15	75	25	5	50	25	15
	$0,2m^3$-$0,5m^3$	150	30	100	20	von Blockgröße abhängig		75	25	150	50	125	25	75	15	125	25	100	35	5	75	50	25
	$0,5m^3$-$0,8m^3$	Größe BLD ungeeignet						100	35	200	50	150	30	100	20	150	30	125	45	5	100	75	35
BHD	$<3m^3$	150	30	100	20	von Blockgröße abhängig		50	20	100	30	75	15	50	10	75	15	75	25	5	50	25	15
	$3m^3$-$15m^3$	150	30	100	20			75	25	150	50	125	25	75	15	125	25	100	35	5	50	50	25
	$>15m^3$	150	30	100	20			100	35	200	50	150	30	100	20	150	30	125	45	5	50	75	35
GD	$0,5m^3$-$2m^3$	100	50	100	25	von Blockgröße abhängig		75	50	100	25	50	50	50	50	50	30	75	40	5	25	25	15
	$2m^3$-$4m^3$	200	70	200	75			150	75	200	50	150	150	150	150	150	75	150	75	5	50	50	25
	$>4m^3$	250	100	250	100			250	100	300	75	250	250	250	250	250	100	250	125	5	75	75	25

T_v vertikale Toleranz; T_h horizontale Toleranz

2.4.3.4 Mengenbaggerung

Die Mengenbaggerung erfolgt in mehreren Schnitten je nach Bodenart und Gerätegröße mit einer Scheibenhöhe von ca. 0,5–3,0 m. Die Baggergenauigkeit beträgt im ersten Anschnitt im Mittel 0,5–0,6 m.

2.4.3.5 Profilbaggerung

Das herzustellende Ausbauprofil wird erst im Zuge der abschließenden Profilbaggerung hergestellt. Dabei werden die das Sollplanum überragenden „Spitzen" abgetragen.

Bei der Profilbaggerung der Sohle kann es sich u. U. um einen geforderten sehr genauen Abtrag handeln, dessen Scheibenhöhe bis zu 0,5 m beträgt, z. B. bei Baggerung von Baugruben für Spundwände. Die mit Spezialgerät erreichbare Baggergenauigkeit kann in diesem Fall ca. 0,2 m betragen, je nach Bodenart auch weniger. Um diese für Nassbaggerarbeiten verhältnismäßig hohe Genauigkeit zu erreichen, kann diese nur bei günstigen Wetterbedingungen und nicht leistungsorientiert durchgeführt werden. Solche Leistungen sollten nach Aufwand im Stundenlohn angeboten werden.

Bei dem Spezialgerät kann es sich z. B. um einen mit einem Spezialschleppkopf ausgerüsteten THSD handeln, der nicht in die Grubensohle eindringt, sondern vielmehr die aus der Mengenbaggerung resultierenden Erhöhungen über der Sollhöhe allein durch Saugen aufnimmt. Eine andere Lösung könnte der Einsatz eines Wasserinjektionsgeräts (WID) oder ein mit Injektionsrohr ausgerüsteter THSD (Abb. 1.4b) sein. Diese Lösungen tragen die Untiefen durch Agitieren/Fluidisieren ab. Der Einsatz eines Planierbalkens (*bottom leveler)*, d. h. einem geschleppten, ca. 10 m langen Stahlrohr, z. B. DN 900, oder einer Egge, findet in der söhligen Profilbaggerung ebenfalls Verwendung, um die Untiefen einzuebnen.

2.4.3.6 Böschungsbaggerung

Böschungen werden i. d. R. im sog. Box-Cut-Verfahren hergestellt. Dabei wird das Vorland des Böschungsbereiches in Scheiben abgetragen und die Sollböschungslinie planmäßig unterschnitten (Abb. 2.4, Lastfall 2.2). Es wird ein Böschungsbruch erzeugt. In der Abbildung sind die Überbaggerungen und die sich einstellende neue Böschungslinie deutlich erkennbar.

Alternativ kann die Böschung mittels eines Nassbaggers mit zwangsgeführtem Lösewerkzeug, z. B. einem CSD, in der geplanten Böschungslinie gebaggert werden. Dieses Verfahren ist aber mit einer erheblichen Leistungsminderung und damit höheren Kosten verbunden.

Die Box-Cut-Methode birgt das Risiko eines Bruches der gesamten Böschung, besonders bei Baggerung in zu mächtigen Scheiben z. B. bei Abgrabung mittels SD in fließgefährdeten Böden. In diesem Fall kann sich die Böschung flacher einstellen als geplant, wodurch einerseits Mehrmengen entstehen, andererseits aber auch das Eigentum Dritter infolge Überschreitens der Grenze beschädigt werden kann. Letzteres ist in der Nassgewinnung häufiger der Fall für Auseinandersetzungen zwischen Grundstückseigentümer, Abbautreibendem und Genehmigungsbehörde.

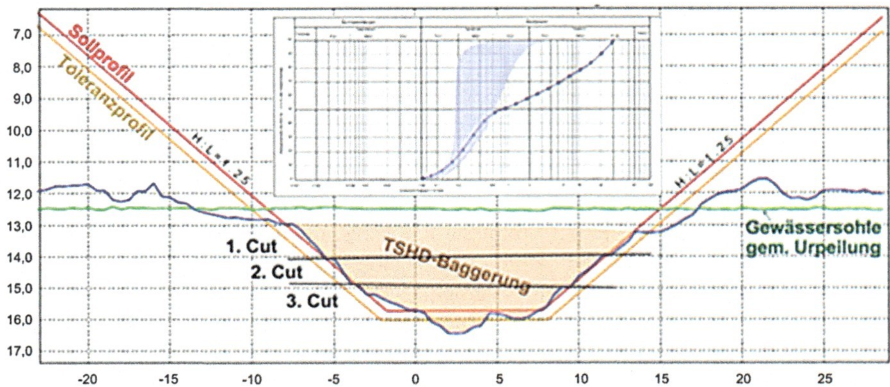

Abb. 2.4 Herstellung einer steilen Böschung mittels TSHD in Sand; rot: Sollböschungsneigung; blau: *box cut* gebaggerte Böschung; gelb: zul. Toleranzprofil

Erfahrungsgemäß kann eine Böschungsneigung in abzutragenden Sanden praktisch mit allen Gerätetypen hergestellt werden. Allerdings ist die jeweilige Scheibendicke und damit die Präzision der Baggerung unterschiedlich groß. Die Dicke der Scheibe ist bei Geräten mit nicht kontrolliert geführtem Lösewerkzeug größer.

Auch nimmt die Strömungsrichtung Einfluss auf die Böschungsneigung. Die Strömungsrichtung sollte möglichst parallel zur Böschung streichen.

Lastfall 2.2: Böschungsbaggerung in rolligem und bindigem Boden
In Abb. 2.4 ist die mittels THSD in unterschiedlichen Böden durchgeführte Baggerung eines ca. 4 m tiefen Rohrgrabens dargestellt. Die Baggerung erfolgte in Sand bzw. stark schluffigem Sand sowie Mergel.

Die Böschung wurde im sog. Box-Cut-Verfahren hergestellt.

Die Baggerung der Böschung in rolligem Boden wurde sehr genau ausgeführt. Der zugelassene Toleranzbereich wurde, wie in der Abbildung dargestellt, kaum angeschnitten. Es wurden die Mindestmengen abgegraben.

Im Zuge der Baggerung eines weiteren Trassenabschnittes in bindigem Boden wurde ebenfalls mengenminimierend gearbeitet und dabei sogar eine übersteile Böschung hergestellt.

2.4.3.7 Verbringungsart und -ort

Nicht zuletzt spielen auch die Verbringungsart und der Verbringungsort eine wesentliche Rolle bei der Durchführung der Nassbaggerarbeiten und der Auswahl des Gerätes und nehmen damit Einfluss auf den Umfang sowohl des Betriebsrisikos bei Betrieb einer Klappstelle als auch des Nutzungsrisikos im Falle eines Spülfeldes. Ersteres ist AN-seitiges Risiko, letzteres AG-seitiges.

Die Baggergutverbringung kann auf verschiedene Weise, u. U. auch im Gewässer selbst erfolgen, u. zw. als

- Verwendung im Gewässer, z. B. zur Wiederverfüllung von Baugruben oder zur Böschungsgestaltung,
- Verwertung durch Aufbereitung des Baggergutes und Nutzung der Produkte z. B. im Falle eine Tonbaggerung für Deichbefestigung oder bei Sandbaggerung für Wegebau oder Geländeerhöhung im Zuge des Hochwasserschutzes,
- Umlagerung, seewärts durch Verklappen , wenn Boden für sonstige Verwertung ungeeignet ist oder kein Abnehmer verfügbar ist, im Bereich Nord- und Ostsee nach HABAK [7],
- Entsorgung, landwärts gemäß Abfallgesetz auf Grundlage der LAGA-Liste [8].

Wenn das Baggergut nicht verklappt oder im Zuge des Ausbaues der Wasserstraße verwendet wird, handelt es sich bei Nassbaggerarbeiten um Aufspülungen. Diese können problematisch werden, wenn das Baggergut aus Schluffen und Tonen besteht. Sollte die verfügbare Pumpenleistung nur eine geringere Volumenkonzentration zulassen, wird erheblich mehr Spülfläche erforderlich, um Zeit für die Entwässerung zu gewinnen.

Zum einen ist in diesem Fall zu prüfen, ob die ausgeschriebene Spülfeldkapazität ausreichend ist. Denn infolge der Auflockerung im Spülstrom wird bei Sand zunächst ein weitaus größeres Volumen benötigt als in situ abgetragen.

Die bei Tonverbringung benötigte Spülfeldkapazität kann leicht mehr als das 1,5-fache des zu baggernden Volumens betragen. Hier liegt für die Planung von Nassbaggerarbeiten ein sehr großes Risiko, weil

- einerseits u. U. der Absetzvorgang Einfluss auf die zulässige Baggerzeit nehmen kann und Unterbrechungen des Spülbetriebes erforderlich macht und
- andererseits zusätzliche Spülflächen, wenn überhaupt, nur nach erneutem Genehmigungsverfahren unter Inkaufnahme des Risikos einer Bauzeitverzögerung bedeuten kann.

Zum anderen ist die Herstellung und vor allem die Unterhaltung der Spülfelddeiche zu überlegen. Abb. 2.5a zeigt einen aus Moorboden hergestellten Spülfelddeich, bei dem jederzeit ein Deichbruch zu erwarten ist, verbunden mit dem Risiko, dass die Bruchstelle nicht einfach zu schließen ist und das Spülfeld u. U, mehrere Tage stillgelegt werden muss, bis die Instandsetzung abgeschlossen ist. Das Risiko besteht in möglichem Betriebsstillstand, wenn keine Ersatzspülfelder vorhanden sind, sowie in möglichen Umweltschäden.

Oftmals kann das moorige Gelände nach Spülbeginn nicht mehr befahren werden, allenfalls nur noch mit speziellen Amphibienfahrzeugen (Abb. 2.5b). Das Bild zeigt einen Hydraulikbagger auf einem Ponton mit sehr breiten, den Ponton umlaufenden und mit Bodenplatten bestückten Traktorketten, sog. Moorlaufwerken, durch die eine geringe Flächenpressung erreicht wird. Dass solche Spezialausrüstung die Kosten erhöht, muss nicht weiter ausgeführt werden.

Im Falle subaquatischer Verbringung des Baggergutes sollte diese in Bereichen erfolgen,

Abb. 2.5 Spülfeldbetrieb; **a** Beispiel eines wenig standsicheren Spülfelddeiches **b** Amphibienfahrzeug-Hydraulikbagger für Spülfeldunterhaltung

- deren Bodenverhältnisse denjenigen des Entnahmeortes ähnlich sind,
- die geringe Strömungen aufweisen und
- die keine seltenen Habitate sind, z. B. Klappstellen.

Subaquatische Verbringung des Baggergutes wird vom AG ausgeschrieben, der die dieser Verbringungsart innewohnenden Risiken im Planfeststellungsverfahren vor Ausschreibung abgeklärt hat. Dennoch besteht ein Risiko für den AN, sollte der Boden vermehrt in Suspension gehen und Trübungsfahnen weit über den Bereich der subaquatischen Deponie hinausgehen.

Das Baggergut ist gemäß HABAK AG-seits vor einer Entscheidung über die Verbringungsart auf etwaige Kontamination z. B. durch Schwermetalle oder auch Kohlenwasserstoffe zu untersuchen. Auch in solchen Fällen ist neben Lagerung in gedichteten terrestrischen Deponien subaquatische Verbringung möglich, nämlich mittels

- Anlage einer gedichteten Unterwasserdeponie, bei der die seitlichen Dämme über die Wasserlinie ragen, oder
- Anlage einer Unterwasserdeponie unterhalb des Gewässergrundes, die nach Einbringen des kontaminierten Baggergutes mit sauberem Boden aus der Nähe des neuen Deponiestandortes abgedeckt wird.

2.5 Kaufmännische Betriebsrisiken

Die hier vorgelegten Ausführungen beziehen sich definitionsgemäß auf die betrieblichen Risiken der Nassbaggerei. Deshalb sollen kaufmännische Risiken nur kurz diskutiert werden.

Folgende Risiken aus kaufmännischer Sicht, in direktem Zusammenhang mit den betrieblichen Belangen stehend, sind besonders zu nennen:

- das Bezahlungsrisiko durch den AG,
- das Währungsrisiko bei Auslandsarbeiten,
- das Personalgestellungsrisiko hauptsächlich im Falle von Auslandsarbeiten,
- Risiken infolge von Ein- und Ausfuhrbestimmungen,
- das Risiko aus anzuwendendem, meist lokalem Recht einschließlich Durchsetzbarkeit von Ansprüchen vor Gerichtsbarkeit im Land des AG,
- das Risiko von unberechtigter Inanspruchnahme von Bürgschaften durch den AG *(unfair calling)*.

2.5.1 Zahlungsrisiko

Neben dem unter den technischen Risiken vorrangigen Bodenrisiko bestehen zwei andere vorrangige Risiken, das Zahlungs- und das Währungsrisiko. Diese sind bei Arbeiten in Übersee oftmals sehr hoch, u. a. verursacht durch mangelhafte Finanzierung des Projektes, durch manchmal sehr schleppende Abwicklung des Zahlungsverkehrs oder auch durch Regierungswechsel und damit verbundene Neubesetzung der AG-seitigen Vertreter.

2.5.2 Währungsrisiko

Bei einem Auftrag in lokaler Währung kann ein Risiko durch oftmals drastische Abwertung des Wechselkurses entstehen.

Um den hier erwähnten kaufmännischen Risiken zu begegnen, sollte ggf. eine staatliche Kreditversicherung angestrebt werden, in Deutschland gemeinhin Hermesversicherung genannt, ausgestellt z. B. in Form einer Ausfuhr-Pauschal-Gewährleistung zur Deckung der Auftragssumme. Die Kosten dieser Versicherung sind Teil der Mobilisierungskosten.

2.5.3 Personalgestellungsrisiko

Bei Arbeiten außerhalb Westeuropas kann die Gestellung von Fachpersonal zu Problemen führen. Dieses Risiko nicht verfügbarer Facharbeiter hat i. d. R. unmittelbar Produktionseinbußen zur Folge. Deshalb ist es oftmals günstiger, die Besetzung der Schlüsselpositionen mit trainiertem Personal aus Westeuropa vorzunehmen und nur Hilfskräfte aus dem jeweiligen Lande vor Ort anzulegen. Ausnahme hiervon können Tätigkeiten in Ländern sein, in denen schon längere Zeit Nassbaggerarbeiten auch mit Großgerät ausgeführt wurden, wie z. B. in Nigeria.

Ein weiteres Risiko kann in diesem Zusammenhang die lokale Gesetzgebung ergeben, durch die Arbeitszeiten und Ruhepausen geregelt werden. Darunter fällt die Arbeitszeit an Sonn- und Feiertagen. Wegen der hohen Kapitalkosten finden Nassbaggerarbeiten im Regelfall rund um die Uhr statt, 7 Tage pro Woche.

Oftmals ist der Betrieb in 8-Stunden-Schicht zu fahren, was nicht nur mehr Personal benötigt, sondern auch Produktionsverluste infolge des Schichtwechsels bedeutet.

2.5.4 Risiko bei Geräteein und -ausfuhr

Infolge der Ein- bzw. Ausfuhrbestimmungen des jeweiligen Arbeitslandes können sich erhebliche, die Einsatzzeit des Gerätes betreffende Risiken ergeben, sowie Kosten für Verzollung, sollte temporärer Im-/Export nicht möglich sein.

Literatur

1. Zeit D (2005) Das Lexikon, Bd 19. Hamburg, Zeitverlag
2. Wolke T (2013) Risikomanagement, 2. Aufl. Oldenbourg Verlag, München
3. Wikipedia
4. Witt KJ (Hrsg) (2008) Grundbau-Taschenbuch, Teil 1. Ernst, Hoboken/New Jersey
5. Patzold V, Gruhn G, Drebenstedt C (2008) Der Nassabbau. Springer, Heidelberg
6. HTG, DGGT (Hrsg) (2004) Empfehlungen des Arbeitsausschusses „Ufereinfassungen" Häfen und Wasserstraßen (EAU 2004). Ernst, Hoboken/New Jersey
7. HABAK (2000) Handlungsanweisung für den Umgang mit Baggergut im Binnenland
8. LAGA-Liste Länderarbeitsgemeinschaft Abfall (LAGA) (o. D.)

3 Merkmale und Risiken von Nassbaggern

Zwecks Einschätzung der Risiken bei der Preisfindung von Nassbaggerarbeiten werden im Folgenden die wesentlichen Merkmale und Kenngrößen von Baggergeräten prinzipiell dargestellt und erläutert. Dazu wird für den jeweiligen Gerätetyp ein Generalplan abgebildet, der die Merkmale des Gerätetyps verdeutlicht. Auf detailliertere Darstellungen in der Literatur wird verwiesen.

Auf die große Variantenzahl der Nassbaggergeräte wurde bereits eingangs hingewiesen, im Folgenden wird eine Beschränkung auf die heutigentags überwiegend eingesetzten Gerätearten THSD, CSD, SD, BLD, BHD und GD vorgenommen.

Ferner wird die Baggerleistung in m^3/w angegeben, meist in fester, gewachsener Menge, seltener in loser Menge wie beim Laderaumaufmaß.

3.1 Laderaumsaugbagger (THSD)

3.1.1 Gerätemerkmale

Der THSD ist das Mittel der Wahl bei Nassbaggerarbeiten mit Bodentransport über größere Entfernungen von bis zu 100 km, sowohl bei Neubau- als auch bei Unterhaltungsbaggerungen.

Bei Entfernungen >100 km werden heutigentags statt THSD zunehmend große, seegehende Schuten eingesetzt oder auch für Bodengewinnung und -transport entsprechend umgebaute Massengutfrachter. Diese werden vom THSD, CSD oder SD beladen. Dadurch wird die Sandbaggerung wirtschaftlicher, da der THSD als Gewinnungsgerät in dieser Funktion höher ausgelastet wird.

In den einschlägigen Gerätelisten wird der THSD durch sein Konstruktionsgewicht bzw. sein Laderaumvolumen eingeteilt. Die Abhängigkeit verläuft gemäß Angabe CIRIA [1] linear und erreicht ein Konstruktionsgewicht von ca. 25.000 t bei einem Laderaumvolumen von rd..

V. Patzold, G. Gruhn, *Betriebliche Risiken in der Nassbaggerei*,
DOI 10.1007/978-3-662-49345-8_3

In Abb. 3.1 ist der Generalplan eines THSD dargestellt. THSD werden als Spezialschiffe auch für die Flussbaggerung eingesetzt (Abb. 1.4). Diese THSD verfügen zwar nur über ein geringeres Laderaumvolumen von bis zu ca. 1.000 m³, zeichnen sich aber durch sehr geringen Tiefgang aus und können das Baggergut durch Verklappen, im Rainbowing-Verfahren oder durch Verspülen verbringen.

Hin und wieder sind THSD auch mit einem Wasserinjektionsrohr (in Abb. 1.4 hinteres Rohr) ausgestattet, sodass Agitationsbaggerung ausgeführt werden kann. Letztere erfolgt durch die Strömung nach Fluidisieren des Materials durch Wasserinjektion.

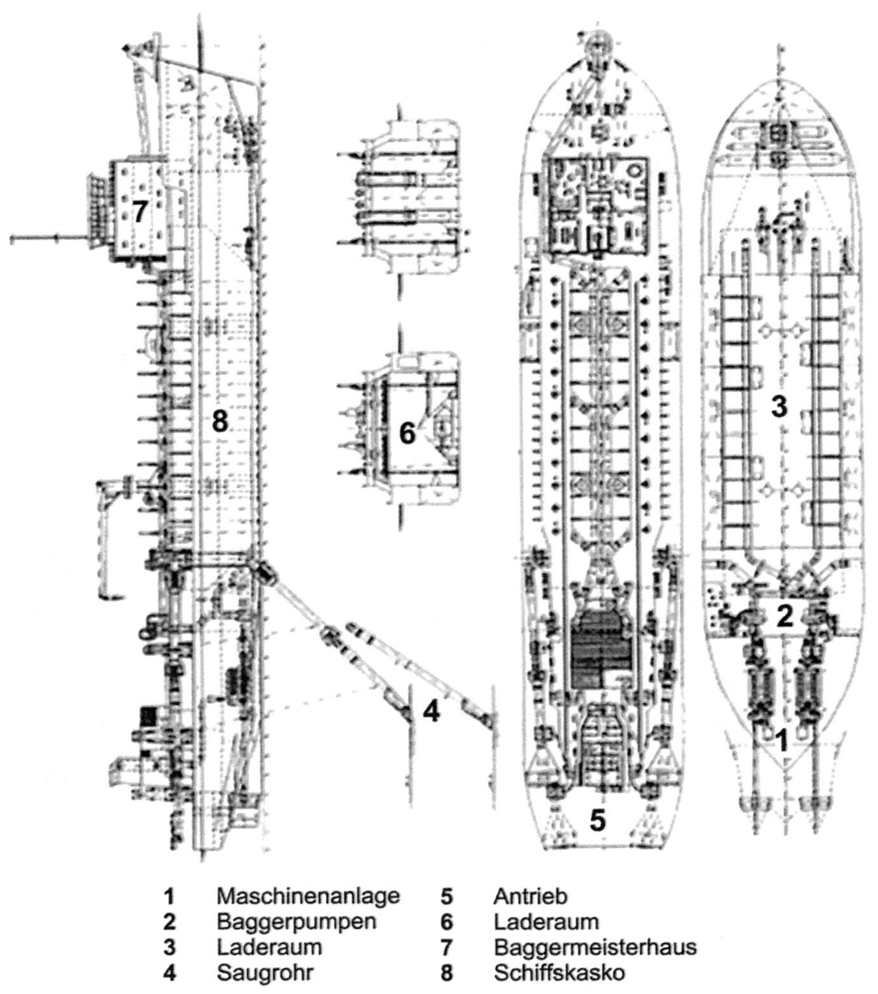

Abb. 3.1 Generalplan eines großen THSD (*Antigoon*) [2]

3.1.2 Merkmale THSD-Betrieb

3.1.2.1 Baukonzept THSD

Der THSD ist als seegehendes Schiff unter Klassenaufsicht gebaut. Fahrtgebiet, d. h. Transport auf eigenem Kiel, ist normalerweise „deep sea", Baggerarbeiten können in bis zu 15 sm von der Küste bzw. bis zu 20 sm vom nächsten Hafen entfernt ausgeführt werden.

3.1.2.2 Lösewerkzeug

Der abzutragende Boden wird vom am Saugrohr befestigten Schleppkopf – im Fall *Antigoon* an zwei Saugrohren befestigten Schleppköpfen – gelöst und in den Laderaum gefördert. In Abb. 3.2 ist der Schleppkopf beim Eingriff in den Boden dargestellt. Der Schleppkopf ist mit Druckwasser in Höhe von bis zu ca. 16 bar aktiviert, d. h. mit einer Lösehilfe, um den Boden zu fluidisieren.

3.1.2.3 Baggerpumpenanlage

Die Pumpenanlage kann aus bis zu drei Baggerpumpen bestehen, u. zw. einer auf dem Saugrohr installierten UW-Pumpe sowie zwei weiteren im Schiff angeordneten Baggerpumpen. Die Pumpenanlage ist häufig so bemessen, dass die Beladung des Laderaums von ca. 85 % mit Fein- und Mittelsand ca. 1 h benötigt.

3.1.2.4 Installierte Leistung

Die installierte Leistung verteilt sich auf den Schiffsantrieb, die Baggerpumpenanlage sowie die sonstigen elektrischen Verbraucher. Im Fall THSD *Antigoon* entfallen von der insgesamt installierten Leistung in Höhe von rd. 10.850 kW ca. 8.000 kW für freie Fahrt. Beim Baggern reduziert sich die für Fahrt verfügbare Leistung auf rd. 4.500 kW und diejenige der Baggerpumpenanlage beträgt 2.500 kW. Weitere bis zu 2.000 kW stehen für zwei Druckwasserpumpen zur Verfügung. Die Fahrgeschwindigkeit beim Bodenabtrag beträgt bis zu 3 kn, beim Transport des Baggergutes zur Verbringungsstelle je nach Größe des THSD zwischen 7 kn und 15 kn.

3.1.2.5 Baggerprozess

Der THSD löst im Zuge der Baggerung den Boden mittels des Schleppkopfes (Abb. 3.2), der je nach Bodenverhältnissen bis zu 1 m tief in den Seegrund eindringt. Die Position des Schleppkopfes wird laufend durch Monitore kontrolliert und dem Baggermeister angezeigt (s. Abb. 3.4).

Der THSD arbeitet im Baggermodus längs einer möglichst langen Baggerstrecke mit möglichst wenigen Wendemanövern bis zur Beendigung der Laderaumbefüllung.

Das Lösen des Bodens erfolgt durch die Saugkraft der Baggerpumpe, die als Unterwasser- und/oder Mittschiffspumpe mit dem Saugrohr bzw. im Schiff angeordnet ist. Der Schleppkopf des THSD ist mit einer Druckwassereinrichtung für ca. 16 bar ausgestattet, durch die das Lösen des Bodens, sofern erforderlich, verbessert und eine größere Gemischdichte angesaugt werden kann.

Das gelöste Bodenmaterial wird in den Laderaum des THSD gepumpt (Abb. 3.3). In diesem als Längsklassierer wirkenden Raum setzt sich der Sandboden ab. Zunächst wird der Laderaum befüllt, dann setzt die Phase der Überlaufbaggerung

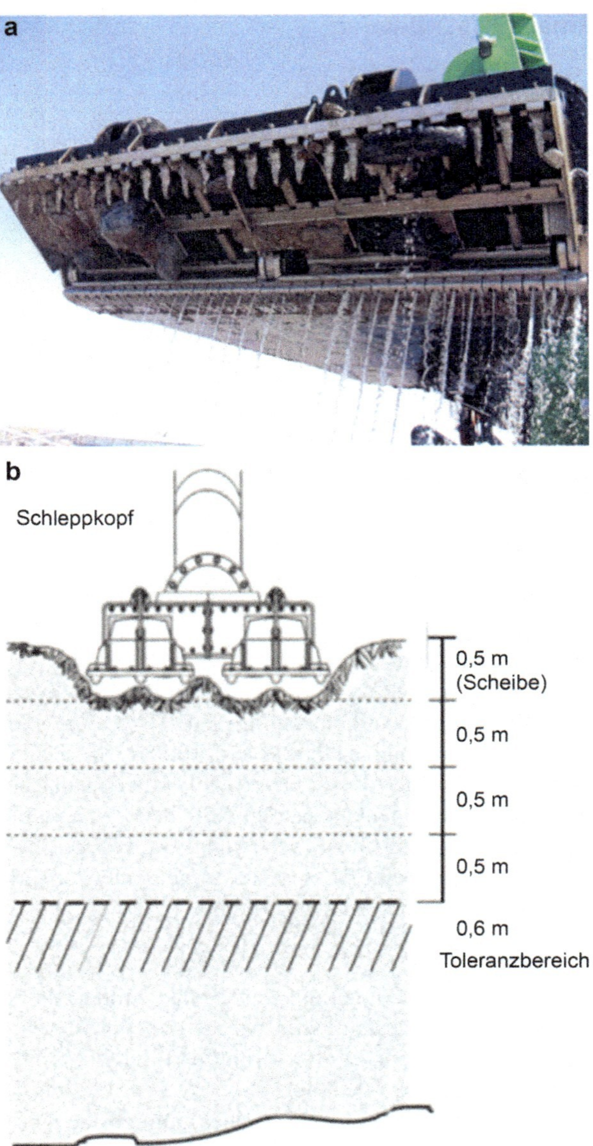

Abb. 3.2 THSD Schleppkopf **a** Schleppkopf mit Unrat **b** Prinzipskizze Schleppkopf im Eingriff

ein, bis ein Füllungsgrad von ca. 85 % erreicht ist. Danach wird eine weitere Beladung u. U. unwirtschaftlich, da zu lange dauernd.

Das Spülwasser wird über ein Überlaufwehr unterhalb des Schiffbodens, bei größeren THSD in ca. 9 m Wassertiefe, zurückgeleitet.

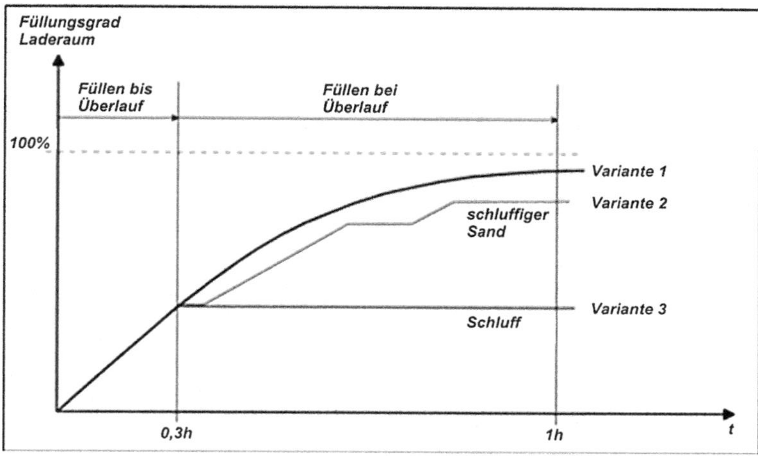

Abb. 3.3 Schematische Beladekurve THSD; Variante 1: Plankurve, Variante 2: schluffiger Sand, Variante 3: Schluff

Das Überlaufwehr ist umweltschonend als sog. *green valve* ausgebildet. Dabei werden direkte Überlaufverluste aus dem Laderaum vermieden und die ablaufende turbulente Strömung innerhalb des Überlaufwehres beruhigt, bevor der Überlaufstrom ins umgebende Wasser unter dem Schiffsboden zurückfließt.

Lastfall 3.1 erläutert ein Beispiel mit THSD-Baggerung in Weichschichten.

3.1.2.6 Verbringen der Ladung

Die Ladung wird zum Verbringungsort transportiert. Das Löschen der Ladung benötigt im Falle von

- Verklappen von Sand bis zu 20 min und mehr, beim
- Verspülen über Rohrleitung je nach Transportentfernung, bspw. bei ca. 3.000 m ca. 2–3 h je Ladung.

Lastfall 3.1 THSD-Baggerung in Weichschichten

Bei Baggerung weicher schluffiger oder toniger Böden können Rinnen entstehen, die im Zuge der abschließenden Profilbaggerung nur mit Minderleistung flächenhaft abgetragen werden können.

Abbildung 3.4 zeigt das Querprofil eines in weichem, breiigem Ton herzustellenden Zufahrtskanals kurz vor Beginn der Profilbaggerung von Böschung und Sohle. Es sind ziemlich regelmäßig angeordnete mehrere Meter tiefe Rinnen zu erkennen, die im Laufe der Mengenbaggerung in die Ausbaustrecke gegraben worden sind. In der Darstellung auf dem Kontrollmonitor (Abb. 3.5) verlaufen die Rinnen weitgehend parallel.

Das in Abb. 3.6 abgebildete Monitorbild zeigt den Baggerkurs während der Profilbaggerung zum Zeitpunkt der Aufnahme. Vor dem Hintergrund parallel streichender Rinnen der vorausgegangenen Mengenbaggerung ist der aktuelle Kurs des THSD zu erkennen, der im spitzen Winkel zur bisherigen Mengenbaggerung verläuft. Dieser Kurs wird gefahren, um die bei der Primärbaggerung entstandenen Rippen und Rinnen zu glätten.

Das Glätten wird normalerweise mit einem Planiergerät, dem sog. *bottom leveller*, oder einer Egge durchgeführt. Auch in diesem Fall wurde diese Methode zunächst versucht, es stellte sich jedoch heraus, dass die Rinnen bereits zu tief waren, um mit einem *bottom leveller* geglättet zu werden.

Deshalb wurde erneut mit Schleppkopf gearbeitet, diesmal jedoch in einem Winkel zu den Rinnenachsen. Die dabei entstehende Schleppkopfspur (Abb. 3.5) ergab jedoch keine gerade Linie, wie bei der Mengenbaggerung, sondern eine Schlangenlinie, wie im Monitorbild dargestellt, Letztere entstand, weil der Schleppkopf nach Erreichen der Oberkante der Rippe in die nächste Rinne rutschte.

Das bedeutete einerseits ein großes Risiko, das Saugrohr zu verlieren, andererseits entstanden erhebliche Leistungsminderungen, weil der Schleppkopf beim Kreuzen der Rippen nicht mehr vollständig im Baggergrund war und sich damit um >20 % geringere Gemischdichten ergaben, was in Verzug und erheblichen Mehrkosten resultierte.

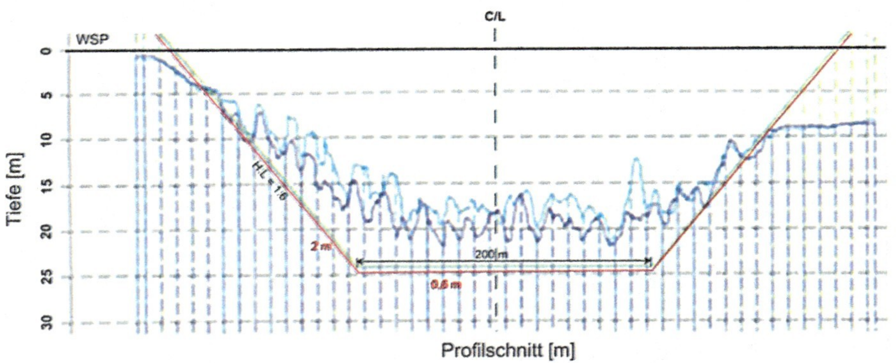

Abb. 3.4 Zwischenergebnis Mengenbaggerung; hellblau: vorausgegangene Peilung; dunkelblau: aktuelle Peilung

3.1.3 Besondere Risiken THSD-Einsatz

Besondere Risiken für den THSD-Einsatz ergeben sich hauptsächlich (Tab. 3.1)

- beim Baggern bindiger Böden
  - mit Scherfestigkeiten $c_u > 200$kPa infolge schlechten Lösens,

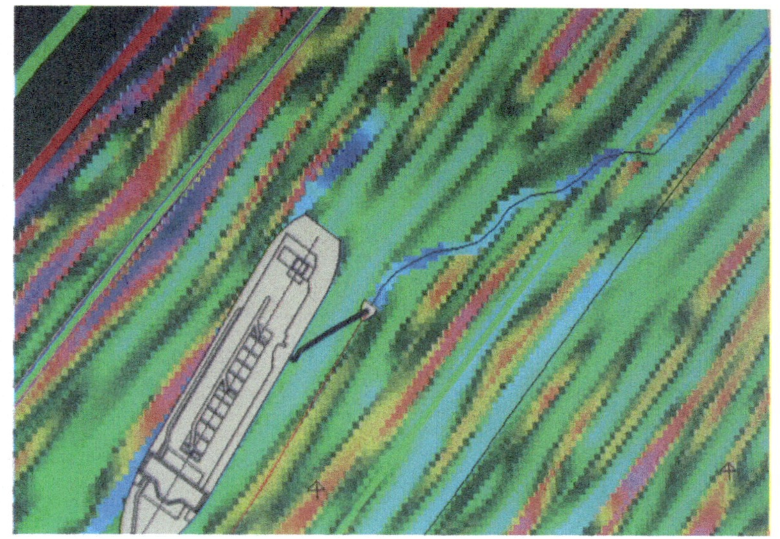

Abb. 3.5 Baggerstrecken auf Baggermonitor THSD

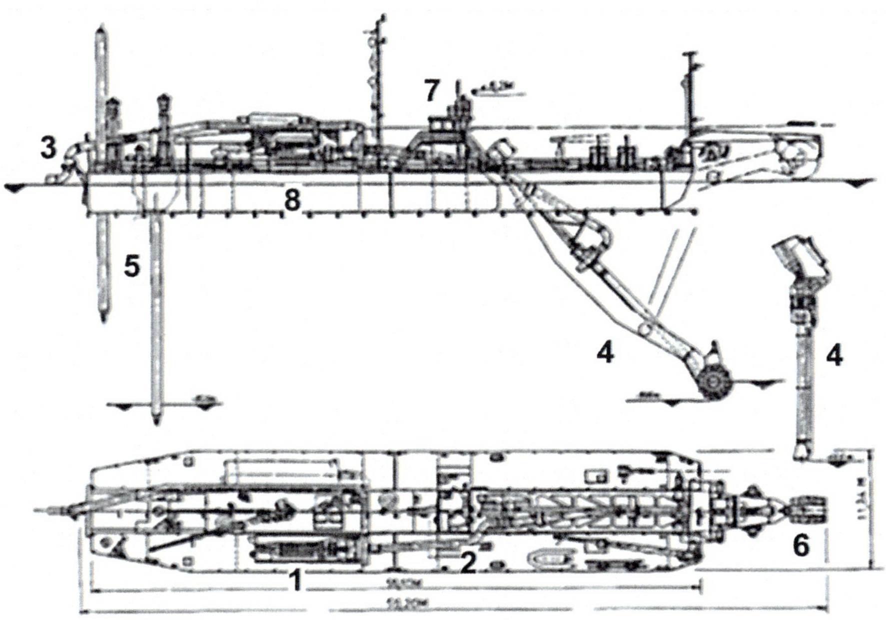

1	Maschinenanlage	**5**	Pfahlanlage
2	Baggerpumpen	**6**	Schneidkopf/Schneidrad
3	Druckrohrleitung	**7**	Baggermeisterhaus
4	Saugrohr	**8**	Schiffskasko

Abb. 3.6 Generalplan UWC-CSD (*Nordland*, *Boskalis*) [2]

Tab. 3.1 Abschätzung der erwarteten Schadenshöhe F_S für THSD (Modellrechnung)

Allgemeine Vorgaben: $Q_{THSD}=99.000\ m^3/w$; $D_F=90\,\%$; $z_d=10\ m$; $T_{v\ bezahlt}=0,3\ m$

0	1	2	3	4	5	6
Risiko	V_{abgr}	E_W	Risikogrund	Risikofolge	F_S	weitere Vorgaben; F_R
Mengenrisiko	1,0	0,5	Zul. Vermessungsfehler	Nicht vergütete Mehrmenge	0,0125	Vorgabe: zul. Fehler gemäß IHO 0,25 m, $F_R=0,25\ m/10\ m$
	1,0	0,5	Nicht bezahlte technischer Toleranzbaggerung		0,0100	Vorgabe: techn. erf. Toleranz 0,5 m, $F_R=T_{v\ technisch}-T_{v\ bezahlt})/10$
Ausführungsrisiko	0,1	0,2	Grundbruch bei Böschungsbaggerung	Mehrmenge u. U. streitig	0,0200	$F_R=1,0$
Bodenrisiko	0,6	0,2	Boden bindig, zu hohe Scherfestigkeit $c_u>200$ kPa	Minderleistung	0,1728	Vorgabe: 80 % bindige Baggermenge; $D_{F,neu}=50\,\%$, $F_R=(90/50)\cdot 0,8$
	1,0	0,5	Boden bindig, schlechtes Absetzverhalten	Minderleistung	0,6538	Vorgabe: 20 % zus. Reduktion Hoppervolumen $F_R=85/65$
	0,2	0,1	Suspensionsbildung, wenn Tonbaggerung in salinarer Umgebung	Nachbaggerung u. U. ohne Vergütung	0,0566	Vorgabe: Leistung in Nachbaggerung 50.000 m^3/w, 10 d $F_R=0,2\cdot 0,1\cdot 99.000\ m^3/w/50.000\ m^3/w\cdot 10\ d/7\ d$
	0,2	0,25	Boden bindig, $I_c<0,5$ Gefahr von Rinnenbildung	Minderleistung	0,1000	Vorgabe: Leistung 50 %, R.-Absch.: $0,2\cdot 0,25/0,5$
	0,1	0,1	Boden, Fels, wenn Blöcke vorhanden	Minderleistung	0,0283	Vorgabe 10 Bergungstage wie Nachbaggerung $F_R=99.000\ m^3/w/50.000\ m^3/w\cdot 10\ d/7\ d$
	0,1	0,1	Boden, wenn Kampfmittel vorhanden	Minderleistung	0,0257	Vorgabe von 10 vergüteten Bergungstagen $F_R=99.000/50.000\cdot 10/7$

Wetterrisiko	1,0	0,1	Infolge Sichtbeschränkung, Eisgang	Minderleistung	0,1000	$F_R = 1,0$
Ökologisches Risiko	1,0	0,5	Baggern mit Abweisern, Gittern, Rosten in Bereichen mit geschützten Tierarten	Minderleistung	0,6429	Vorgabe: $D_{F,neu} = 70\,\%$ $F_R = 90/70$
Summe FS gesamt					**1,8226**	

Q_{THSD} abrechenbare Baggerleistung je Woche [m³/w], D_F Drehfaktor, *zd* Baggertiefe, $T_{v\,bezahlt}$ vergütete vertikale Baggertoleranz, V_{Abgr} Anteil der vom Risiko betroffenen Baggermenge, E_W angenommene Eintrittswahrscheinlichkeit des Risikofalls, F_S erwartete Schadenshöhe des Risikofalls, F_R auf Expertenwissen basierender Faktor Risikoabschätzung, $F_{S\,gesamt}$ gesamte erwartete Schadenshöhe, $T_{v\,technisch}$ gerätespezifische Baggertoleranz, $T_{v\,bezahlt}$ vergütete Baggertoleranz

  - infolge schlechten Absetzens des Bodens im Laderaum ein u. U. deutlich geringer Füllungsgrad, bei Baggerung von Schluff kann es vorkommen, dass der Absetzvorgang zu lange dauert. In diesem Fall (Variante 3 der Abb. 3.3) fährt der THSD mit manchmal sehr geringem Füllungsgrad zur Verbringungsstelle;
  - wenn eine Überlaufbaggerung aus ökologischen Gründen nicht zugelassen ist;
- beim Baggern von mit Hindernissen belasteten Böden, die nicht mittels THSD abgegraben werden können, ohne dass eine vorherige Bergung der Hindernisse erfolgt ist,
- beim Baggern von mit Kampfmitteln belastetem Material und Leistungsreduktion infolge erforderlicher Roste an Schleppkopf und vor Baggerpumpe,
- Suspensionsbildung bei Gegenwart von bestimmten freigesetzten Tonmineralen (Illit, Smectit), die weit verdriften können, bevor sie sich absetzen,
- Minderleistung infolge geringem Füllungsgrad des Laderaums,
- Minderleistung infolge von Rinnenbildung von mehreren Metern Tiefe infolge Einsinken des Schleppkopfes (Tab. 3.1).

Diese Abschätzung verdeutlicht, dass sich bei Annahme einer Eintrittswahrscheinlichkeit aller aufgelisteten besonderen Betriebsrisiken ein Faktor für die erwartete Verlusthöhe in Höhe des 1,83-fachen des Einheitspreises ergeben kann.

3.2 Schneidkopfsaugbagger (CSD)

3.2.1 Gerätemerkmale

Der Generalplan Abb. 3.6 zeigt einen UWC-SD, der auch als CSD betrieben werden kann.

Die weltweite CSD-Flotte, zu der auch der UWC-SD gehört, stellt nahezu gleichauf mit der Geräteart THSD den größten Anteil der Nassbaggerflotte.

Tabelle 3.2 zeigt die Definition eines großen und eines sehr großen CSD durch die niederländische Fa. Nedeco um 1990.

Tab. 3.2 Definition Gerätegröße CSD

Kriterium	Einheit	Großer CSD	Sehr großer CSD
Forderung		Gemäß AG	Gemäß Planer
Selbstfahrend		Nein	Ja
Verdrängung	t	3.000	5.000
UW-Baggerpumpe		Ja	Ja
Antriebsleistung Baggerpumpe	kW	6.500	8.800
Antriebsleistung Schneidkopf	kW	1.500	2.200
Pfahlwagen		Ja	Ja
Wiederbeschaffungswert (1990)	US$	19.200.200	31.500.000
Stillstandskosten (1990)	US$/w	166.000	262.000
Arbeitsmodus	d/w; h/w	7; 168	7; 168

Der im vorstehenden Generalplan (Abb. 3.6) abgebildete CSD ist ein Beispiel für multiple Verwendungsmöglichkeit eines Nassbaggers. Dieser kann eingesetzt werden als

- CSD, vornehmlich rolligen Boden baggernd,
- UWC-CSD, vornehmlich festen, bindigen Boden baggernd, sowie als
- SD, in rolligem Boden arbeitend.

Im Hinblick auf das Risikoproblem bedeutet die Entwicklung größerer Geräte einerseits eine Verbesserung in der Durchführbarkeit von Felsbaggerungen. Andererseits kann die Größe aber auch zur Übernahme von Aufgaben führen, für die selbst diese „Heavy-Duty-Bagger" wieder zu klein sind. Das Risiko gilt es, sorgfältig abzuwägen.

3.2.2 Merkmale CSD-Betrieb

3.2.2.1 Baukonzept CSD

Der CSD wird als Schiff mit oder ohne Eigenantrieb gebaut. Dabei kann der Schiffskasko als Monoponton oder in zerlegbarer Bauweise aus einzelnen Pontons hergestellt sein. Seewärtig eingesetzte Schiffe werden in Monopontonbauweise erstellt.

Der von seinem Lösewerkzeug, i. d. R. dem Schneidkopf, alternativ auch

- einem Unterwasserschneidrad oder
- einem Fräskopf oder
- einem Auger-Schneidkopf

gelöste Boden wird von der Baggerpumpe in der Saugrohrleitung über Wasser gehoben und dann über eine Druckrohrleitung an Land verspült.

3.2.2.2 Lösewerkzeug

Der Standard-Schneidkopf hatte ursprünglich die Form eines Kegelstumpfes, heute wird er noch in Form einer Krone gebaut, am häufigsten jedoch in der eines Ellipsoids. Die Länge eines Schneidkopfes beträgt ca. 2/3 bis 3/4 der Länge des größten Außendurchmessers. Dieser hat den ca. 3- bis 4-fachen Saugrohrdurchmesser.

Abbildung 1.6a zeigt Schneidköpfe in moderner Bauart für Boden und Fels. Die Schneidarme können je nach Bodenart unterschiedlich bewehrt sein (u. a. glatte Schneiden, Sägezahnschneiden oder Spatenmeißel). Bei Mergelbaggerung werden 5-armige mit Spatenmeißel bestückte Schneidköpfe eingesetzt, sodass der anstehende feste Boden in kleinen Spänen abgetragen wird. Für Felsbaggerung wird ein 6-armiger Schneidkopf eingesetzt, dessen Arme mit spitzen Spitzmeißeln bewehrt sind (Abb. 1.6).

Der Schneidkopf ist in dichter gelagerten Böden je nach Leiterneigung nur mit dem vorderen Teil der Schneidarme im Bodeneingriff, d. h., mit ca. 2–3 Schneidarmen und ca. 3 Meißeln je Arm. Zu beachten ist auch, ob sich der Schneidkopf je nach Schwenkrichtung im Unter- oder Oberschnitt befindet [7]. Mehr Boden ist im Unterschnitt gelöst [3]. Allerdings nimmt in bestimmten festeren Böden laut Päßler im Unterschnitt auch die Stückigkeit zu.

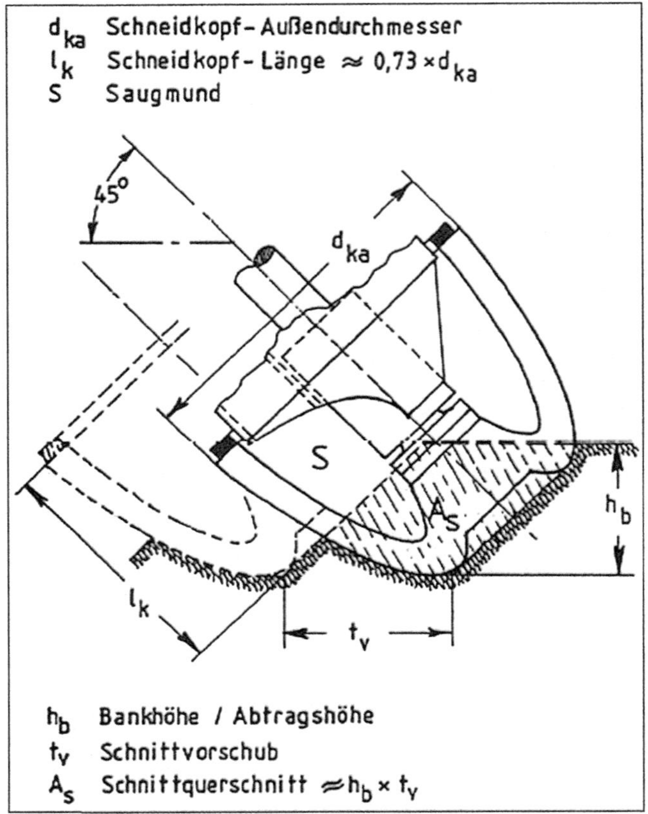

Abb. 3.7 Eingriff Schneidkopf in Boden [3]

Bei grobstückigem Baggergut und kohäsiven Böden wird die Durchlassweite zwischen den Armen von großer Bedeutung für die Produktion (Abb. 3.7). Durch die ellipsoide Form des Schneidkopfes wird der Abstand zwischen den Armen zum vorderen Ende hin immer kleiner und es besteht die Gefahr von Verstopfungen (s. a. Abb. 4.2.1). In jedem Fall wird der Saugwiderstand erheblich größer, erlaubt nur geringere Bodenkonzentration und damit oft erhebliche Leistungsminderung. Letzteres gilt auch für den Einbau von engmaschigen Gittern, z. B. zur Aussonderung von Munition oder Steinen.

Laut Welte [3] soll das Verhältnis von Schwenkgeschwindigkeit des Baggers v_S zu Umfangsgeschwindigkeit des Schneidkopfes v_U in bindigen Böden <0,22 sein. In sandigen, zulaufenden Böden beträgt das Verhältnis erfahrungsgemäß 0,5.

Wesentlich schwieriger wird die Bestimmung der Leistung beim Baggern in Fels [12]. Dabei nimmt die Druckfestigkeit UCS (*unconfined compressive strength*) in MPa eine bedeutende technische Größe an. Alternativ dazu wird der Brazilian-Test mit Bestimmung des sog. Point-Load-Index, der ebenfalls ein Maß für die

Tab. 3.3 Meißelverbrauch bei verschiedenen Böden

Baggergut	Meißel per 1.000 m^3
Locker gelagerter Sand	<0,5
Ton	1,0
Weiches Festgestein (Sediment), gleichmäßig gelagert	2
Festeres Festgestein (Sediment), ungleichmäßig gelagert	>5,0
Magmatisches Festgestein	>50,0

Druckfestigkeit ist und ungefähr dem 24-fachen des UCS-Wertes entspricht [5], eingesetzt. Die mittels Lösewerkzeug erreichbare Leistung hängt von der Schneidbarkeit des Materials ab.

Die Schneidbarkeit wird mittels des sog. Cerchar-Abrasions-Index (CAI) beschrieben [8]. Dieser ist ein Maß für die Beschaffenheit der Oberfläche des zu baggernden Gesteins. Er wird durch Ritzen der Gesteinsoberfläche bei bestimmter Auflast über einen bestimmten Weg mittels eines Prüfstiftes bestimmter Härte (HRC 54–56) ermittelt.

In einem ersten Ansatz können erfahrungsgemäß die in Tab. 3.3 aufgeführten Werte für Meißelverbrauch in Abhängigkeit von den angeführten Bodenarten angenommen werden.

Der Verbrauch an Meißeln kann in den zuletzt genannten Bodenarten auf mehr als 60 Meißel je 1.000 m^3 ansteigen, entsprechend anteiligen Selbstkosten für Meißel in Höhe von ca. 11,00 €/m^3 bei Selbstkosten von etwa 50,00 €/m^3 und mehr.

Die Kosten für den schrämenden Abtrag von festem Fels mittels eingangs erwähntem Fräskopf (Abb. 1.7) belaufen sich in Höhe von 60,00 bis 100,00 €/m^3.

Der Meißelverbrauch hängt jedoch nicht nur von der Gesteinsfestigkeit ab, sondern auch von

- der Gesteinsart, deren Genese, dabei vor allem dem Quarz- und Pyritgehalt, sowie der Größe der Partikel, Einschlüsse etc.;
- Verlauf, Abstand und Häufigkeit von Diskontinuitäten, die das abzubauende Material in kleinere Einheiten aufteilen (Bankung des Materials, tektonische Störungen und Klüfte). Leichter ist Fels mit Blöcken in Schneidkopfgröße oder kleiner zu baggern; sollten die Blöcke größer sein als der Schneidkopf, werden die Felseigenschaften für das Lösen bestimmend [6];
- den Baustellengegebenheiten wie z. B. der Schnittkonfiguration oder der Wassertiefe,
- den konstruktiven und baulichen Eigenheiten des CSD, wie
  - dem eingesetzten Schneidkopftyp,
  - dem Meißel selbst, z. B. dessen Stahlqualität und dessen Abnutzungswiderstand oder Form,
  - der am Schneidkopf installierten Leistung,
  - der in der Ausführung genutzten Schneidkopfdrehzahl (<30 upm),

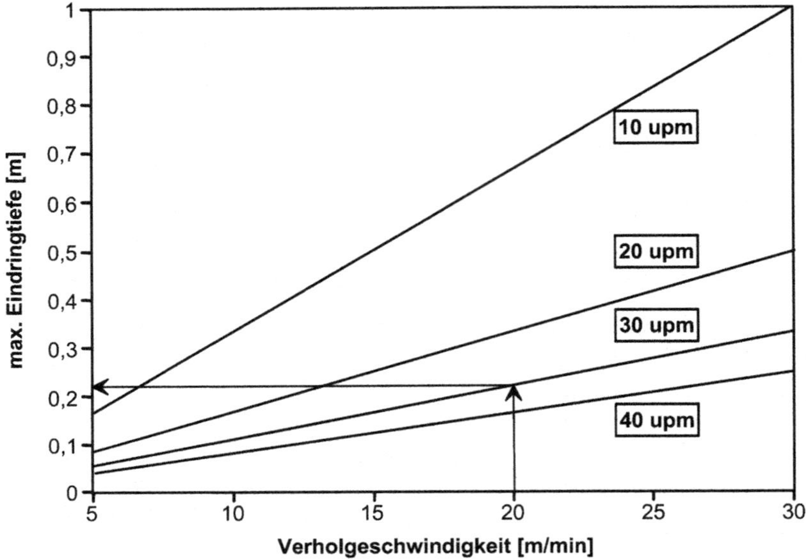

Abb. 3.8 Eindringtiefe Schneidkopf in Fels [6]

  - dem Leitergewicht (>>800 t),
  - der Zugkraft der Seitenwinden,
  - der Schwenkgeschwindigkeit v_S (ca. 18–20 m/min),
  - dem Typ und der Auslegung der achterlichen Verankerung, sei es durch Pfähle oder Anker;
- der Erfahrung des Baggermeisters und sein Umgang mit den Schnittparametern (Abb. 3.8)
  - Mächtigkeit der abzugrabenden Bank,
  - Drehzahl des Schneidkopfes und
  - Schwenkgeschwindigkeit;
- dem Reparaturmanagement, d. h. dem rechtzeitigem Austausch abgenutzter Meißel.

Im Fall des RHSD wurde die Leistung, wie in Abb. 3.9 dargestellt, ermittelt.

3.2.2.3 Baggerpumpenanlage

Der mittelgroße bis große Standard-CSD ist oftmals mit bis zu drei Baggerpumpen ausgerüstet, davon eine Unterwasserbaggerpumpe, die für die Menge verantwortlich ist und über die Druckrohrleitung der/den Mitschiffsbaggerpumpe(n) zufördert, die damit dann bereits als Druckerhöhungsstationen dienen.

Abbildung 3.10 und 3.11 zeigen als Beispiel die Baggerkreiselpumpe Fabr. O&K, Typ VL 550. Die Baggerpumpe hat folgende weiteren Kenndaten:

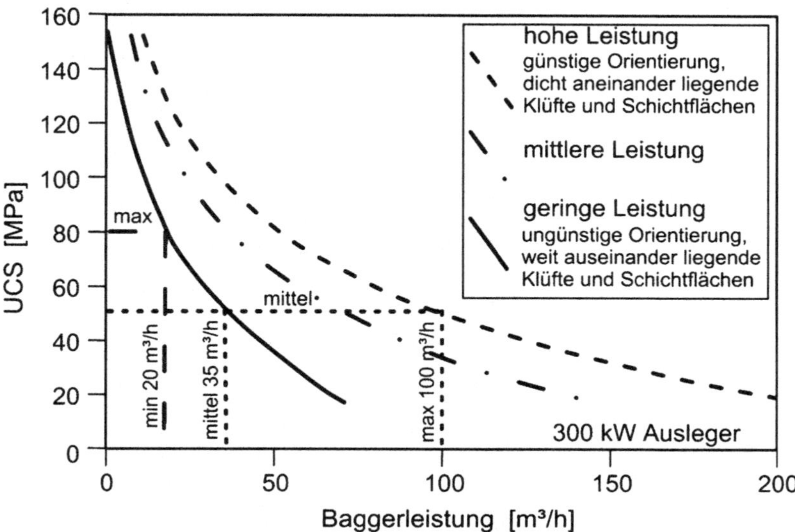

Abb. 3.9 RHSD, Leistungsdiagramm Fräskopf [7]

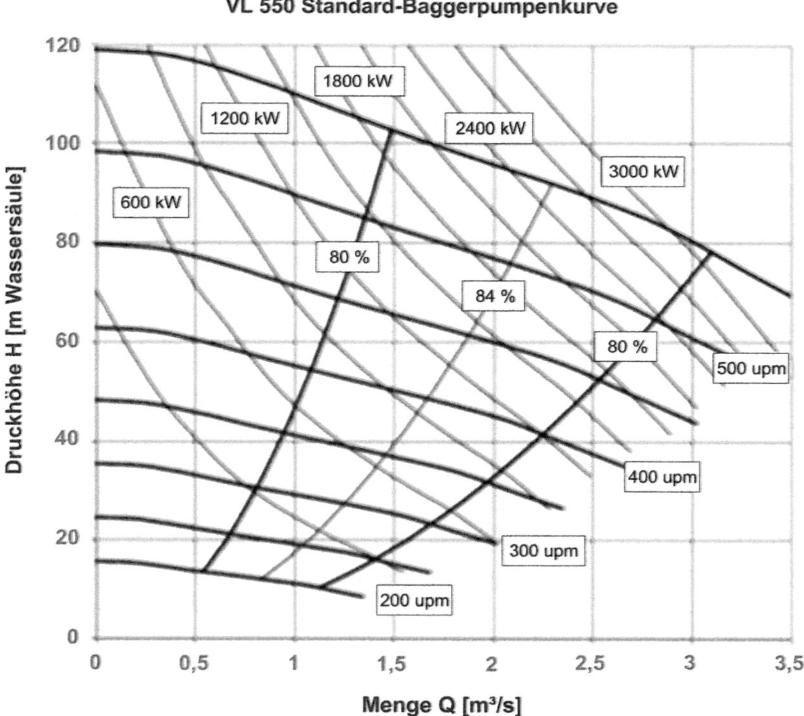

Abb. 3.10 Q-H-Diagramm Baggerkreiselpumpe Fabr. O&K, Typ VL 550, © Vosta LMG

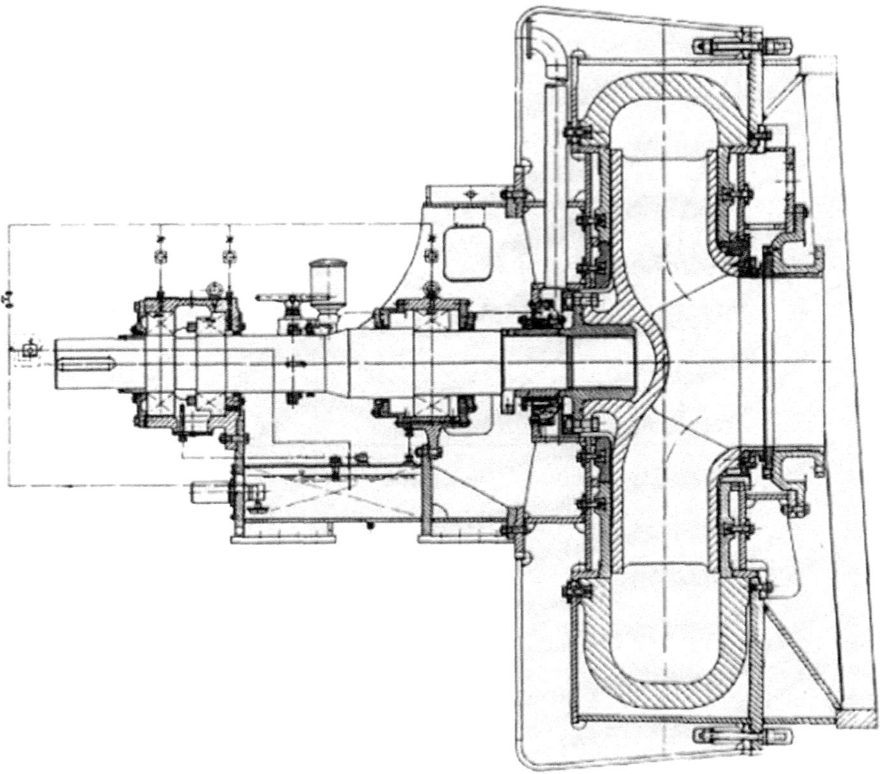

Abb. 3.11 Schnitt Baggerkreiselpumpe Fabr. O&K, Typ VL 550, © Vosta LMG

- Anzahl Kreiselflügel: 3 Stück,
- Kreiseldurchmesser: 1.625 mm,
- Saugrohrdurchmesser: 600 mm,
- Druckrohrdurchmesser: 550 mm,
- Max. Antriebsleistung: 3.000 kW,
- Max. Drehzahl: 500 upm.

In dieser Konfiguration wird bei mittelgroßen CSD eine Druckhöhe von ca. 150–170 mWS erzeugt, davon ca. 30 mWS von der UW-Pumpe und die restliche Druckhöhe gleichermaßen von den beiden Mittschiffspumpen. Die Fördermenge Q_{wasser} beträgt ca. 8.000 10.000 m^3/h. Bei größeren Entfernungen werden weitere schwimmende oder landbasierte Druckerhöhungsstationen eingesetzt.

3.2.2.4 Installierte Leistung

Die in einem CSD installierte Leistung, nachfolgend beispielsweise für einen mittelgroßen CSD mit insgesamt installierter Leistung von 8.500 kW angegeben, entfällt hauptsächlich auf

- den Schneidkopfantrieb: 1.000 kW,
- die Baggerpumpenanlage: 6.500 kW,
- sonstige Verbraucher (Winden, Pfahlschlitten, Kühlung, allgemeiner Stromverbrauch): 1.000 kW.

3.2.2.5 Baggerprozess

Der Schneidkopfsaugbagger arbeitet stationär. Er schwingt während des Baggerns um seinen achtern angeordneten sog. Arbeitspfahl und wird von den Seitenwinden am Vorschiff um jeweils bis zu 45° backbords bzw. steuerbords gezogen (Abb. 3.12).

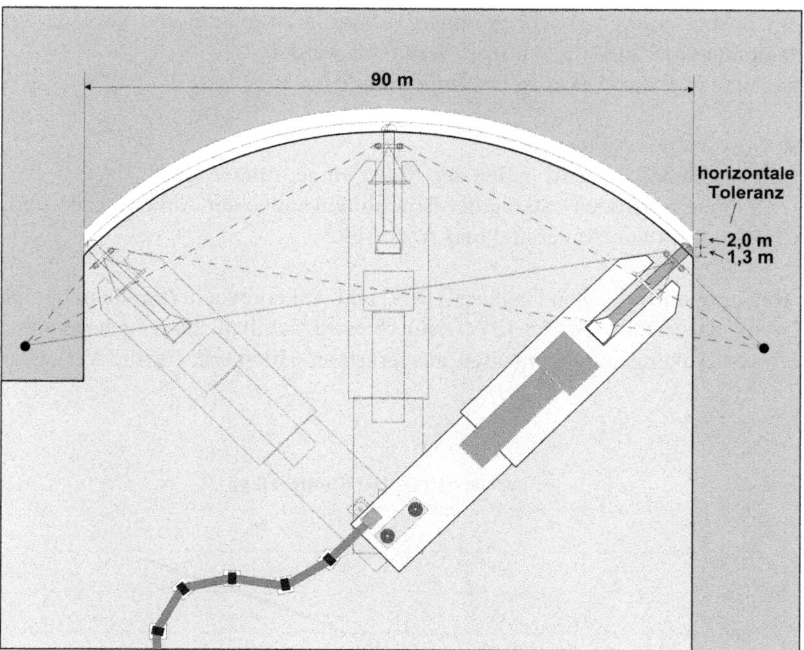

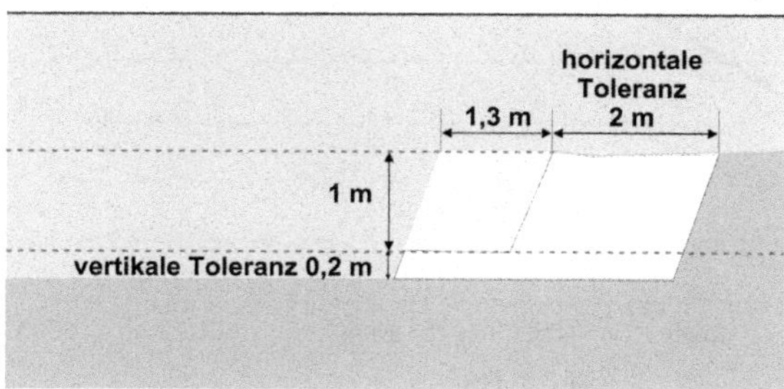

Abb. 3.12 Schnittkonfiguration bei Flachbaggerung mittels CSD

Der Baggervorgang mit einem CSD ist in Abb. 3.12 dargestellt. Je nach Bodenart können Leistungen in Höhe von ca. 3.000 m^3 Boden je h und mehr erreicht werden.

Die Schnittbreite der verschiedenen Schnitte und die durch das seitliche Verholen entstehenden Schnittsicheln sowie die Vorschübe werden in vorstehender Darstellung der Schnittkonfiguration deutlich (Abb. 3.12). Diese Abbildung verdeutlicht auch, dass bei der Leistungsbemessung des CSD immer eine ausreichende Überlappung der Schnittflächen gegeben sein muss. Andernfalls fallen vermehrt Nachbaggerungen mit nur geringer Leistung an.

3.2.2.6 Verankerung

Je nach Bodenart können die Anker zwischen 0,5 t und 3,5 t Gewicht haben. Unter Umständen muss der Anker mit Zähnen verstärkt werden, um den Eingriff zu verbessern. Insbesondere bei sehr geringen Wassertiefen müssen die Vorseile ggf. an Land oder an einer künstlichen Insel verankert werden.

Die Haltekraft der Anker ist bestimmt durch:

- das Gewicht des Ankers,
- das Gewicht des Bodens, in den der Anker eingedrungen ist,
- die Reibung im Boden entlang der Bruchlinien sowie der Ankerflächen und
- die Druckkraft von Ankerstiel und Ankerseil.

Die Abhängigkeit zwischen Haltekraft [kN] und Ankergewicht [kg] ist in der nächsten Grafik dargestellt (Abb. 3.13). Dadurch wird deutlich, dass insbesondere bei schwereren Ankern ein angemessen ausgerüstetes Hilfsgerät für die Verlegearbeit

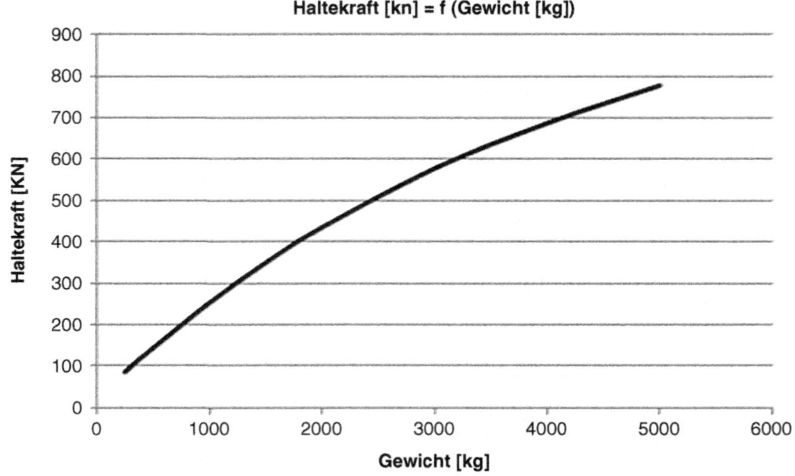

Abb. 3.13 Haltekraft in Abhängigkeit vom Ankergewicht, nach Vryhof Ankers BV

der Anker unbedingt einzusetzen ist, um nicht zu viel produktive Zeit des Nassbaggers zu verlieren.

3.2.2.7 Verbringen des Baggergutes

Die Druckrohrleitung des CSD wie auch die des SD besteht, wenn nicht im Rainbowing-Verfahren aufgespült wird, aus

- der Decksrohrleitung (aus Stahl), gekoppelt an
- einer schwimmenden Stahl- oder HDPE-Leitung, mit ausreichender Länge sodass der Bagger sich im Anschnitt ungehindert bewegen kann. Wegen des Einflusses von Wind und Strömung sollten Schwimmleitungen nicht länger als 1.000 m sein.
- ggf. einer Dükerleitung (Abb. 3.14), und
- einer Landrohrleitung.

Eine Dükerleitung wird dann vorteilhaft genutzt, wenn:

- die Leitungslänge einer Schwimmleitung zu groß wird und diese damit Wind und Wellen ausgesetzt wird,
- der Schiffsverkehr durch eine Schwimmleitung beeinträchtigt werden könnte oder
- die Strömungsverhältnisse den Betrieb einer Schwimmleitung zu sehr beeinträchtigen.

Risiken können sich im Betrieb von Dükerleitungen durch Verstopfen der Leitung oder Zerstörung bei Vorkommen von Munition ergeben. Das Umlegen der Leitung macht erneutes Aufschwimmen erforderlich, was einiger Betriebserfahrung bedarf.

Abb. 3.14 Dükerrohrleitung (Bucht von Sepetiba/Brasilien)

Bei Betrieb von Druckerhöhungsstationen sind Abschläge bei der angenommenen produktiven Arbeitszeit vorzunehmen, denn die Stationen müssen vor dem Nassbagger betriebsbereit hochgefahren werden. Ein Ansatz ist, die angenommenen produktiven Stunden um 5–10 % zu reduzieren.

3.2.3 Besondere Risiken CSD-Einsatz

Besondere Risiken für den CSD-Betrieb ergeben sich (Tab. 3.4):

- beim Baggern
  - in Lärm und Luft empfindlichen Zonen nahe bewohnter Uferbereiche,
  - mit Druckerhöhungsstation(en) im Fall größerer Spülentfernung,
  - in Bereichen mit sehr festem Untergrund und/oder sehr flachen Bereichen, sodass besondere Maßnahmen für die Verankerung des Nassbaggers getroffen werden müssen,
  - in Gegenden mit sehr hohen Temperaturen, die besondere Kühlung erforderlich machen,
- beim Baggern bindiger Böden
  - mit Scherfestigkeiten $c_u > 700$ kPa infolge schlechter Lösbarkeit, Boden mit so großer Scherfestigkeit wird als Fels eingestuft, dessen Baggerung die Leistung erheblich reduziert.
  - mit höherer Konsistenz, die den Schneidkopf dichtsetzen,
  - die Tonklumpen (Abb. 3.15) bilden und damit höhere Strömungsgeschwindigkeit des Boden-Wasser-Gemisches notwendig machen,
- beim Baggern von mit Hindernissen belasteten Böden, deren Abmessungen zu groß sind, um mittels CSD abgegraben werden können, ohne dass eine vorherige Bergung der Hindernisse erfolgt ist,
- beim Baggern von steinigem Material infolge von ggf. erforderlichen Gittern im Schneidkopf,
- beim Baggern von mit Kampfmitteln belastetem Material und Leistungsreduktion infolge dadurch erforderlicher Roste,
- beim Verbringen des Baggergutes auf nicht tragfähigen Untergrund, sodass die Spülfeldunterhaltung schwierig werden kann,
- durch Suspensionsbildung bei Gegenwart von bestimmten freigesetzten Tonmineralen (Illit, Smectit), die weit verdriften können, bevor sie sich absetzen,
- durch hohen Meißelverbrauch bei fester gelagerten Böden und Fels oder Konglomeraten.

Die vorstehende Abschätzung verdeutlicht, dass sich bei Annahme einer Eintrittswahrscheinlichkeit aller aufgelisteten besonderen Betriebsrisiken ein Faktor für die erwartete Verlusthöhe in Höhe des rd. 2,4-fachen des Einheitspreises ergeben kann.

Tab. 3.4 Abschätzung der erwarteten Schadenshöhe F_S für CSD (Modellrechnung)

Allgemeine Annahmen: SK = 516.000 €/w; Q_{CSD} = 124.500 m³/w; D_F = 65 %; z_d = 10 m; $T_{v\ bezahlt}$ = 0,3 m

0	1	2	3	4	5	6
Risiko	V_{Abgr}	E_W	Risikogrund	Risikofolge	F_S	Weitere Vorgaben, F_R
Mengenrisiko	1	0,5	Zul. Vermessungsfehler	Nicht vergütete Mehrmenge	0,0125	Vorgabe: zul. Fehler 0,25 m, $F_R = 0{,}25/10$
	1	0,5	Infolge nicht bezahlter technischer Toleranzbaggerung		0,0100	Vorgabe: Abtrag 10 m; $T_{v\ bezahlt}$ 0,3 m; $T_{v\ technisch}$ 0,5 m, $F_R = (T_{v\ technisch} - Tv_{\ bezahlt})/10$
Ausführungsrisiko	0,1	0,1	Grundbruch bei Böschungsbaggerung	Mehrmenge	0,0100	$F_R = 1$
Ausführungsrisiko	0,05	0,1	Verankerung in Flachbereichen	Minderleistung	0,0542	Vorgabe: Leistungsminderung 5 % $F_R = 65/60$
	1	0,05	Spülfeld in moorigem Grund, bindiges Baggergut	Minderleistung	0,0508	Vorgabe: $D_{F,neu}$ 64 %, $F_R = 1 \cdot 0{,}05 \cdot 65/64$
Bodenrisiko	1	0,1	Boden bindig, höhere Scherfestigkeit	Minderleistung	0,1300	Vorgabe: $D_{F,neu}$ 50 %, $F_R = 65/50$
	1	0,1	Boden bindig, Dichtsetzen Schneidkopf	Minderleistung	0,4333	Vorgabe: $D_{F,neu}$ 15 %, $F_R = 65/15$
	0,8	0,25	Boden bindig, Tonklumpen erfordern höhere Transportgeschwindigkeit, erreichbare Spülentfernung reduziert	Zus. Druckerhöhungsstation	0,2671	Vorgabe: zusätzliche Zw.-Station, $D_{F,neu}$ 60 %, Kosten Zw.-Stat 120.000 €/w, $F_R = 65/60 \cdot 636.000/516.000$
	0,3	0,1	Suspensionsbildung bei Tonbaggerung in salinarer Umgebung	Nachbaggerung, u. U. ohne Vergütung	0,0390	Vorgabe: 30 % der Baggermenge zusätzlich $F_R = 1{,}3$

(Fortsetzung)

Tab. 3.4 (Fortsetzung)

Allgemeine Annahmen: SK = 516.000 €/w; Q_{CSD} = 124.500 m³/w; D_F = 65 %; z_d = 10 m; $T_{v\,bezahlt}$ = 0,3 m						
0	1	2	3	4	5	6
Risiko	V_{Abgr}	E_W	Risikogrund	Risikofolge	F_S	Weitere Vorgaben, F_R
	1	0,3	Boden, Fels bei Vorkommen von abrasiven Mineralanteilen im Boden	Verschleißkosten erhöht	0,1365	Vorgabe: Anteil RepKo 35 %, Erhöhung 30 %, $F_R = 0{,}35 \cdot 1{,}3$
	0,5	0,5	Boden wenn Blöcke vorhanden, erhöhte Repko	Minderleistung wg. Störung Betriebsablauf	0,0963	Vorgabe: Bergung wird vergütet, Anteil RepKo 35 %, Erhöhung 10 %, $F_R = 0{,}35 \cdot 1{,}1$
	1	0,5	Rollig, Steine, wenn Schutzgitter	Minderleistung wg. zus. Saugwiderstand	0,6500	Vorgabe: $D_{F,neu}$ 50 %, $F_R = 65/50$
Wetterrisiko	1	0,1	Wellenhöhe >1 m	Minderleistung wg. Stillstand	0,1300	Vorgabe: $D_{F,neu}$ 50 %, $F_R = 65/50$
	1	0,1	Nebel, Eisgang	Minderleistung wg. Stillstand	0,1083	Vorgabe: $D_{F,neu}$ 60 %, $F_R = 65/60$
Ökologisches Risiko	0,75	0,05	Lärm-/Luftemissionen	Minderleistung wg. Stillstand	0,0381	Vorgabe: $D_{F,neu}$ 1 %, $F_R = 65/64$
Verkehrstechnisches Risiko	1	0,2	wg. stationärem Betrieb, schwimmender Rohrleitung	Minderleistung wg. Verlegen des Baggers	0,2167	Vorgabe: $D_{F,neu}$ 60 %, $F_R = 65/60$
Summe FS gesamt					2,3827	

Abk. wie Tab. 3.1; *SK* Selbstkosten, Q_{CSD} abrechenbare Baggerleistung

Abb. 3.15 Tonklumpen in Spülrohrleitung

3.3 Grundsaugbagger (SD)

3.3.1 Gerätemerkmale

Der Generalplan Abb. 3.16 zeigt einen Grundsaugbagger, der für Schutenbeladung ausgelegt ist, aber auch an Land verspülen kann.

Saugbagger ohne weitere mechanische Lösehilfe, auch Grundsaugbagger (*plain suction dredger*) genannt, sind, wie die eingangs erwähnte Statistik zeigt, nur mit 3 % an der Nassbaggerflotte beteiligt.

Viel stärker sind die Grundsaugbagger dagegen in der Nassgewinnung vertreten. In Abb. 3.16 ist die 40 m tief reichende Saugleiter eines in der Kiesgewinnung eingesetzten SD dargestellt. Mit den in der Nassgewinnung eingesetzten SD mit Rohrleitungsdurchmessern von bis zu 300 mm erreicht man bei Kiessandförderung eine Spülentfernung von ca. 400 m. Ab dieser Förderdistanz werden bei weiterem hydraulischem Transport Druckerhöhungsstationen notwendig, i. d. R. werden aus Kostengründen jedoch Förderbänder oder Schuten zur Überwindung größerer Entfernungen eingesetzt.

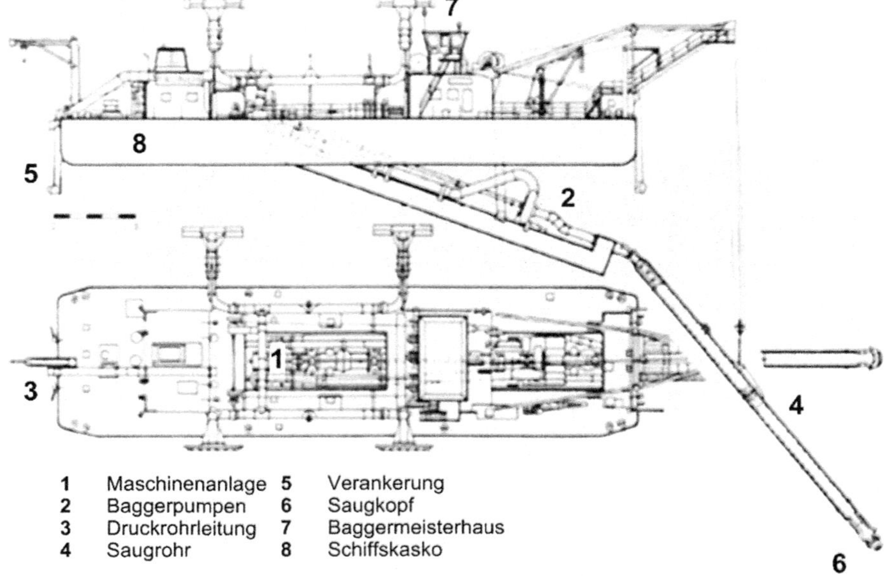

Abb. 3.16 Generalplan eines Grundsaugbaggers, *Faunus*, Van Oord, nach [2]

3.3.2 Merkmale SD-Betrieb

3.3.2.1 Baukonzept SD

Der SD wird meist in zerlegbarer Bauweise, z. B. unter Verwendung von Containern, gebaut. Die Bauweise dieses Nassbaggertyps ist viel leichter als die eines vergleichbar großen CSD, denn es fehlt die Schneidkopfeinrichtung und die Pfahlanlage des CSD.

3.3.2.2 Lösewerkzeug

Mit Hochdruckwasser am Saugkopf in Höhe von >> 16 bar kann häufig eine Abgrabung der unter dem bindigen Zwischenmittel anstehenden rolligen Böden ausgeführt werden, nachdem ein Einbruch im Zwischenmittel hergestellt worden ist.

3.3.2.3 Baggerpumpenanlage

Der SD ist meist mit einer UW-Baggerpumpe, die auf dem Saugrohr montiert ist, und mindestens einer mittschiffs angeordneten Baggerpumpe ausgestattet.

Die zur Unterstützung des Löseprozesses erforderliche Hochdruckwasseranlage >16 bar kann im Bedarfsfalle ohne großen Aufwand nachgerüstet werden. Die

Pumpe ist elektrisch mit einem 90 kW Motor angetrieben, erzeugt einen Arbeitsdruck von <400 bar und hat einen Wasserdurchsatz von ca. 100 l/min. Es wird ein sehr enger schneidender Wasserstrahl erzeugt, wohingegen bei normalerweise angewandten niedrigeren Drücken von <16 bar das Zusatzwasser schwallartig auf den Baggergrund trifft (Abb. 3.17).

3.3.2.4 Installierte Leistung

Grundsaugbagger haben sehr unterschiedliche installierte Gesamtleistungen. Sie reichen von ca. 1.000 kW bis ca. 10.000 kW. Davon entfallen ca. 80 % auf die Baggerpumpenanlage einschließlich Jetpumpen.

3.3.2.5 Baggerprozess

Nachdem der SD auf Position verbracht worden ist, wird das Saugrohr bis auf die Solltiefe abgesenkt und bildet dabei einen Trichter. Im Gegensatz zum CSD-Betrieb verschwenkt der SD i. d. R. nicht. Er muss verlegt werden, sobald Material in zu geringer Menge angesaugt wird und die Leistung abfällt.

Zu Beginn der Baggerung sollte die Wassertiefe >10 m betragen. Die Verankerung des SD erfolgt normalerweise über an Stahlseilen mit Durchmessern >16 mm befestigten Ankern.

Mittels dieser Geräteart wird der abzugrabende Boden durch die Saugkraft der Baggerpumpe gelöst. Es muss sich also um nicht verfestigten, sondern frei zulaufenden Boden handeln, der mittels SD abgetragen werden soll. Siehe auch Lastfall 3.2.

Abb. 3.17 Druckwasseraktivierter Saugkopf

Ein Nachteil dieser Baggerei kann u. U. sein, dass die verbleibende Sohle sehr uneben ist und mit anderem Gerät nachgearbeitet werden muss, abgesehen von hohen Gewinnungsverlusten.

Steilere Böschungsneigungen sind mit einem SD in locker gelagertem Sand nur bedingt herstellbar.

Lastfall 3.2 Verlust des Saugrohres
Um den Vorbereich des Landesschutzdeiches an der nordfriesischen Küste vor weiterer Erosion zu schützen, sollte ein Entlastungsschnitt gebaggert und der parallel des Deiches fließende Strom abgelenkt werden. Dazu wurden 2 mittelgroße als SD hergerichtete, seegehende CSD mobilisiert, die eine mittlere Leistung von 1.000.000 m^3 je Monat und Gerät erreichten. Insgesamt waren 5.500.000 m^3 zu baggern und über 1.000 m Entfernung auf eine Sandbank zu verspülen.

Die große Leistung der beiden Geräte war an sich schon bemerkenswert, zumal einer der beiden SD nach Erreichen eines etwa 5 m mächtigen bindigen Zwischenmittels in ca. 20 m Wassertiefe dieses zwar ebenfalls durchörterte, nach weiterem Grundsaugen jedoch das Sauggebiet unter dem Zwischenmittel aushöhlte und infolge des Bruchs des Zwischenmittels sein Grundsaugrohr verlor. Die Bergung bedeutete einen Produktionsausfall von mehr als einer Woche. Der Einbruch hätte vor Durchörterung großflächiger abgeräumt werden müssen.

3.3.2.6 Verbringen Baggergut

Grundsaugbagger fördern das Baggergut meist direkt mittels Rohrleitungen zum Verbringungsort. Bei größeren Transportentfernungen werden Schuten verwendet. Je nach Bodenart können Leistungen in Höhe von ca. 2.000 m^3 Boden je h erreicht werden.

3.3.3 Besondere Risiken SD-Einsatz

Besondere Risiken für den SD-Betrieb ergeben sich

- beim Baggern
  - im ungeschützten Offshorebereich.
  - in Bereichen mit sehr festem nicht durchörterbarem Zwischenmittel bzw. Untergrund,
  - in Gegenden mit sehr hohen Temperaturen, die besondere Aufbauten wie Sonnendach und/oder Kühlung erforderlich machen,
  - bindiger Böden,
  - von mit Hindernissen belasteten rolligen Böden, ohne dass eine vorherige Bergung der Hindernisse erfolgt ist,

  - von steinigem Material infolge von ggf. erforderlichen Gittern am Saugkopf; falls der Einbau von Gittern oder eines Steinfangkastens erforderlich wird, ist die dadurch erfolgende Leistungsreduktion von bis zu ca. 20 % zu berücksichtigen;
  - von mit Kampfmitteln belastetem Material und Leistungsreduktion infolge erforderlicher Roste,
- beim Verbringen des Baggergutes auf nicht tragfähigen Untergrund, sodass die Spülfeldunterhaltung schwierig werden kann,
- durch Suspensionsbildung infolge Gegenwart von bestimmten freigesetzten Tonmineralen (Illit, Smectit), die weit verdriften können, bevor sie sich absetzen.

Die Abschätzung in Tab. 3.5 verdeutlicht, dass sich bei Annahme einer Eintrittswahrscheinlichkeit aller aufgelisteten besonderen Betriebsrisiken ein Faktor für die erwartete Verlusthöhe in Höhe des 1,45-fachen des Einheitspreises ergeben kann.

3.4 Stelzenpontonbagger (BHD)

3.4.1 Gerätemerkmale BHD

Abbildung 3.18 zeigt den Generalplan eines BHD. Der BHD ist ein unstetig fördernder Eingefäßbagger. Er arbeitet stationär. Prinzipiell wird ein Erdbaugerät auf einen schwimmenden Unterbau, z. B. einen Ponton gestellt und dort festgezurrt. Der Hydraulikbagger belädt längsseits liegende Schuten.

Tab. 3.5 Abschätzung der erwarteten Schadenshöhe F_S für SD (Modellrechnung)

Allgemeine Annahmen: $D_F = 50\,\%$; $z_d = 10$ m; Abrechnung nach Schutenaufmaß						
0	**1**	**2**	**3**	**4**	**5**	**6**
Risiko	**VAbgr**	**EW**	**Risikogrund**	**Risikofolge**	**FS**	**Weitere Vorgaben; FR**
Bodenrisiko	1	0,5	Rollig, Steine, wenn Schutzgitter	Minderleistung wg. zus. Saugwiderstand	0,7143	Vorgabe: $D_{F,neu}$ 35 %, $F_R = 50/35$
Wetterrisiko	1	0,5	Wellenhöhe >0,5 m	Minderleistung wg. Stillstand	0,6250	Vorgabe: $D_{F,neu}$ 40 %, $F_R = 50/40$
	1	0,1	Nebel, Eisgang	Minderleistung wg. Stillstand	0,1111	Vorgabe: $D_{F,neu}$ 45 %, $F_R = 50/45$
Summe FS gesamt					**1,4504**	

Abk. wie Tab. 3.1

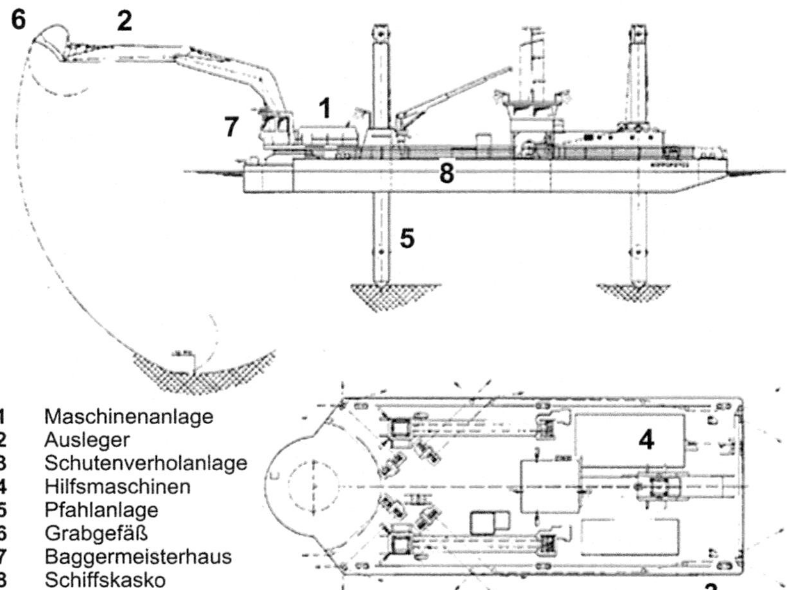

Abb. 3.18 Generalplan des 13 m³ BHD Liebherr P995, *Hippopotes*, Van Oord, nach [2]

3.4.2 Merkmale BHD-Betrieb

3.4.2.1 Baukonzept BHD

Beim BHD wird ein aus dem Erdbau bekannter Standard-Hydraulikbagger auf einen Ponton montiert, meist ohne Unterwagen, wenn es sich um ein größeres Gerät handelt. Der Ponton wird als Monoponton sowie in zerlegbarer Bauweise hergestellt.

Der Ponton hat die erforderlichen Einrichtungen zum Verankern des BHD mittels drei Pfählen sowie Winden. Der achterliche Pfahl ist oftmals in einen Pfahlschlitten eingebunden.

Einige BHD sind selbstfahrende Schiffe.

3.4.2.2 Lösewerkzeug

Das Lösewerkzeug des BHD ist der Löffel Abb. 3.19. Zu jedem Gerät gehören entsprechend den verfügbaren Varianten von Ausleger und Stiel unterschiedlich große Grabgefäße.

Der Füllungsgrad des Löffels wird nach unterschiedlichen Standards bemessen,

- SAE: amerikanischer Standard mit einem Winkel der Häufung von H:L = 1:2,
- CECE: europäischer Standard mit einem Winkel der Häufung von H:L = 1:1.

Für die Berechnung des Löffelvolumens VL wird normalerweise der SAE-Standard angewandt, gemäß:

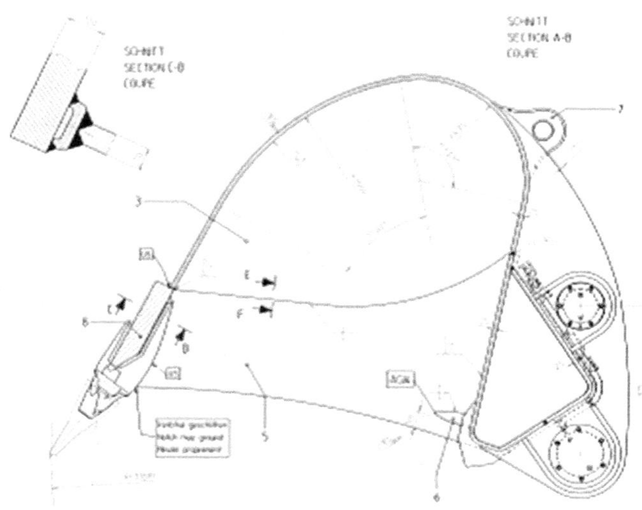

Abb. 3.19 Grabgefäß 13 m³ Liebherr P996, © Liebherr

Tab. 3.6 Füllungsgrade bei verschiedenen Bodenarten

Bodenart	Füllungsgrad
Mischboden feucht	1,1–1,3
Fels und Boden gemischt	0,9–1,2
Fels, gut zerkleinert	0,75–0,90
Fels, grobstückig	0,5–0,7
Sand, Kies, feucht	0,9–1,1
Ton, fest	0,8–1,0
Ton, sandig, feucht	1,0–1,2

$$Q_{\text{Löffel}} = Q_{\text{Löffelgestrichenvoll}} + Q_{\text{Häufungl:2}}$$

mit:

$Q_{\text{Löffel gestrichen voll}}$ Inhalt des gestrichen vollen Löffels (Löffel ausgelitert), $Q_{\text{Häufung}}$ Inhalt oberhalb des gestrichen vollen Streichmasses.

In Tab. 3.6 sind die erfahrungsgemäß erreichbaren Füllungsgrade einer Baggerschaufel in Abhängigkeit von der Bodenart aufgelistet [10].

3.4.2.3 Installierte Leistung

Die installierte Leistung ist ca. 2.000 kW, wovon rd. 80 % auf den Hydraulikbagger entfallen.

3.4.2.4 Baggerprozess

Abbildung 3.20 zeigt einen BHD im Baggereinsatz beim Abgraben einer Böschung. Die dargestellte Schnittkonfiguration gilt für Baggerung in Bereichen, wie beispielsweise einer Böschung oder in Flachwasserzonen, in denen die Schute, zumindest zeitweise, nur einseitig beladen werden kann.

Die Grabkraft ist die von der äußersten Spitze des Zahnes auf das gewachsene Baggergut ausgeübte Kraft. Sie ergibt sich aus Vorschub- und Losbrechkraft. Die Vorschubkraft des Löffels wird durch den Stielzylinder erzeugt, die Losbrechkraft durch den Schaufelzylinder. Siehe auch Tab. 3.7 und Lastfall 3.3.

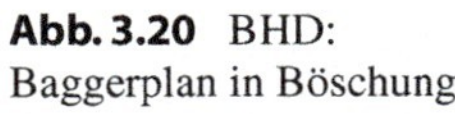

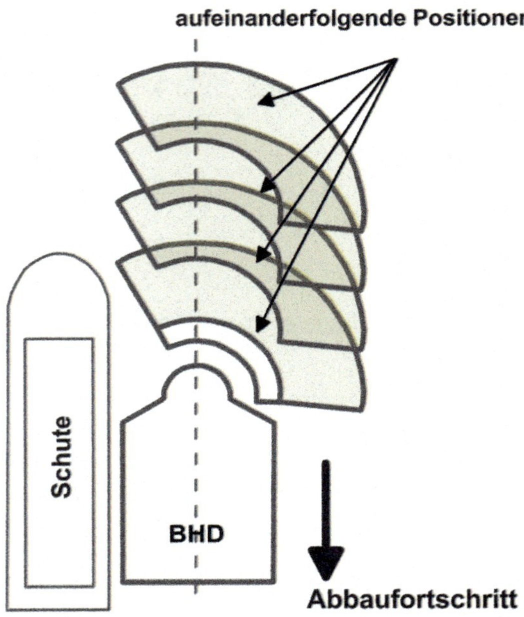

Abb. 3.20 BHD: Baggerplan in Böschung

Tab. 3.7 Grab- und Losbrechkraft Liebherr P966 [Mitt. Liebherr]

Länge Ausleger	Länge Löffelstiel	Löffelgröße	Max. Grabtiefe*	Grabkraft	Losbrechkraft
[m]	[m]	[m³]	[m]	[kN]**	[kN]**
13,0	5,0	25,0	13,1	1.500	1670
15,0	4,5	26,5	14,0	1.160	1.270
	6,5	24,0	15,9	990	870
	9,6	21,5	19,0	750	870
18,0	5,0	14,7	18,0	1.500	1.670
	6,0	11,3	21,0	1.130	1.670
	11,0	7,0	29,7	920	1.270
18,5	6,5	14,5	19,2	990	870
	9,6	11,0	22,0	750	870
	12,0	7,5	24,0	620	750
25,0	9,6	5,7	28,8	750	870
	12,0	4,5	31,0	620	750

Schüttgewicht Boden 1,8 t/m³; * Eintauchtiefe Ponton 1 m; ** bei 220 bar

Lastfall 3.3 Horizontale Grabkraft Liebherr P996

Das Lösewerkzeug des BHD ist der Löffel, im Falle des BHD *Pinocchio* in unterschiedlichen Größen zwischen 3 m^3 und 21 m^3 Fassungsvermögen und damit in Böden unterschiedlicher Festigkeit verwendbar. Die Schneide des Löffels ist mit Meißeln besetzt. In der in der Abbildung angeführten Tabelle sind die Grab- und Losbrechkräfte in Abhängigkeit von Auslegerlänge, Stiellänge und Löffelvolumen aufgelistet (Tab. 3.7). Die Losbrechkraft variiert zwischen 1.670 kN bei 12 m und 750 kN bei 25 m Auslegerlänge. In Abb. 3.21 werden auch die horizontalen Grabkräfte am Baggerzahn dargestellt, sie variieren zwischen 446 kN und 919 kN.

Die Grabkurve (Abb. 3.21) zeigt, dass, wie zu erwarten, die Grabkraft mit der Tiefe deutlich abnimmt.

3.4.2.5 Verbringen Baggergut

Das Baggergut wird durch Schuten zum Verbringungsort verbracht. Die Ladung wird durch Verklappen verbracht oder durch Löschen mittels Schutensauger an Land verspült.

3.4.3 Besondere Risiken BHD-Einsatz

Besondere Risiken für den BHD-Betrieb ergeben sich beim Baggern

- im Offshorebereich oder in Bereichen mit ähnlichen klimatischen Bedingungen,
- in der Nähe von Wohnanlagen, Krankenhäusern etc. mit Beschränkung der Emissionen,
- in flachen Baggerbereichen,
- in Gegenden mit sehr hohen Temperaturen, die besondere Aufbauten wie Sonnendach und/oder Kühlung erforderlich machen,
- von mit Kampfmitteln belastetem Material und Leistungsreduktion infolge des Entleerens des Löffels auf ein die Schute überdeckenden Rost,
- durch Suspensionsbildung bei Gegenwart von bestimmten freigesetzten Tonmineralen (Illit, Smectit), die weit verdriften können, bevor sie sich absetzen.

Die Abschätzung in Tab. 3.8 verdeutlicht, dass sich bei Annahme einer Eintrittswahrscheinlichkeit aller aufgelisteten besonderen Betriebsrisiken ein Faktor für die erwartete Verlusthöhe in Höhe des 1,2-fachen des Einheitspreises ergeben kann.

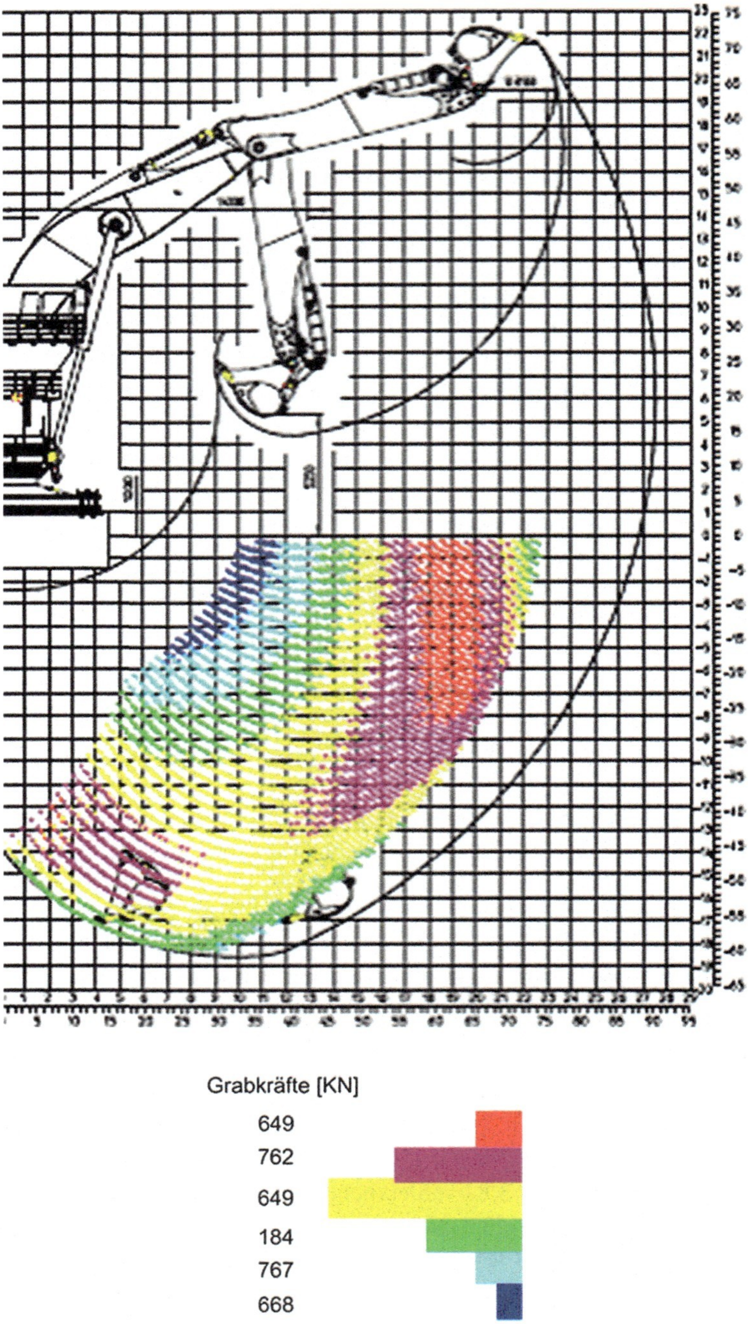

Grabkräfte [KN]

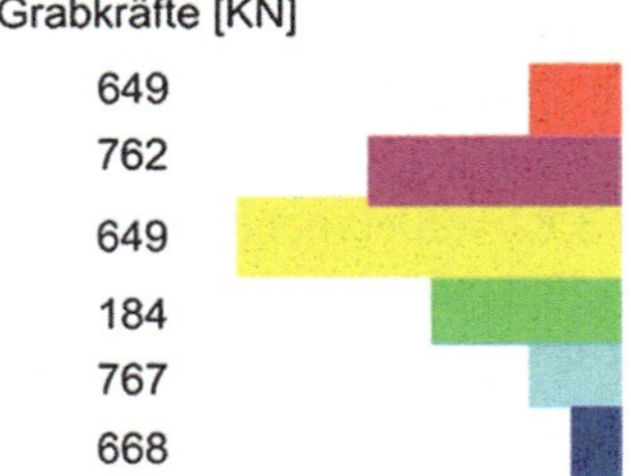

Abb. 3.21 Grabkurve und horizontale Grabkräfte Liebherr P996, Löffel 13 m³, Auslegerlänge 13 m, Löffelstiellänge 9,6 m, © Liebherr

Tab. 3.8 Abschätzung der erwarteten Schadenshöhe F_S für BHD (Modellrechnung)

Allgemeine Annahmen: $D_F = 65\,\%$; $z_d = 10$ m; $T_{v\ bezahlt} = 0{,}3$ m						
0	1	2	3	4	5	6
Risiko	V_{Abgr}	EW	Risikogrund	Risikofolge	F_S	Weitere Vorgaben, F_R
Mengenrisiko	1	0,5	Zul. Vermessungsfehler	Mehrmenge	0,0125	Vorgabe: zul. Fehler 0,25 m, $F_R = 0{,}25/10$
	1	0,5	Infolge nicht bezahlter technischer Toleranzbaggerung	nicht vergütete Mehrmenge	0,0100	Vorgabe: techn. erf. Toleranz 0,5 m, $F_R = (T_{v\ technisch} - T_{v\ bezahlt})$
Bodenrisiko	1	0,5	Rollig, bindig; wenn Blöcke vorhanden, erhöhte Repko	Minderleistung wg. Störung Betriebsablauf	0,1925	Vorgabe: Bergung wird vergütet, Anteil M&R 35 %, Erhöhung 10 %, $F_R = 0{,}35 \cdot 1{,}1$
Ausführungsrisiko	1	0,2	Schutenmangel	Minderleistung	0,2364	Vorgabe: $D_{F,neu}$ 55 %, $F_R = 65/55$
		0,2	Bauzeit	Verzögerung	0,2600	Vorgabe: $D_{F,neu}$ 50 %, $F_R = 65/50$

(Fortsetzung)

Tab. 3.8 (Fortsetzung)

Allgemeine Annahmen: $D_F = 65\,\%$; $z_d = 10$ m; $T_{v\ bezahlt} = 0{,}3$ m						
0	1	2	3	4	5	6
Risiko	V_{Abgr}	EW	Risikogrund	Risikofolge	F_S	Weitere Vorgaben, F_R
Wetterrisiko	1	0,1	Wellenhöhe >1 m	Minderleistung wg. Stillstand	0,1182	Vorgabe: $D_{F,neu}$ 55 % $F_R = 65/55$
	1	0,1	Nebel, Eisgang	Minderleistung wg. Stillstand	0,1083	Vorgabe: $D_{F,neu}$ 60 % $F_R = 65/60$
ökologisches Risiko	0,75	0,05	Lärm-/Luftemissionen	Minderleistung wg. Stillstand	0,0381	Vorgabe: $D_{F,neu}$ 64 % $F_R = 65/64$
Verkehrstechnisches Risiko	1	0,2	Wg. stationärem Betrieb, schwimmender Rohrleitung	Minderleistung wg. Verlegen des Baggers	0,2167	Vorgabe: $D_{F,neu}$ 60 % $F_R = 65/60$
Summe FS gesamt					**1,1926**	

Abk. wie Tab. 3.1, *M&R* Reparaturkosten

3.5 Eimerkettenbagger (BLD)

3.5.1 Gerätemerkmale BLD

Abbildung 3.22 zeigt den Generalplan eines BLD. Der BLD ist ein stetig fördernder Mehrgefäßbagger. Auch BLD arbeiten quasi stationär, sie werden seilgeführt betrieben. Früher war dieser Baggertyp sehr häufig anzutreffen, insbesondere im Ostseeraum wegen Baggerung bindiger und felsiger Böden. Heute beträgt ihr Anteil an der Baggerflotte <4 %. Die Geräteart wurde weitestgehend durch CSD, BHD und GD ersetzt. Heute finden BLD Einsätze bei Sonderaufgaben wie Baggerung von Unrat oder Vorbaggerung in mit Blöcken belastetem Baggergrund sowie im Tagebau [11].

In der Nassgewinnung sind Eimer mit Inhalten zwischen 50 l und 300 l üblich. Die hier eingesetzten BLD, bei denen die Eimer anstatt von einer Schakenkette von einer Traktorkette geführt werden, arbeiten mit Schüttzahlen von 50 Eimern je min. Moderne Bagger haben dicht gesetzte Schalen als Grabgefäße, die an einer Traktorkette befestigt sind. Im Gegensatz zum in der Nassbaggerei gebräuchlichen BLD, der durch die geschakte, über einen 5-Kant-Turas laufende Eimerkette angetrieben wird, läuft in der Nassgewinnung die Traktorkette über ein Kettenantriebsrad, wodurch die hohen Schüttzahlen möglich werden, sofern die Bodenverhältnisse diese erlauben.

Ein Beispiel mit unterschiedlicher Kalkulation des AN und der Gutachter des AG ist in Lastfall 3.4 gezeigt.

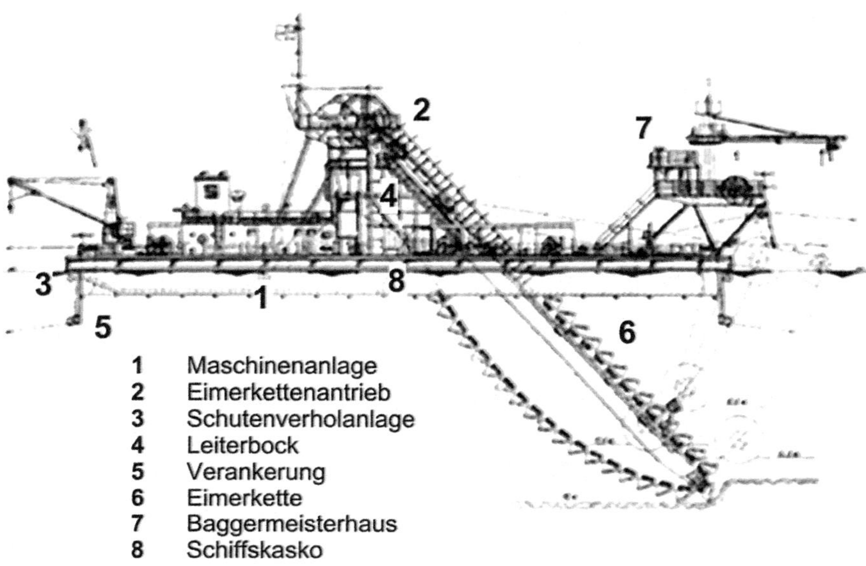

Abb. 3.22 Generalplan BLD, 520 l Eimervolumen (*Frigg R, Rhode Nielsen*) nach [2]

Lastfall 3.4 Fehleinschätzung der Leistung durch Sachverständigen
Beispielhaft sei der Vergleich von Angebotskalkulation AN und Gutachteransatz AG zur Leistung eines BLD in Mergelboden aufgeführt (Tab. 3.9). Anzumerken ist, dass die Einschätzung des Parteigutachters des AG auf einer unrichtigen Annahme basiert, nämlich, der AN habe die Leiter in voller Länge und deshalb die Eimer im nach hinten gekippten Zustand betrieben, sodass der Füllungsgrad zwangsläufig sehr niedrig gewesen sei und deshalb vom Gutachter nur 44 % der tatsächlich vom AN erreichten Leistung nachgewiesen werden konnte.

Dem Foto des BLD im Projekteinsatz, wie in Abb. 3.23 gezeigt, ist zu entnehmen, dass der untere Leiterteil weder ganz nach oben noch nach unten gefahren ist, d. h. der BLD arbeitet in einem der Tiefe angepassten Modus unter 45° zur Leiter. Die Schneidkanten der am rechten Bildrand abgebildeten Eimer sind waagerecht.

Tab. 3.9 Vergleich Leistungsabschätzung BLD von AN und Gutachter AG

Vorgang	Einheit	Ansatz Gutachter AG	Ansatz AN
Arbeitszeit je Woche	h/w	168	168
produktive Arbeitszeit je Woche	h/w	100	100
Drehfaktor		0,6	0,6
Eimerinhalt	m^3/E	0,835	0,835
Leiterstellung	° Neigung	24	45
Füllungsgrad Eimer	%	25	50
Schüttzahl	E/min	13	13
Produktion	m^3/w	16.283	32.565
Auflockerung	%	30	15
Produktion in situ Menge	m^3/w	12.525	28.317

3.5.2 Merkmale BLD-Betrieb

3.5.2.1 Baukonzept BLD

BLD werden in Monopontonbauweise hergestellt, zerlegbare BLD sind hauptsächlich in der Nassgewinnung üblich.

Im Winter kann sich Eis am oberen Turas bilden, wodurch die Schwimmstabilität des BLD beeinträchtigt werden kann und der Bagger wegen fehlender Schwimmstabilität nicht betrieben werden darf.

3.5.2.2 Lösewerkzeug

Die Eimerkette, bestehend aus mit sog. Schaken verbundenen Eimern, läuft längs der sog. Eimerleiter, die aus einem fest mit dem Ponton verbundenen Leiterbock besteht, und einem beweglichen Leiterteil, wodurch die Baggertiefe so angepasst werden kann, dass die Eimerschneidkanten bei Auslegungstiefe im Winkel von 45° zur Leiter stehen. Optimalen Füllungsgrad erzielt die

Abb. 3.23 In Tab. 3.9 zu bewertender BLD, 850 l

Eimerkettenbaggerung bei 45° Leiterneigung. Wird von dieser Neigung abgewichen, ergibt sich Minderleistung.

Ein weiterer häufig angetroffener Grund für Minderleistung sind mangelhaft unterhaltene, verschlissene Schneidkanten, die den Füllungsgrad ebenfalls mindern.

Die Inhalte der „geschlossenen" Eimer, die zu einer endlosen Eimerkette verschakt sind, betragen in der Nassbaggerei 300 l bis 1.500 l, mittelgroße BLD sind je nach erreichbarer Baggertiefe mit mehr als ca. 45 Eimern zwischen 600–800 l Inhalt ausgerüstet. Die gefüllten Eimer laufen im Unterschied zum Trockenbagger, dem landgestützten Eimerkettenbagger, auf der Oberseite der Eimerleiter entlang. Die Füllung des Eimers erfolgt im Bereich des unteren 5-Kant-Turas durch Abscheren des Baugrundes nach Eingriff der Eimerschneidkante infolge einer Vorwärts-Seitwärts-Bewegung, die durch Seilzug erzeugt wird.

Um den Einsatz in sehr unterschiedlichen Böden von Ton und Schluff bis zu u. U. vorgelockertem Fels zu ermöglichen, wurde eine Reihe unterschiedlicher Eimer in „offener" und „geschlossener" Form entwickelt.

Die mittels der Schaken zwischen den Eimern in gewissem Umfang gelenkig gemachte Eimerkette läuft mit bis zu 10 Eimerschüttungen je Minute in festerem bindigem Boden, in Schluff dagegen mit ca. 18 Schüttungen und mittlerer seitlicher Verholgeschwindigkeit des BLD. In felsigem Material kann die Schüttzahl >25 Schüttungen je Minute und/oder höherer Verholgeschwindigkeit ansteigen.

Der Wassergehalt der Eimerfüllung ist abhängig von der Bodenart und dem Füllungsgrad, letzterer wiederum vom Grad der Unterhaltung der Schneidkanten. Er beträgt zwischen 30 % und 70 %.

Mit einem 900-l-BLD lassen sich zwischen 75.000 m^3 und 90.000 m^3 Sand bzw. Schlick im 7/24-Betrieb baggern. Im letzteren Fall sind die Eimer weit mehr als gestrichen voll. Begrenzende Einsatzbedingungen sind für den BLD Baggertiefe <30 m und Wellenhöhe >0,5 m.

3.5.2.3 Installierte Leistung

Mittelgroße BLD haben eine installierte Leistung von ca. 1.000 kW, davon ca. 60–75 % für den Antrieb der Eimerkette.

Die erforderliche Leistung am Oberturas für den Antrieb der Eimerkette wird bestimmt durch die

- Grabarbeit, um den Boden zu lösen und die Eimer zu füllen,
- erforderliche Hubarbeit, um die Eimerkette mit dem abgegrabenen Boden bis zum Schüttrumpf über Wasser zu fördern und
- die zu überwindende Reibung der Kette auf der Eimerleiter.

Die Grabarbeit hat zum Ziel, einen möglichst hohen Füllungsrad zu erreichen. Dieser wird durch die Bodenart bestimmt bzw. durch Vortrieb des BLD, Schwenkgeschwindigkeit und Eimerkettengeschwindigkeit. In fest gelagerten bindigen Böden nimmt die Scherfestigkeit c_u entscheidenden Einfluss.

Bei Felsbaggerung muss ggf. ein Eimer mit geringerem Eimervolumen mit zahnbewehrter Schneidkante gewählt werden, u. U, auch ein offener Eimer.

Der erfahrungsgemäß erreichbare Füllungsgrad der Eimer ist der Tab. 3.10 zu entnehmen.

3.5.2.4 Baggerprozess

Im Vergleich zum 6 m^3 Eingefäßbagger BHD mit einem Förderspiel von 2 min entsprechend 30 Schüttungen je h benötigt der 300-l-BLD mit einer Kettengeschwindigkeit von 10 Eimern/min ungefähr 600 Eimerschüttungen, um eine mit dem BHD vergleichbare Leistung zu erreichen. Die größeren Auswirkungen auf den Verschleiß der Kette und deren Antrieb sind leicht einsehbar.

Der BLD belädt über die links- oder rechtsseitige Schurre i. d. R. Schuten mit dem Baggergut, das aus den Eimern am Oberturas, einer 6-Kant-Welle, ausgeschüttet wird.

Tab. 3.10 Füllungsgrad Eimer BLD

Bodenart	Füllungsgrad
Mischboden feucht	1,0–1,2
Fels und Boden gemischt	0,8–1,0
Fels, gut zerkleinert	0,75–0,90
Fels, grobstückig	0,3–0,5
Sand, Kies, feucht	0,9–1,1
Ton, fest	0,8–1,0
Ton, sandig, feucht	1,0–1,2

Der Bagger ist über sechs ca. 20 mm dicke Stahlseile, sog. Drähte, davon 4 Seitendrähte und je einen Vor- und Achterdraht, verankert. Der BLD schwenkt über vergleichsweise große Schnittbreiten von bis zu ca. 200 m. Beim Wenden wird das Achterschiff etwas über die jeweilige Wendepunktlinie hinaus verholt, sodass sich kein Sichelschnitt wie beim CSD ergibt, sondern eine Baggerschnittlinie in Form einer Acht.

Aufgrund der 6-Punkt-Verankerung kann der BLD-Betrieb den Schiffsverkehr behindern, insbesondere, wenn in der Fahrrinne gebaggert werden muss. Da der Schiffsverkehr Vorrang hat, muss der BLD ausweichen, was mitunter Leistungsminderung bedeutet.

Siehe Lastfall 3.5 zur Baggerung kontaminierter Böden.

3.5.2.5 Verbringen Baggergut

Das Baggergut wird über Schurren in die beidseitig längsseits des Baggers liegenden Schuten abgegeben, die das Material zum Verbringungsort transportieren.

Lastfall 3.5 BLD für Baggerung kontaminierter Böden

Eine weitere Aufgabe ist z. B. die Baggerung kontaminierter Böden mit einem BLD in Sonderbauweise, die insbesondere in den Niederlanden erprobt worden ist.

- Der Bagger verfügt über eine geschlossene Leiter – sowohl über als auch unter Wasser –, um Bodenverluste aus den Eimern zu minimieren und damit die Verbreitung von kontaminiertem Material zu verhindern,
- die Eimer verfügen über Löcher im Eimerboden bzw. an der Eimerwand, um einerseits den Zugang von Luft bzw. Wasser zu ermöglichen und damit ein gutes und zügiges Entleeren des Baggergutes aus dem Eimer zu gewährleisten, bzw. um Rückfall von Baggergut aus dem gekippten Eimer in die Baggerstrecke zu vermeiden. Weiter sind die Eimer mit einem Ventil ausgestattet, durch das andererseits verhindert wird, dass kontaminierter Boden beim Aufwärtsgehen des Eimers aus den Löchern austritt.
- Die Verfügbarkeit von Wasserdüsen, mittels derer die Eimer ggf. zusätzlich gereinigt werden, wobei das Schmutzwasser mit Bodenresten in einen Tank verbracht wird, dessen Inhalt gesondert entsorgt wird.
- Der Einsatz von selbstschmierenden Traktorketten, die anstatt über einen 5-kantigen Oberturas wie bei Eimerkettenbaggern üblicher Bauart über Zahnräder geführt werden und so
- neben Minderung von Lärmemissionen (<45 dB)
- einen ruhigen und erschütterungsreduzierten, gleichmäßigen Lauf der Eimer
- bei vergleichsweise hoher Eimerzahl, d.h., vergleichsweise hoher Leistung, garantieren, ohne dass Bodenverluste aus dem Eimer anfallen;
- der Einsatz einer Positionierungsanlage zum gezielten Baggereinsatz mit einer Genauigkeit von ±5 cm für x-, y- und z Koordinate.

3.5.3 Besondere Risiken BLD-Einsatz

Besondere Risiken für den BLD-Betrieb ergeben sich

- beim Baggern
  - durch gekippte Eimer,
  - durch Lärm- und Luftemissionen in empfindlichen Zonen nahe bewohnter Uferbereiche,
  - in Gegenden mit sehr hohen Temperaturen, die besondere Kühlung erforderlich machen,
- beim Baggern bindiger Böden
  - mit höheren Scherfestigkeiten von ca. $c_u > 500$ kPa infolge schlechter Lösbarkeit.
  - Infolge schlechter Eimerleerung durch an der Eimerwandung anhaftendes Material,
  - Notwendigkeit einer Nachbaggerung bei Entleerung außerhalb des Schütttturmbereiches,
  - beim leistungsmindernden Baggern von mit Hindernissen belasteten Böden, deren Größe die des Eimers überschreiten,
  - beim Baggern von mit Kampfmitteln belastetem Material,
- durch Suspensionsbildung bei Gegenwart von bestimmten freigesetzten Tonmineralen (Illit, Smectit), die weit verdriften können, bevor sie sich absetzen; der BLD ist der Nassbagger mit der höchsten Suspensionsbildungsgefahr;
- durch Eimerverschleiß und sonstigen höheren Verschleiß an Kette und Getriebe bei Baggerung von fest gelagerten Böden und Fels.

Die Abschätzung in Tab. 3.11 verdeutlicht, dass sich bei Annahme einer Eintrittswahrscheinlichkeit aller aufgelisteten besonderen Betriebsrisiken ein Faktor für die erwartete Verlusthöhe in Höhe des 3,6-fachen des Einheitspreises ergeben kann.

3.6 Greiferbagger (GD)

In Abb. 3.24 ist der Generalplan eines GD dargestellt.

Als wichtige Baugruppen sind aufzuführen:

- Maschinenanlage für Pontonausrüstung (u. a. Windenanlage),
- Greiferbagger
- Deckshaus,
- Kasko.

Beim GD handelt es sich um einen nicht stetig fördernden Eingefäßbagger.

Als Katz-, Portal- und Drehgreiferbagger ist dieser Gerätetyp in der Nassgewinnung sehr verbreitet. Dort finden Schalengreifer bis zu ca. 12 m^3 Gefäßinhalt Anwendung. Die häufigste Greifergröße ist 2–4 m^3 Greiferinhalt. Siehe auch Abb. 3.25.

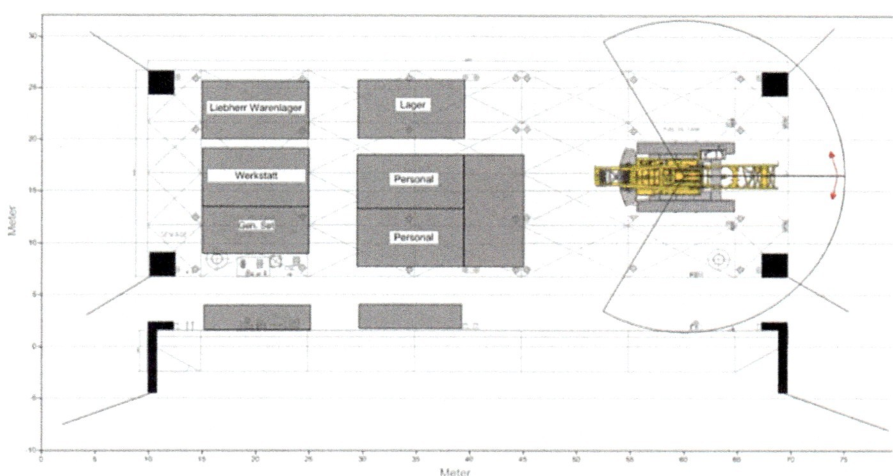

Abb. 3.24 Generalplan Ponton für GD-Betrieb © Liebherr

Abb. 3.25 $GD_{heavy\ duty}$ Liebherr HS 8300 HD © Liebherr

Tab. 3.11 Abschätzung der erwarteten Schadenshöhe F_S für BLD (Modellrechnung)

Allgemeine Angaben: $D_F = 50\,\%$, $z_d = 10$ m, $T_{v\,bezahlt} = 0{,}3$ m; $T_{v\,technisch} = 0{,}5$ m

0	1	2	3	4	5	6
Risiko	V_{Abgr}	E_W	Risikogrund	Risikofolge	F_S	Weitere Vorgaben; F_R
Mengenrisiko	1,0	0,5	Zul. Vermessungsfehler	Mehrmenge	0,0125	Vorgabe: zul. Fehler 0,25 m, $F_R = 0{,}25/10$
	1,0	0,5	Infolge nicht bezahlter technischer Toleranzbaggerung	Nicht vergütete Mehrmenge	0,010	Vorgabe: techn. erf. Toleranz 0,5 m, $F_R = (T_{v\,techn} - T_{v\,bezahlt})/10$
Ausführungsrisiko	1,0	0,2	Grundbruch bei Böschungsbaggerung	Mehrmenge	0,204	Vorgabe: 2 % zusätzl. Baggermenge, $F_R = 1{,}02$
	1,0	1,0	Schutenmangel	Minderleistung	1,250	Vorgabe: $D_{F,neu}$ 40 % $F_R = 50/40$
	1,0	0,5	Eimerkettenverschleiß	Mehrkosten M&R	0,150	Vorgabe: M&R 30 %, Mehrkosten 25 %, $F_R = 50/40$
Bodenrisiko	1,0	0,2	Boden bindig, höhere Schwerfestigkeit	Minderleistung	0,6667	Vorgabe: $D_{F,neu}$ 15 % $F_R = 50/15$
	1,0	0,1	Boden bindig, Dichtsetzen Eimer, Schüttrumpf	Minderleistung	0,3333	Vorgabe: $D_{F,neu}$ 35 % $F_R = 50/15$

	1,0	0,5	Bindig, rollig bei Vorkommen von abrasiven Mineralanteilen im Boden	Verschleißkosten erhöht	0,2275	Vorgabe: Anteil M&R 35 %, Erhöhung 30 %, $F_R = 0{,}35 \cdot 1{,}3$
	1,0	0,5	Rollig, bindig; wenn Blöcke vorhanden, erhöhte Repko	Minderleistung wg. Störung Betriebsablauf	0,1925	Vorgabe: Bergung wird vergütet, Anteil M&R 35 %, Erhöhung 10 %, $F_R = 0{,}35 \cdot 1{,}1$
Wetterrisiko	1,0	0,1	Wellenhöhe >1 m	Minderleistung wg. Stillstand	0,1000	Vorgabe: 100 % Minderleistung, $F_R = 1$
	1,0	0,1	Nebel, Eisgang	Minderleistung wg. Stillstand	0,1111	Vorgabe: $D_{F,neu}$ 45 %, $F_R = 50/45$
Ökologisches Risiko	1,0	0,05	Lärm/Luft Emissionen	Minderleistung wg. Stillstand	0,0556	Vorgabe: $D_{F,neu}$ 45 %, $F_R = 50/45$
	1,0	0,05	Kampfmittel	Minderleistung wg. Stillstand	0,0556	Vorgabe: $D_{F,neu}$ 45 %, $F_R = 50/45$
Verkehrstechn. Risiko	1,0	0,2	wg. stationärem Betrieb	Minderleistung wg. Verlegen des Baggers	0,2222	Vorgabe: $D_{F,neu}$ 45 %, $F_R = 50/45$
Summe FS gesamt					**3,59**	

Abk. wie Tab. 3.1, *M&R* Reparaturkosten

In Zusammenhang mit Nassbaggerarbeiten erfolgt Greiferbaggerung stationär von einem Ponton aus, wobei der GD über einen Schwenkradius über das Vorschiff dreht.

3.6.1 Gerätemerkmale

Der GD wird in der Nassbaggerei in Deutschland kaum für Mengenbaggerung eingesetzt. Er findet hierzulande seine Verwendung insbesondere bei punktförmiger Baggerung. Weiter wird der GD bei Baggerung von grobstückigem Material und Böden mit viel Unrat verwendet.

Der GD ist dagegen im Ausland, z. B. Japan oder USA, weit verbreitet in der Sandgewinnung aus größerer Tiefe von bis zu ca. 100 m. Dabei kommen Greifer mit <100 m^3 Greiferinhalt zum Einsatz. In der US-amerikanischen Nassbaggerei wird die Greiferbaggerung für die Abgrabung kontaminierter Schluffe eingesetzt, wo Greifer von <75 m^3 Greiferinhalt genutzt werden. Dazu werden Greifer des Fabrikats *Cablearm* (Abb. 3.26) angewandt, die im Vergleich zum Schalengreifer eine sehr ebene Grabsohle hinterlassen. Der Einsatz dieses Greifertyps ist auf Abgrabung weicher Böden beschränkt. Er eignet sich besonders bei Baggerung in Böden mit geringerer als breiiger Konsistenz.

3.6.2 Merkmale GD-Betrieb

3.6.2.1 Baukonzept GD

Der Greiferbagger wird einschl. Unterwagen auf einen Ponton gefahren und dort seefest verlascht. Längsseits des Pontons legen Schuten zum Verbringen des Materials an.

Abb. 3.26 Spezialgreifer, Fabrikat Cablearm, © Cablearm

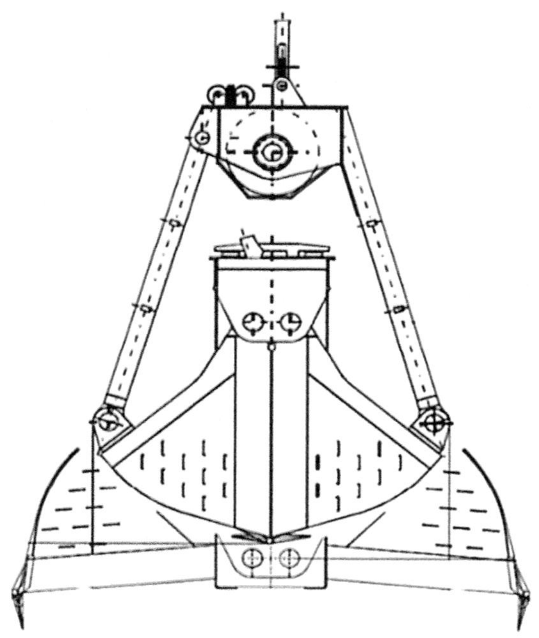

Abb. 3.27 Schalengreifer *heavy duty*, 10 m³ Greifer, Fabr. Kröger © Liebherr

Der Ponton ist mit einer Schutenverholanlage einschl. Pfählen zur Seilabweisung der Ankerdrähte ausgerüstet. Weiter ist der Ponton mit Unterkünften, Baubüro, Werkstatt etc. ausgestattet.

Der Bagger ist ein im Erdbau eingesetztes Gerät. Der Ponton ist als Monoponton oder in zerlegbarer Bauweise hergestellt.

3.6.2.2 Lösewerkzeug

Der Greifer (Abb. 3.27) kann durch zusätzliches Gewicht, vielfache Scherung sowie Zähnen und Schneidkanten an die anstehenden Bodenverhältnisse, beispielsweise an feste Mergelböden mit einer Scherfestigkeit c_u >700 kPa in größerer Tiefe, angepasst werden.

3.6.2.3 Installierte Leistung

Die insgesamt installierte Leistung beträgt ca. 800–1.500 kW, im Fall des $GD_{heavy\ duty}$ entfallen rd. 750 kW auf den GD.

3.6.2.4 Baggerprozess

Der Baggerprozess wird an Lastfall 3.6 dargestellt.

Lastfall 3.6 Baggerung von Moräne aus größerer Tiefe
Für eine Tunneltrasse soll in Mergelboden ein 40 m tiefer Graben gebaggert werden. Da weder mit THSD noch mit CSD die Menge zu baggern ist, sollen u. U. GD zum Einsatz kommen.

Ein geeigneter Gerätetyp, um den Mergel mit hoher Scherfestigkeit von c_u >700 kPa zu baggern, ist der $GD_{heavy\ duty}$, Fabr. Liebherr HS 8300 HD, mit einem Gesamtgewicht von ca. 350 t, Antriebsleistung 750 kW.

Der GD kann mit einem 10-m^3-Greifer mit einem Gewicht von ca. 16,5 t ausgerüstet werden, maximal mit einem 15-m^3-Greifer.

Seine Hebekapazität beträgt bei Arbeit mit einem 25,7 m langen Ausleger 45,6 t Gesamtgewicht. Bei Einsatz einer Hubwinde erreicht man Hubgeschwindigkeiten von <70 m/min, bei Verwendung eines Getriebes kann die Hubgeschwindigkeit auf 125 m/min angehoben werden. Der Arbeitsradius beträgt ca. 120°, die maximale Drehgeschwindigkeit 6 upm. Die maximal zulässige Neigung der Maschine beträgt 3°.

Insbesondere auf flottem Wasser ist die Leistung sehr stark von den Wetterbedingungen und den Strömungsverhältnissen beeinflusst, die leicht 10 % und mehr betragen können.

3.6.2.5 Verbringung Baggergut

Das Baggergut wird mittels Schuten zum Verbringungsort transportiert.

3.6.3 Besondere Risiken GD-Einsatz

Besondere Risiken für den GD-Betrieb ergeben sich

- beim Baggern
  - in stärkerem, eine Schieflage des Pontons von mehr als 3° erzeugenden Seegang und größeren Wellenhöhen als 0,75 m,
  - in Bereichen mit sehr festem Untergrund und/oder sehr flachen Bereichen, sodass besondere Maßnahmen für die Verankerung des Nassbaggers getroffen werden müssen,
  - in Gegenden mit sehr hohen Temperaturen, die besondere Kühlung erforderlich machen,
- beim Baggern bindiger Böden mit Scherfestigkeiten $c_u > 700$ kPa infolge schlechter Lösbarkeit – Boden mit so großer Scherfestigkeit wird als Fels eingestuft –, dessen Baggerung die Leistung erheblich reduziert,
- beim Baggern von mit Kampfmitteln belastetem Material und Leistungsreduktion infolge erforderlicher Roste für das Aussortieren von Kampfmitteln,
- beim Verbringen des Baggergutes auf nicht tragfähigen Untergrund, sodass die Spülfeldunterhaltung schwierig werden kann,
- Suspensionsbildung bei Gegenwart von bestimmten freigesetzten Tonmineralen (Illit, Smectit), die, obwohl weniger als beim hydraulischen Verfahren, weit verdriften können bevor sie sich absetzen,
- Greiferverlust infolge Verschüttung.

Die Abschätzung in Tab. 3.12 verdeutlicht, dass sich bei Annahme einer Eintrittswahrscheinlichkeit aller aufgelisteten besonderen Betriebsrisiken ein Faktor für die erwartete Verlusthöhe in Höhe des 2,9-fachen des Einheitspreises ergeben kann.

3.7 Spezielle Nassbaggerlösungen

3.7.1 Sondergerätetypen und -bauweisen

Neben den zuvor beschriebenen Standardgerätetypen, die sich im Wesentlichen durch

- die am Lösewerkzeug installierte Leistung,
- das Löseverfahren und
- das Transportverfahren zum Verbringungsort des Baggergutes

unterscheiden, sind sowohl in der Nassbaggerei als auch in der Nassgewinnung zahlreiche Sonderformen entwickelt worden, die zur Lösung bestimmter projektspezifischer Fragestellungen mehr oder minder erfolgreich eingesetzt werden. Beispielhaft sind folgende Gerätetypen zu nennen:

- Nassbaggerei:
  - Löffelstielbagger,
  - Laderaumgreiferbagger,
  - Schutenspüler,
  - Kombination von THSD und CSD,
  - Eimerradbagger (um ein Rad laufende Eimer fördern Baggerpumpe zu),
  - Hopper Suction Dredger (HSD) mit Stechrohr (*stick hopper suction dredging*),
  - Wasserinjektionsgerät (WID) (*agitation dredging*),
  - Egge, *bottom leveler* (*agitation dredging*),
  - Schwerkraftsaugbagger für Talsperren (*gravity dredging*)
  - u. a. m.
- Nassgewinnung:
  - THSD mit Siebanlage und Greifer, Schrapper oder Schaufelrad zum Löschen,
  - BLD mit integrierter Aufbereitungsanlage,
  - Airliftbagger (für Baggern grobklastischen Materials aus größerer Tiefe),
  - Saugbagger für Entschlammung von Seen mit nachgeschalteter Aufbereitungsanlage (Grobsieb, Zyklon, Filterpresse) zur Sortierung von belastetem Schluff <20 μm Korngröße, Sand und Grobstoffen,
  - Saugrohrbagger mit umlaufender Traktorkette zum Aushalten von Steinen,
  - landgestützter Eimerkettenbagger,
  - Monitoring,
  - u. a. m.

Der Vollständigkeit halber sind in Tab. 3.13 die Parameter von einigen Standardbaggern, wie in der Nassgewinnung eingesetzt, aufgelistet.

Tab. 3.12 Abschätzung der erwarteten Schadenshöhe F_S für GD (Modellrechnung)

Allgemeine Annahmen: $D_F = 50\,\%$; $z_d = 10$ m; $T_{v\ bezahlt} = 0{,}3$ m; $T_{v\ technisch} = 0{,}5$ m						
0	1	2	3	4	5	6
Risiko	V_{Abgr}	E_W	Risikogrund	Risikofolge	F_S	Weitere Vorgaben; F_R
Mengenrisiko	1	0,5	Infolge zul. Vermessungsfehler	Nicht vergütete Mehrmenge	0,0125	Vorgabe: zul. Fehler 0,25 m, $F_R = 0{,}25/10$
	1	0,5	Infolge nicht bezahlter technischer Toleranzbaggerung		0,0100	Vorgabe: bez. Tol. 0,3 m, techn. erf. Toleranz 0,5 m, $F_R = (T_{v\ technisch} - T_{v\ bezahlt})/10$
Ausführungsrisiko	1	0,5	Schutenmangel	Minderleistung	0,6250	Vorgabe: $D_{F,neu}$ 40 %, $F_R = 50/40$
	1	0,1	Trim Ponton >3°	Minderleistung, Stillstand	0,1111	Vorgabe: $D_{F,neu}$ 45 %, $F_R = 50/45$
	1	0,5	Greiferverlust	Minderleistung wg. Bergung	0,00004	Vorgabe: Bergung 3d, Eintrittswahrs. 50 %, Häufigkeit 1/231 $F_R = 1/231 \cdot 3 \cdot 110.000/70.000$
	1	0,3	Füllungsgrad gering	Minderleistung	0,3750	Vorgabe: $D_{F,neu}$ 40 %, $F_R = 50/40$
	1	0,3	Bauzeit	Terminrisiko	0,5000	Vorgabe: $D_{F,neu}$ 30 %, $F_R = 50/30$

Bodenrisiko	0,75	0,5	Boden bindig, höhere Scherfestigkeit	Minderleistung	0,6250	Vorgabe: $D_{F,neu}$ 30 %, $F_R = 50/30$
	1	0,05	Suspensionsbildung bei Tonbaggerung in salinarer Umgebung	Nachbaggerung, u. U. ohne Vergütung	0,0650	Vorgabe: 30 % der Menge $F_R = 1{,}3$
	1	0,5	Rollig, bindig; wenn Blöcke vorhanden, erhöhte Repko.	Minderleistung wg. Störung Betriebsablauf	0,1375	Vorgabe: Bergung wird vergütet, Anteil M&R 25 %, Erhöhung 10 %, $F_R = 0{,}25 \cdot 1{,}1$
Wetterrisiko	1	0,1	Bei Sturm	Minderleistung durch Stillstand	0,1250	Vorgabe: $D_{F,neu}$ 40 %, $F_R = 50/40$
	1	0,1	Wellenhöhe >1 m	Minderleistung wg. Stillstand	0,1250	Vorgabe: $D_{F,neu}$ 45 %, $F_R = 50/45$
	1	0,1	Nebel, Eisgang	Minderleistung wg. Stillstand	0,1111	Vorgabe: $D_{F,neu}$ 45 %, $F_R = 50/45$
ökologisches Risiko	0,75	0,05	Lärm/Luft Emissionen	Minderleistung wg. Stillstand	0,0417	Vorgabe: $D_{F,neu}$ 45 %, $F_R = 50/45$
Summe FS gesamt					**2,8639**	

Abk. wie Tab. 3.1, *M&R* Reparaturkosten

Tab. 3.13 Parameter ausgewählter Schwimmbagger (Nassgewinnung)

Baggertyp	Abk.	Kenngröße	Inst. Leistung [kW]		Wasser-tiefe T [m]	Bodenart	Zusatzaus-rüstung
			Baggerpumpe	Lösewerkzeug			
Schneidkopfsaugbagger	CSD	Durchm. Druckrohr-ltg. DN = 150–350 mm	<500	<100	3–18	Rollig, bindig	Schwimmleitung, Entwässerungsrad, Schute für Steine, Land-Förderband, Versorgungsboot, Vermessungseinrichtung
Grundsaugbagger	SD		<300		3–80	Rollig	
Grundsaugbagger mit Druckwasseraktivierung	SD		<300	<80		Rollig, bindig	
Grundsaugbagger mit Traktorkette	SD		<300	<75		Rollig, grob klastisch	
Airliftbagger	SDair		300	80	7–150	Rollig, klastisch	
Schwimmgreifer (Dreh-, Katz- oder Portalgreifer)	GD	Greiferinhalt $Q = 2–10\ m^3$	250		15–80	Rollig, klastisch	Vorabsiebung, schw. Förderband, Landband, altern, Schuten
Schwimmen-der Eimerket-tenbagger	BLD	Eimerinhalt V = 100–300 l	150–250		3–30	Rollig, klastisch	Schuten, alternativ schwimmendes Förderband, Landförderband
schwimmender Eimerkettenbagger mit Aufbereitungs- und Siloanlage	BLD		200–500		5–30		Austragsband für Schiffsbeladung
Eimerkettenbagger landgestützt	BLD_{land}		150–350		3–15		Austragsband für Förderband/ Lkw-Beladung
Laderaumsaugbagger	THSD	Laderaum $<1.000\ m^3$	800		5–20	Rollig	Austragsband für Schiffsbeladung
Schrapper	SCR	Gefäßinhalt $Q = 2–10\ m^3$	<200		<12 m	Rollig, bindig, Blöcke	

3.7.2 Sonderformen von Löse- und Verfüllwerkzeugen

In den folgenden Abbildungen sind weitere spezielle Rückverfüll- und Lösewerkzeuge dargestellt. Dabei handelt es sich um

- eine Schnecke zum Lösen und Zufördern zum Saugmund von breiigem Ton (Auger-Schneidkopf Abb. 3.28a),
- einen teilummantelten Schneidkopf (Abb. 3.28b) sowie um

einen sog. Diffusor (Abb. 3.29), der für die Einbringung von hydraulisch gefördertem Boden in eine Unterwasserdeponie genutzt wird.

Abb. 3.28 Alternative Schneideinrichtungen für Saugbagger **a** Auger-Schneidkopf © JDN **b** Umbauter Schneidkopf für Baggerung kontaminierter Böden © DEME

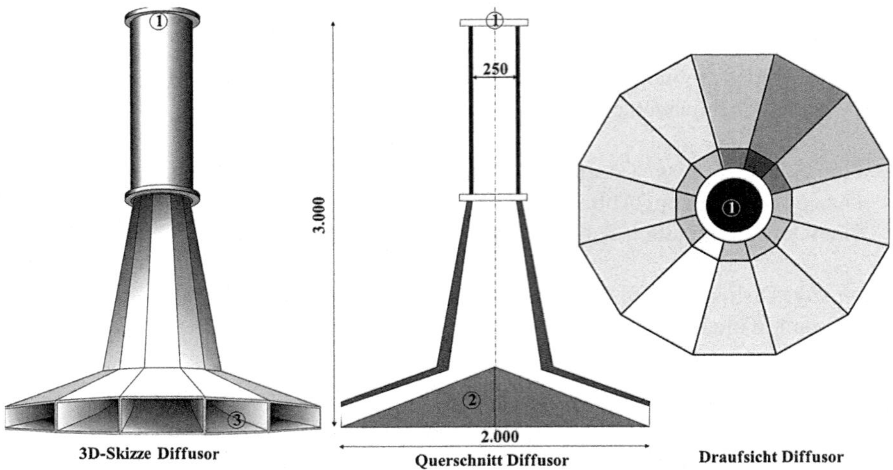

Abb. 3.29 Diffusor für UW-Materialrückgabe

Literatur

1. Bray RN (2009) A guide to cost standards for dredging equipment 2009. Ciria, London. ISBN 978-0-86017-684-8
2. IADC dredgers of the world 7th edition, ISBN 078-1-9 07
3. Welte A (2000) Nassbaggertechnik, Reihe V/Heft 20, IMB TU Karlsruhe
4. Patzold V (2012) Planung eines großen CSD für Dead Sea Works. Archiv Patzold, Israel
5. Broch E, Franklin J (1972) Rock Mech. Min Sci 9(6):669–697
6. Verhoef PNW (1997) Wear of rock cutting tools, implications for the site investigation of rock dredging projects. Balkema, Rotterdam
7. Joanknecht LWF (1975) Results of tests on two cutter heads, operating in sand. In: 1st Proceedings of international symposium on dredging technology
8. Käsling H, Thiele I, Kurosch T (2007) Abrasivitätsuntersuchungen mit dem Cerchar-Test, 16. Tagung für Ingenieurgeologie, Bochum
9. Blaum, v. Marnitz (1928) Der Schwimmbagger Nd. II, Berlin
10. Eymer W, Oppermann S, Redlich R, Schümann M (2006) Grundlagen der Erdbewegung. Kirschbaum, Bonn
11. Richardson MJ (2004) Environmental benefits of the bucket ladder dredge
12. Prieto I, Verna T (2014) Cuttability and abrasitivity of rocks in capital dredging. WODCON XX

4 Risiken der Leistungsberechnung

Für die Preisfindung ist die mit dem ausgewählten Gerät bzw. dem Gerätesatz erreichbare Leistung in m^3 je Zeiteinheit zu ermitteln. Die Zeiteinheit Woche wird im niederländischen Einflussbereich genutzt und ist die Zeiteinheit der CIRIA 2009-Baugeräteliste. Im deutschen und belgischen Einflussbereich sowie in der Baugeräteliste BGL 2015 wird meist die Zeiteinheit Monat verwendet. In den folgenden Ausführungen werden für Leistung und Preise die Zeiteinheit Woche angewandt.

Die Leistungsberechnung, genauer die Leistungsabschätzung, hängt von einer großen Zahl von projektspezifischen Daten ab, die in den Verdingungsunterlagen beschrieben sein müssen.

Im Technischen Büro des Bieters erfolgt die technische Analyse und Bearbeitung der Verdingungsunterlagen mit folgenden in der Nassbaggerei wesentlichen Schwerpunkten mit dem Ziel, eine Leistungsberechnung des Gerätesatzes in m^3/w anzustellen. Dabei werden die Risiken aus:

- hydrographischen und geodätischen Daten,
- Baugrundverhältnissen,
- klimatischen Bedingungen im Baggergebiet,
- hydrologischen Verhältnissen,
- ökologischen Verhältnissen, sowie
- betriebliche Faktoren berücksichtigt.

Hinter den auf die Nassbaggerei bezogenen Parametern dieser Schwerpunktthemen verbergen sich die häufigsten technischen Risiken. Die einzelnen Risiken werden in diesem Kapitel genauer vorgestellt.

V. Patzold, G. Gruhn, *Betriebliche Risiken in der Nassbaggerei*,
DOI 10.1007/978-3-662-49345-8_4

4.1 Risiken aus Hydrografie und Geodäsie

Aus Hydrografie und Geodäsie resultierende Risiken können hauptsächlich folgende Gründe haben:

- falsche Annahme der zu erstellenden Baggertiefe,
- falsche Interpretation der Bezugspegel des Wasserstandes,
- unzureichende und fehlerhafte hydrografische Daten,
- Abgrenzung von technisch erforderlicher und abrechenbarer Menge.

4.1.1 Baggertiefe, Bezugspegel

Für die Festlegung der Baggertiefe z_d, die größer sein muss als die nautisch erforderliche, sind die Pegelstände und deren Bezugshorizonte zunächst zu prüfen und ggf. abzuklären, sowie nachfolgend in der Durchführung auch strikt einzuhalten (Abb. 4.1).

Darüber hinaus sind für die Bestimmung der Baggertiefe folgende Einflüsse zu beachten:

- Tiefgang: Betrag des nach Ausbau erforderlichen maximalen Tiefgangs schwimmender Geräte in beladenem Zustand,
- Kielfreiheit, meist 0,5 m,
- Geschwindigkeitstiefe bei THSD,
- Tiefe infolge von Wellen im Baggergebiet,
- Messungenauigkeit der Peilung, <0,25 m,
- Verlandungsreserve, Resedimentationsspeicher, je nach Boden,
- Baggertoleranz, erfahrungsgemäß i. M. 0,3 m.

Fehler infolge der Anwendung eines falschen Bezugshorizontes, z. B. *Amsterdamer* bzw. *Kronstädter Pegel*, kommen leider immer wieder vor. Die Folge sind aufwendig nachzubaggernde Minder- oder nicht vergütete Mehrmengen.

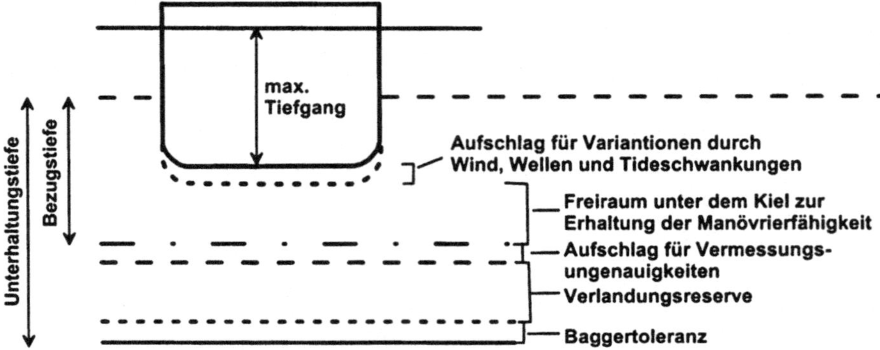

Abb. 4.1 Bestimmung der Baggertiefe z_d

Tab. 4.1 Messgenauigkeit gem. IHO S-44

Anforderungskatalog*	Einheit	Wert
Max. zul. horizontale Abweichung Vertrauensniveau 95 %	m	2
Max. zul. Vertikale Abweichung Vertrauensniveau 95 %	m	0,25
Flächendeckende Darstellung Seegrund		Ja
Erkennbare Strukturengröße	m^3	1
Lagebestimmung von festen Navigationshilfen, Wassertiefen	m	2
Lagebestimmung der Küstenlinie	m	10
Bestimmung der mittleren Lage von schwimmenden Navigationshilfen	m	10

*in Verbindung mit Spezifikation IHO S-44 zu lesen

4.1.2 Tiefenmessung

Das Risiko liegt zum einen in der Lagebestimmung der Tiefenmessung und zum anderen in der teufenabhängigen Messgenauigkeit des Echolotes. Maßstab für die hydrographischen Messungen sollten die Vorschriften des *IHO Standards No. 44, Special Order* sein 0. Nach dieser Vorgabe sind auszugsweise in Tab. 4.1 aufgeführte Genauigkeiten zu erreichen.

Man erkennt leicht den Einfluss der zulässigen Messungenauigkeit auf die abzutragende Menge. Zu dieser ist die gerätespezifische, technisch erforderliche Überbaggerung hinzuzurechnen. Je nach Mächtigkeit der abzugrabenden Schicht kann:

- die Messungenauigkeit zwischen 0 % und 25 % Menge liegen,
- die Mehrmenge aus technisch erforderlicher Überbaggerung im Falle eines mittleren CSD zwischen 3 % und 50 % liegen,
- ein Risikozuschlag von >7,5 % der ausgeschriebenen Menge als zu erbringende hinzuzurechnen sein, was anhand der Grafik (Abb. 4.2) bei einer mittleren Abtragsmächtigkeit von 10 m deutlich wird.

Die vorhandene und schließlich gebaggerte Wassertiefe wird hauptsächlich mittels Echolotpeilung ermittelt. Das kann flächendeckend mittels Fächerlot (MBES) [1], oder längs Profilen, z. B. im Profilabstand von beispielsweise 25 m oder 50 m, mittels Einzellot (Single-Beam-Echolot, SBES) oder schließlich – wegen des verfahrensbedingten Aufwandes zwar nur punktuell und damit relativ grob – mittels Stangenpeilung oder Handlotung erfolgen.

Luftvermessung eignet sich weniger wegen des verfahrensbedingten Messfehlers von bis zu mehreren Dezimetern.

In Flachgewässern bis 5 m Tiefe wird die Tiefe auch anhand unterschiedlicher Farbgebung des Gewässers ermittelt. Die Genauigkeit dieses Verfahrens ist allerdings gering.

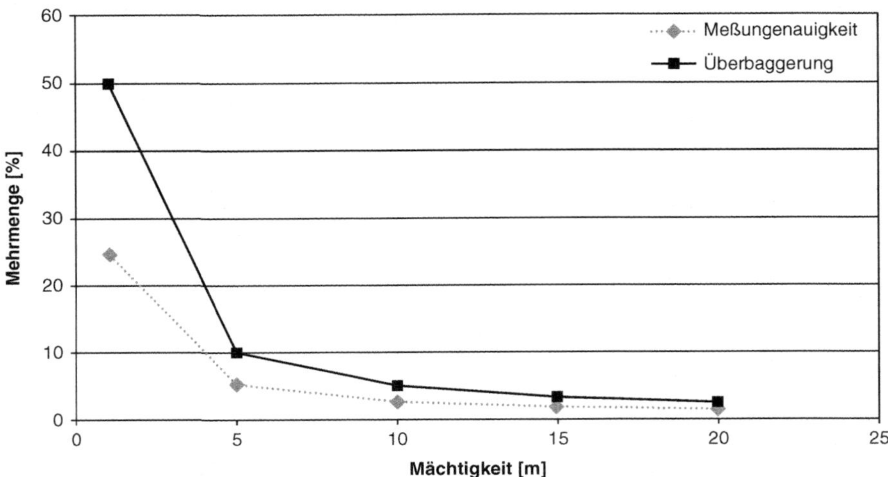

Abb. 4.2 Einfluss von Messungenauigkeit, Toleranzbaggerung

Kontrollpeilungen im Zuge der Abnahme der Baggerarbeiten können auch mittels Balkenpeilung ausgeführt werden.

Ein Aufmaß mittels MBES auch im Fall von flachen Gewässern ist allen anderen Verfahren vorzuziehen, da im Zuge der Auswertung der Messungen nicht zwischen den Lotungen interpoliert werden muss. Durch besondere Anordnung der Schwinger kann der Messaufwand erheblich reduziert werden, was die Fächerlotung auch in flachem Gewässer möglich macht (Abb. 4.3).

Interpolationen, wie z. B. bei Ausführung von Single-beam-Echolotpeilungen längs Profilen im vorgegebenen Profilabstand erforderlich, unterliegen zwangsläufig Fehleinschätzungen und resultieren in mehr oder weniger genauen Volumenberechnungen oder auch unrichtiger Ansprache der Morphologie des Seegrundes. Senken oder Aufhöhungen, die neben Mengenänderungen möglicherweise auf Gegenwart von Hindernissen schließen lassen könnten, werden u. U. nicht erkannt.

Die komplette Anordnung der Messausrüstung für eine umfassende Vermessung der Baggerfläche besteht aus:

- Fächerlot,
- parametrischem Echolot,
- Magnetometer sowie
- GPS (*global positioning system*).

Wesentlich für die Einschätzung der Güte einer Echolotpeilung sind Informationen über die angewandte Frequenz. Oftmals werden Echolotpeilungen mit einer Doppelfrequenz-Echolotanlage ausgeführt. Dabei wird zu gleicher Zeit am gleichen Ort mit einer niedrigeren Frequenz um 15–30 kHz und einer höheren Frequenz

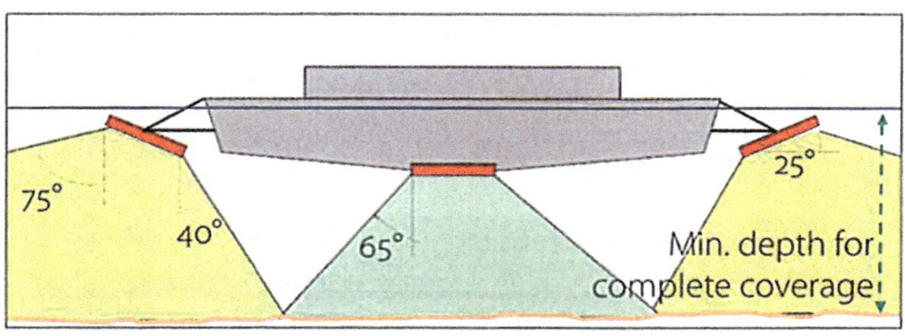

Abb. 4.3 Hydrografische Flachwassermessung mit 3-fach MBES © Fa. Elac, Kiel

um 200 kHz gepeilt. Die Messungen interpretierend erhält man aufgrund sich ändernder sog. Schallhärte, dem Produkt aus Schallgeschwindigkeit und Dichte des durchschallten Mediums, Reflektoren im Messschrieb, anhand derer nach Kalibrierung an einem erbohrten Schichtenverzeichnis unterschiedliche Bodenarten abgegrenzt werden, z. B. Schluffe von Mergelschichten.

Auch die Kenntnis des Vermessungsbootes und sein Verhalten im Seegang sind von Bedeutung für die Interpretation und Bewertung der Messergebnisse. Fehlerquellen können sich, wie in Abb. 4.4 dargestellt, ergeben. Übliche, mit Außenbordmotor ausgerüstete Vermessungsboote von ca. 6,5 m Länge benötigen mindestens 0,8 m Wassertiefe, um brauchbare Messergebnisse zu erzielen.

Dabei ergibt sich die Forderung nach einem möglichst ruhig im Wasser liegendem Messboot und damit auch nach einer Bootsgröße, die den im Messgebiet herrschenden klimatologischen und hydrologischen Gegebenheiten entspricht. Dies findet besondere Bedeutung bei Arbeiten im Wattenmeer oder bei Wasserflächen mit sehr geringen Wassertiefen.

Ggf. führen vorstehend geschilderte Umstände zu einem höheren Risikozuschlag insbesondere bei Flachwassermessungen.

Oftmals liegen den Verdingungsunterlagen Peilergebnisse bei, die als Urpeilung anzuerkennen sind und damit in die Volumenberechnung eingehen. In solchen Fällen ist unbedingt zu prüfen, wann die anzuerkennenden Peilungen ausgeführt worden sind. In Bereichen mit hohem Sedimenttransport sollten die Peilergebnisse der Verdingungsunterlagen nur als Information dienen und eine vertraglich relevante Urpeilung unmittelbar vor Beginn der Baggerarbeiten ausgeführt werden.

Im Falle einer Abrechnung nach Gewicht (Laderaumaufmaß) müssen die Laderäume zunächst amtlich vermessen sein. Die jeweilige Größe der Schiffsladung wird durch Schiffseiche festgestellt. Im Falle von Boden in suspendierter Form werden im Laderaum Proben aus der Suspension entnommen. Deren Feststoffanteil wird nach definiertem Absetzen abgelesen und dem festen Laderaumvolumen zugerechnet.

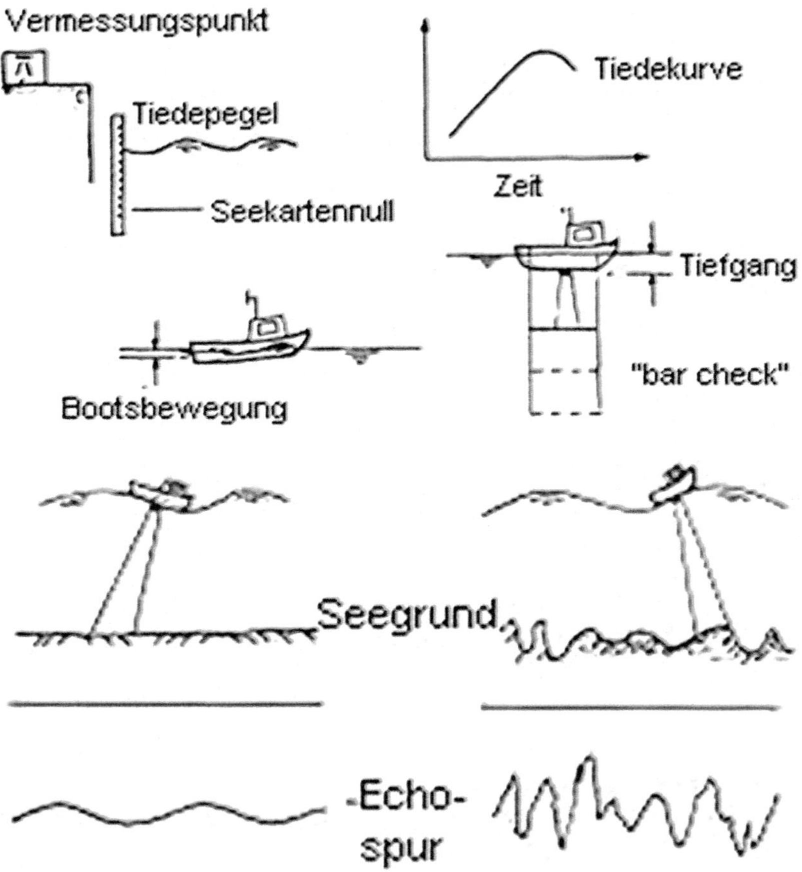

Abb. 4.4 Einflüsse auf die Aussagegüte einer Echolotpeilung

4.1.3 Volumenberechnung

Zu unterscheiden ist das zu baggernde Volumen vom abrechenbaren Volumen.

Zu baggerndes Volumen V_{Abgr}: Dabei handelt es sich mindestens um die insgesamt abgegrabene Menge, bestehend aus Sollprofilmengen und technisch notwendigen zulässigen Toleranzbaggerungen.

Bezahltes Baggervolumen $V_{B:}$ Dabei handelt es sich um die Baggermengen aus dem Sollprofil zzgl. der bezahlten Toleranzbaggermenge. Weiter sind dieser Menge die auf Anordnung AG gebaggerten Mehrmengen wie Überbaggerungen, ggf. Eintreibungen, Mengen aus Böschungsbrüchen, hinzuzurechnen.

Alle weiteren darüber hinausgehenden Mengen müssen bei dieser Abrechnungsmethode im Einheitspreis in €/m^3 enthalten sein, es sei denn, dass die Mehrmengen gesondert in Auftrag gegeben worden sind.

Abb. 4.5 Echolotschrieb einer Kanalvertiefung und -erweiterung; die schraffierte Fläche wurde während des Vergabeverfahrens von AG gebaggert, © JV DEME-JDN

Aufgrund der hydrografischen Daten aus Ur- und Nachpeilung wird unter Berücksichtigung der geplanten Ausbaudaten des Gewässers die für das Erreichen des Vertragssolls zu baggernde Menge mithilfe entsprechend geeigneter Software ermittelt. Vertraglich ist festzulegen, welche Echolotfrequenz als Basis der abzurechnenden Mengen dienen soll.

Das zu baggernde Volumen muss vom Bieter unverzüglich überprüft werden, wie in Lastfall 4.1 deutlich wird.

Lastfall 4.1 Überprüfung Echolotpeilung

In der Zeit zwischen Herausgabe der Verdingungsunterlagen und Beginn der Baggerarbeiten hat der AG ausgeschriebene leicht baggerbare Sandschichten mit eigenem Gerät gebaggert (fett dargestellte, schraffierte Fläche in Abb. 4.5) und dadurch die ausgeschriebene Gesamtmenge von 21 Mio m³ auf 14 Mio m³ verringert, ohne den AN vor Vertragsverhandlung zu unterrichten. Die Kalkulation des AN basierte auf einer völlig falschen Menge.

Ein Problem stellen die mit hoher Echolotfrequenz gemessenen Mengen geringer Dichte dar. Dabei handelt es sich oft um Suspensionen mit einem Feststoffgehalt von <100 mg/l, die oft in Suspensionswolken auftreten oder in Schichten mit geringer Stärke über dem anstehenden, dichter gelagerten Boden vorkommen. Sollten diese im Baggergebiet vorhanden sein, sollten sie anhand der Echolotpeilungen ermittelt oder notfalls durch einen pauschalen Mächtigkeitsbetrag kalkulatorisch abgegrenzt werden.

Die Verdingungsunterlagen sind daraufhin zu prüfen, wie die Bodenmengen dieser Suspensionen, wenn auftretend, vergütet werden. Je nach Baggertyp gehen solche Mengen oftmals nicht in die Kalkulation des Baggerpreises ein oder sie werden zu groß bewertet. Um dieses Risiko zu umgehen, ist bei Ur- und Nachpeilung die gleiche Peilfrequenz zu nutzen, vorzugsweise eine niedrige Frequenz. Dies kann aufgrund unterschiedlicher Suspensionsfrachten von Revier zu Revier unterschiedlich sein, in Emden beispielsweise 12 kHz, Bremerhaven 15 kHz und Hamburg 30 kHz.

4.2 Risiken aus Baugrundverhältnissen

Die meisten der zwischen AG und AN prozessual in Sachen Nassbaggerei ausgetragenen Streitigkeiten sind mit abweichenden Baugrundverhältnissen begründet. Deshalb wird im Folgenden auf die wichtigsten geotechnischen Parameter und deren Risikoinhalte näher eingegangen.

4.2.1 Anzahl der Aufschlüsse

Die Beschreibung des Baugrundes in der Leistungsbeschreibung ist zunächst darauf zu prüfen, ob die vom AG vorgenommenen Aufschlüsse repräsentativ über die zu baggernde Fläche verteilt sind, bevor sie bewertet werden. Die Leistungsbeschreibung sollte auch angeben, ob es sich bei den vorgelegten Kennwerten um Daten einer informativen Vorerkundung oder die einer detaillierten Haupterkundung handelt.

Die EN-Normen und die DIN-Normen oder sonstige Regelwerke schreiben für Nassbaggerprojekte keine erforderliche Anzahl von Aufschlüssen vor.

Über die Anzahl von Erkundungen entscheiden gemäß DIN 4020 gemeinhin

- Art und Größe des Nassbaggervorhabens,
- Geländeform und Baugrundverhältnisse,
- Grundwasser bzw. Bathymetrie,
- Erdbebengefährdung,
- Einflüsse aus der Umgebung,
- Fragestellung des Vorhabens,
- Einschränkung technischer Untersuchungsmöglichkeiten,
- Möglichkeit, auch während Baudurchführung weiter zu erkunden.

Für andere Erdbaumaßnahmen, wie z. B. Dammbauten am Rhein, werden im Zuge von Sanierungsarbeiten alle 500 m Erkundungen des Aufbaues von der Dammkrone aus, alle 250 m mittels weiterer ergänzender wasser- und landseitiger Kleinstbohrungen ausgeführt. Die Erfahrung zeigt, dass dieser Aufschlussgrad den Dammaufbau nur ungenügend darstellt und zwischen den Aufschlüssen liegende Schwachstellen nicht erkannt werden. Eine wesentliche Verbesserung der Erkundung konnte mittels Anwendung vorausgehender geophysikalischer Messverfahren, z. B. Geoelektrik, und anschließenden an ausgewählten Stellen durchgeführten Schlüsselbohrungen erreicht werden.

Für die Erkundung von Kabel- oder Rohrleitungstrassen in Nord- und Ostsee wurden dagegen Aufschlüsse im Kilometerabstand ausgeführt. Die nachfolgende Nassbaggerung ergab trotz des erheblich größeren Messabstandes eine sehr hohe Übereinstimmung der tatsächlichen Bodenverhältnisse mit den prognostizierten Vorgaben.

Der bei Nassbaggerarbeiten nicht festgelegte Umfang an Untersuchungen wird insbesondere verständlich vor dem Hintergrund

- oftmals großer zu betrachtender Flächen im Gegensatz zu Baugrunduntersuchungen, z. B. an Dämmen oder für Baugruben,
- sich manchmal, wenn überhaupt, nur geringfügig ändernder Verhältnisse.

Die Anzahl der Aufschlüsse ergibt sich deshalb einerseits im Wesentlichen aus der Erfahrung des AG und seines Planers unter besonderer Berücksichtigung der Eigenheiten der Örtlichkeit und deren geologischer Genese.

Andererseits wird die Anzahl oftmals bestimmt durch die für die Baugrunderkundung verfügbaren Mittel. Doch es ist stete Erfahrung, dass mit Einsparungen in diesem Bereich immer am falschen Ende gespart wird. Das wird an dem gemeinhin bekannten Beispiel des schiefen Turms von Pisa deutlich.

In der internationalen Nassbaggerbranche wird öfter die von Verbeek [2] empirisch erstellte Berechnungsformel zur Bestimmung der notwenigen Zahl von Aufschlüssen herangezogen. In diese gehen die Fläche A und die Baggertiefe z_d ein.

$$n = 3 + \left(\sqrt{A}\sqrt[3]{z_d}\right) / 50$$

mit:

n Anzahl der Bohrungen/Aufschlüsse
A Baggerfläche [m^2]
z_d Baggertiefe [m]

Anzustreben ist eine flächendeckende Erkundung. Damit ergeben sich, wenn ausschließlich direkte Aufschlüsse in sehr engem Raster ausgeführt werden sollen, sehr hohe, nicht zu vertretende Kosten. Eine Kosten reduzierende Lösungsmöglichkeit dieses Konfliktes zwischen Anzahl und Kosten ist die Kombination von direkten Aufschlüssen mit indirekten geophysikalischen Methoden (Abb. 4.6).

Im Falle dieses kombinierten Lösungsansatzes sollte zunächst die flächendeckende geophysikalische Erkundung ausgeführt und nach Interpretation dieser Erkundung sollten weitere direkte Aufschlüsse an ausgewählten Stellen ausgeführt werden.

Die Aussagekraft der Aufschlüsse im Baggergebiet sollte durch Anwendung von geostatistischen Verfahren untermauert werden, mittels derer die flächenhafte Verteilung der aufgeschlossenen Böden z. B. nach deren Scherfestigkeit in verschiedene Klassen quantitativ eingeteilt und dargestellt werden kann. So können Flächen und damit Mengen unterschiedlicher Scherfestigkeit ermittelt werden.

Als Interpretationsverfahren bieten sich nach Akin [3] folgende geometrische Bewertungsverfahren an:

- das Polygonverfahren,
- die Dreiecksmethode,
- die Blockmethode und
- die Profilmethode.

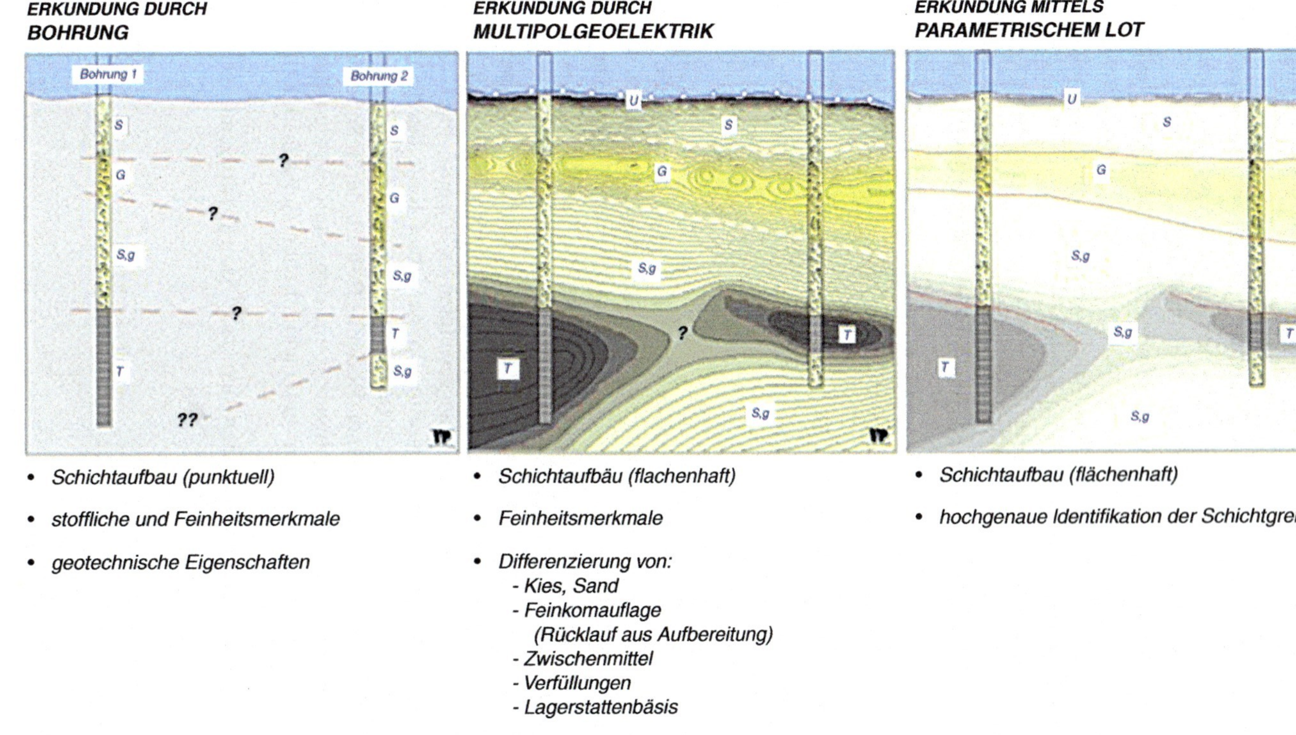

Abb. 4.6 Kombination von geophysikalischen Messungen und Bohrungen

Von diesen geometrischen Methoden wird das Polygonverfahren am häufigsten angewandt, das sich vor allem bei unregelmäßiger Verteilung der Aufschlüsse eignet. Nachteil der Polygonmethode ist, dass der Einflussbereich des Aufschlusses willkürlich ist, denn jener ergibt sich allein aus der gegebenen Probendichte.

Die Blockmethode ist am besten bei mehr oder weniger regelmäßiger Verteilung der Aufschlüsse geeignet. Die Profilmethode setzt die Kenntnis des Profils voraus, in dem die zu bewertende Schicht liegt.

Neben den geometrischen Verfahren wird heutzutage jedoch das geostatistische Kriging-Verfahren am häufigsten zur Bestimmung der flächenhaften Verteilung bestimmter Parameter und damit der Mengen je Parameter angewandt. Mithilfe dieses Verfahrens kann man z. B. auf einfache Weise die gesuchten Anteile an sehr fester Moräne von anderen Bereichen, z. B. weicher Moräne, anhand der gewichteten Mittelwerte unterschiedlicher Scherfestigkeitsklassen bestimmen und deren Verbreitung darstellen.

Mit dem Kriging-Verfahren kann man Werte an Orten, für die keine Stichprobe vorliegt, durch umliegende Messwerte interpolieren. Häufung der Messpunkte bilden keine Probleme. Deren gewichtete Mittel werden so optimiert, dass der wahre Wert aufgezeigt wird. Tritt an einer Stelle eine Clusterung auf, werden die Gewichte der Punkte innerhalb dieses Clusters gesenkt.

Auf dieser Grundlage kann dann das Risiko, mit ungeeignetem Gerät beispielsweise größere Mengen sehr fester Moräne baggern zu müssen, eingegrenzt werden, indem die Bereiche und Mengen unterschiedlicher Scherfestigkeiten ermittelt werden, und die einzelnen Gerätearten für die Durchführung der Arbeiten in Abhängigkeit von den ermittelten Bodenverhältnissen festgelegt werden. In Lastfall 4.2 wäre z. B. folgende Kombination möglich

- ein BLD für die Baggerung des mit vielen Blöcken durchsetzten Moränebodens,
- ein kleinerer THSD für die Baggerung aufliegender Schluffe, Tone und Sande,
- ein großer THSD für die Baggerung von Sanden und bindigen Böden bis zu einer Scherfestigkeit c_u von ca. 200 kPa,
- ein BHD für die Baggerung der Moräne mit Scherfestigkeiten von c_u = 200–700 kPa,
- ein CSD für die Baggerung der Moräne mit Scherfestigkeiten >700 kPa.

Lastfall 4.2 Gerätearten für Moränebaggerung
Die Baggerung im Zuge einer Hafenvertiefung in Moränegebiet erfolgte aufgrund der Vorgaben in den Verdingungsunterlagen nicht nach dem genannten Muster. Da Scherfestigkeiten in Höhe von c_u < 200 kPa vorgegeben waren, sollte die Hauptmenge des Bodens mit großem THSD abgegraben werden. Der Bereich mit Blöcken sollte mit einem anstatt mit BLD mit einem BHD gebaggert werden. Ein $CSD_{heavy\ duty}$ kam nicht zum Einsatz. Tatsächlich kamen folgenden Gerätearten zum Einsatz:

- BHD in Bereichen mit Blöcken,
- THSD in schluffig-sandigen Bereichen,
- $THSD_{heavy\ duty}$ in Bereichen bindiger Böden mit einer Scherfestigkeit von c_u < 200 kPa,
- $BHD_{heavy\ duty}$ in Bereichen mit c_u-Werten > 200 kPa.

4.2.2 Aufschlussarten

In den Verdingungsunterlagen sollte die Ausführung der Aufschlüsse detailliert beschrieben sein. Die Kenntnis des Aufschlussverfahrens, sei es z.B. mittels Spülbohrungen, Schwerelot, Drehbohrungen, Rammkernbohrungen, Vibrationskernbohrungen oder Standard-Penetration-Tests, ist von größter Bedeutung für die Preisfindung.

Die zur Ausführung der Feld- und Laborversuche benutzten Geräte und Ausrüstungen sollten in der Leistungsbeschreibung bzw. dem dazugehörigen Erkundungsbericht detailliert bekannt gemacht worden sein.

Die in verrohrten Bohrlöchern entnommenen Bodenproben sollten aus gekerntem Material gewonnen werden, sei es bei Rammkernbohrungen durch Leerung des jeweiligen Schappeninhalts von z.B. 1 m Bohrvortrieb in Kernkisten, aus Liner- oder Schlauchkernen oder aus Bohrkernen. Bohrklein aus Spülbohrungen lässt nur eine sehr grobe, qualitative Einschätzung des Baggergutes zu. Spülbohrungen sind Mittel einer Vorerkundung. Die Beurteilung an Spülgut von Spülbohrungen ist allenfalls im Zuge einer ersten Bodenansprache geeignet, da infolge der Entmischung des Bohrkleins keine qualifizierte Kornverteilung zu erstellen ist. Auch ist die teufenabhängige Zuordnung des Spülgutes kaum genau genug möglich.

Die eingesetzten Kunststoffliner sollten durchsichtig sein, um vorab den Boden ohne Öffnen der Kernrohre grob ansprechen und so ggf. bindige Schichtbereiche auswählen zu können.

Der Kernrohrdurchmesser sollte in angemessenem Verhältnis zum erwarteten Korndurchmesser stehen. Bohrungen im Bereich eines Gletschertores beispielsweise erfordern wegen der zu erwartenden Steine und Blöcke einen Durchmesser von >400 mm, solche im Bereich von marinen, rolligen Sedimenten von 100 mm.

Zur Erkundung von Mergel sollte der Kerndurchmesser größer sein, um ungestörte Proben zu erhalten. Bei den häufig angewandten Vibrationskernbohrungen kann es im Zuge von Mergelerkundungen bei einem Durchmesser von ca. 100 mm zu Verschleppungen innerhalb des Kernrohres kommen, sodass die Probe gestört und nicht mehr repräsentativ ist.

Der Transport der Kerne sollte fachgerecht erfolgen, d.h. die Kernstücke von 1 m Länge sollten horizontal gelagert, um Wasserverluste zu vermeiden, und schnellstmöglich zum Labor geschafft werden, um dort die erforderlichen Proben möglichst gleich dem in-situ-Zustand zu entnehmen.

In den Verdingungsunterlagen sollten detaillierte Angaben zur Einschätzung der Zuverlässigkeit der ausgeführten Aufschlüsse und Felduntersuchungen sowie der Messdaten gemacht worden sein.

4.2.3 Geologische Beschreibung

Die geologische Beschreibung sollte einen kurzen Abriss der Genese des Baggergebietes beinhalten (siehe auch Lastfall 4.3). Besonders ist auf eiszeitliche oder fluviale Prägungen hinzuweisen.

Lastfall 4.3 Mangelhafte Bodenbeschreibung
Wenn es in einer internationalen Ausschreibung für die Unterhaltungsbaggerungen einer bedeutenden Wasserstraße lediglich heißt, es sei sandiger Boden (sic!) zu baggern, ohne dass den Verdingungsunterlagen weder weitere geotechnische Angaben noch eine Kornverteilungskurve beigefügt sind, muss dies für die Preisfindung als völlig ungenügend bezeichnet werden.

Auf die relevanten Merkmale des zu baggernden Bodens ist unbedingt hinzuweisen, bei rolligem Material insbesondere auf

- die Kornverteilung,
- eine Zementierung der Sandkörner (z. B. durch Gips oder Calcit),
- die ggf. konglomeratische Ausbildung der Sandschichten oder
- auf etwaige bindige Einschlüsse.

Bei anstehendem Fels ist anzuführen dessen

- Verteilung im Untergrund,
- Gefügeverteilung,
- Festigkeit mittels Angabe der prozentualen Kernausbeute oder
- Verwitterungsgrad.

Anhand der Schichtenverzeichnisse der Aufschlüsse erstellte geologische Baugrundbeschreibungen sollten in Form von Längs- oder Querprofilen sowie ggf. Mächtigkeitsverteilungskarten unterschiedlicher Parameter, wie z. B. die Scherfestigkeit $c_{u,}$ darstellen.

Manchmal können Bohrungen im Fels nicht normgerecht ausgeführt werden, weil kein Kernbohrgerät verfügbar ist. Ersatzweise können dann z. B. Kleinstkernbohrungen oberflächennah oder an aufliegenden Blöcken ausgeführt werden [4].

Die Kostenkalkulation muss in solchen Fällen jedoch Zuschläge berücksichtigen, da nicht bekannt ist, wie sehr sich das erbohrte Blockmaterial vom gewachsenen Material in seiner Festigkeit unterscheidet.

Tab. 4.2 Absetzzeiten von verschiedenen Bodenpartikeln in 1 m Wasser [4]

Korndurchmesser [mm]	Material	Absetzzeit in 1 m Wasser [s]
10,00	Kies	1
1,00	Sand	10
0,100000	Feinsand	120
0,010000	Ton	7 200
0,001000	Bakterien	172.800
0,000100	Kolloide	63.072.000
0,000010	Kolloide	630.720.000

4.2.4 Mineralogie des Baggergutes

In der geologischen Darstellung des Baugrundes ist ggf. auch auf mineralogische Besonderheiten hinzuweisen. Dies wird bedeutsam bei Baggerung von Tonen und Schluffen z. B. in den Brackwasserzonen von Flussmündungen.

Weiter sind mineralogische Komponenten und andere Ursachen für einen starken Verschleiß des Lösewerkzeugs oder der Rohrleitung im Zuge des hydraulischen Transportes, anzuführen. Dazu gehören auch Informationen über zementierende Bindemittel des Sandes. Auch kann das Abriebverhalten von Kalksteinsand oder Steinsalz von Bedeutung sein. Auch Konglomerat- oder Brekzienbildungen sind zu erwähnen oder Eisenerzknollen.

Für den Fall, dass Tone oder Toneinlagerungen gebaggert werden müssen, ist unbedingt deren mineralogische Zusammensetzung zu beschreiben, ggf. zu ermitteln, um die Suspensionsbildung abschätzen zu können. Bestimmte Tone, insbesondere Illit, bilden im salinaren Umfeld Kartenhausstrukturen und verbleiben damit länger als Suspension in den oberen Wasserschichten und lagern sich u. U. erst weit außerhalb des eigentlichen Baggergebietes ab.

Je nach pH-Wert, Salzgehalt und sonstigen Beimengungen im Wasser können die Tonmineralteilchen über Flächen/Flächenkontakte und/oder Kanten/Kantenkontakte oder Mischungen aus beiden Arten aggregieren und dabei Kartenhaus- oder Bänderstrukturen bilden. Die Kartenhausstruktur ergibt sich besonders im sauren und semisalinen Bereich, die Bänderstruktur im alkalischen Milieu. Diese Kartenhausstrukturen haben entscheidenden Einfluss auf die Verweildauer des Tonminerals im Schwebezustand, d. h. auf sein Absetzverhalten [4].

In Tab. 4.2 sind die Absetzzeiten verschiedener Bodenpartikel aufgelistet. Die Partikel von Ton bis Kolloiden benötigen nach Luckert [5] für das Absetzen von 1 m einen Zeitraum von ca. 2 h bis zu ca. 20 Jahren.

Die Bedeutung von Verdriftungen von Tonsuspensionen soll am Beispiel Lastfall 4.4 dargestellt werden.

Lastfall 4.4 Baggerung von Tonschichten
In einem nordeuropäischen Ästuar waren Tonschichten zu baggern und über größere Entfernungen zu transportieren. Der AN bot an, die Schichten zunächst mit einem CSD zu lösen, jedoch gleich hinter der Unterwasserpumpe

wieder auf den Seegrund zu verspülen. Der dem CSD nachfolgende THSD, der die Tonschichten zunächst nicht lösen konnte, hat diese dann wieder aufgenommen und weiter stromauf verbracht. Mit einem zeitlichen Verzug von mehreren Monaten wurden dann mehr als 50 km stromaufwärts erhebliche Verlandungen festgestellt, die den dortigen Hafen blockierten. Zusätzliche Unterhaltungsbaggerungen des AN wurden erforderlich. Im nachfolgenden Rechtsstreit wurde der AG schadenersatzpflichtig, weil die Tonminerale in den Verdingungsunterlagen nicht ausreichend beschrieben worden waren und der AN bei seiner Kalkulation letztere nicht anzunehmen hatte.

Die Kenntnis über die mineralogische Zusammensetzung kann darüber hinaus Aufschluss über das Verschleißverhalten der Werkzeuge und Ausrüstungen und damit über den Verbrauch von Meißeln geben.

Pyrit (Mohs-Härte 6 bis 6,5; Abb. 4.7) gilt wegen seiner im Vergleich zu Quarz (Mohs-Härte 7) nur geringfügig geringeren Härte per se als ein Material mit abrasivem Potenzial. Darüber hinaus ist wegen des Anteils an FeS_2 und daraus ggf. entstehender Schwefelsäure ein korrosives Potenzial anzunehmen, das durch thermische und/oder mechanische Einwirkung infolge Reibung der Meißel deren Standzeit deutlich herabsetzt [6].

4.2.5 Geotechnische Risiken

Die geotechnischen Risiken eines Nassbaggerprojektes können den größten Einfluss auf die Leistungsberechnung und damit auf die Preisfindung nehmen.

PIANC hat bereits in den 70iger Jahren des letzten Jahrhunderts eine Zusammenstellung von für nassbaggereiliche Vorhaben erforderliche geotechnische Kennwerte aufgestellt (Tab. 4.3). Diese Liste ist ein einfacher, aber guter Leitfaden als Basis für eine zuverlässige Beurteilung des zu baggernden Bodens sowie einer Leistungsabschätzung.

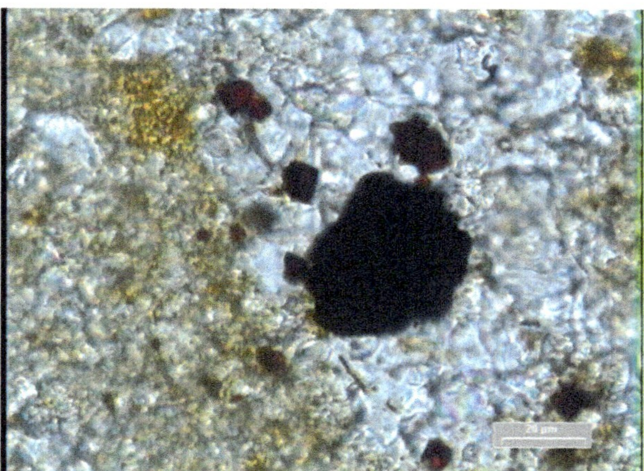

Abb. 4.7 Pyriteinschlüsse in Kalkstein

Tab. 4.3 Erforderliche geotechnische Kenndaten [nach PIANC]

Bodenart	in situ Eigenschaften Material	Untersuchungen für Bestimmung von			
		Abgrabung & Produktion	Transport & Produktion	Verschleiß	Stabilität gebaggerte Böschung
Bindige Böden	Korngrößenverteilung	X		X	
	Lagerungsdichte	X			X
	Plastizitätszahl/ Wassergehalt	X	X		
	Scherfestigkeit		X		
	Mineralogie			X	
	Rohdichte	X	X		X
	Gasgehalt	X	X		
	Rheologiqsche Eigenschaften	X (Weichböden)	X		
	Organische Bestandteile	X	X		
rollige Böden	Korngrößenverteilung	X	X	X	
	Lagerungsdichte	X			
	Setzungsparameter	X	X		X
	Mineralogie		X	X	
	Rohdichte	X	X	X	X
	Sphärizität	X		X	
	Permeabilität	X			
	Organische Bestandteile	X			
Fels	Druckfestigkeit	X	X	X	X
	Elastizität	X			
	Mineralogie	X	X	X	
	Struktur	X	X	X	X
	Rohdichte	X	X	X	

Die geotechnischen Untersuchungen sollen aus nassbaggertechnischer Sicht Beurteilungen zulassen, wie Aussagen

- zur Bearbeitbarkeit des Bodens gem. DIN 18300,
- zur Wiederverwendbarkeit des Baggergutes,
- über Auswirkungen der Nassbaggerung auf seine Umgebung,
- zu evtl. bei Durchführung erforderlichen Hilfsmaßnahmen,
- über die Sicherheit von Grenzzuständen, z.B. Sohlauftrieb oder Böschungsstandsicherheit oder
- zu evtl. Kontaminationsrisiken.

Ebenso wie die Probenahme sollten die geotechnischen Untersuchungen ausführlich beschrieben sein. Beispielsweise sollte ein Sand mindestens beschrieben werden durch (Tab. 4.4):

Tab. 4.4 Beispiel: Kenndaten eines Sandes

Parameter		Wert	Einheit
Mittl. Korndurchmesser d_{50}		278	µm
Ungleichförmigkeitsgrad	U	1,5–3	
Durchlässigkeitsbeiwert	k	$1 \cdot 10^{-4}$	m/s
Wichte feuchter Boden	γ	18	kN/m^3
Wichte Boden unter Auftrieb	γ‘	10	kN/m^3
Eff. Reibungswinkel	φ‘	32,5	°
Eff. Kohäsion	c‘	0	kN/m^3
Klassifizierung des Bodens			
DIN 18196		SE	
DIN 18300		3	
DIN 18311		E, F	

- Kornverteilung,
- Ungleichförmigkeitsgrad,
- Durchlässigkeitsbeiwert,
- Wichte,
- Scherfestigkeit sowie
- geotechnische Klassifizierung gemäß DIN 18196, DIN 18300 und DIN 18311 und
- Schadstoffgehalte.

Im Rahmen einer Nassbaggerarbeit werden für die Durchführung des Planfeststellungsverfahrens (PFV) Voruntersuchungen des Baugrundes ausgeführt. Diese dienen nach DIN 4020 der Einschätzung, ob „ein geplantes Bauwerk mit Hinblick auf die Baugrundverhältnisse überhaupt errichtet werden kann und wenn ja, welche besonderen Anforderungen (technisch und wirtschaftlich) für die Baukonstruktion und die Bauausführung zu beachten sind“.

Die Leistungsbeschreibung basiert auf sog. geotechnischen Hauptuntersuchungen. Aufschlüsse des Baugrundes werden nach DIN 4020 unterteilt in:

- Direkte Aufschlüsse: z. B. Anschnitte, Schurfe oder Bohrungen, die eine Besichtigung des Bodens erlauben und die Durchführung von Feldversuchen zulassen;
- Indirekte Aufschlüsse: z. B. geophysikalische Messungen, die nach Kalibrierung an Schlüsselbohrungen eine flächenhafte Ausdehnung von Baugrundschichten zulassen;
- Kleinstbohrungen: definitionsgemäß Bohrungen mit einem Bohrdurchmesser von <30 cm, die meist der oberflächennahen Ansprache des Bodens dienen und im Zuge der Voruntersuchung eingesetzt werden;
- Schlüsselbohrungen: definitionsgemäß umfassende Erkundung des Baugrundes mittels Bohrungen,

Tab. 4.5 Einteilung Bodenklassen nach DIN 18311

Klasse	Konsistenz	Konsistenzzahl I_c
A	Flüssig-breiig	<85
B	Weich-steif	>85
C	Steif-fest	
L	Lockerer Fels und vergleichbare bindige Bodenarten	
M	Fester Fels und vergleichbare bindige Bodenarten	

Weiter dienen in der Nassbaggerei der Beschreibung des Bodens und dessen Verhalten beim Abgraben und Verbringen

- Ergebnisse der Feld- und Laboruntersuchungen,
- Probebaggerungen sowie
- Modellversuche in mathematischen oder analogen Modellen.
- Die durch die Aufschlüsse erhaltenen Informationen dienen im Wesentlichen der Berechnung der erforderlichen Schnittkräfte am Lösewerkzeug sowie der lösbaren Menge,
- der Auslegung des Nassbaggers nach Festlegung der Eimer-, Greifer bzw. Löffelgröße, der Baggerpumpe(n), der Rohrleitung bei hydraulischem Feststofftransport oder der Schuten und
- der Auslegung der Verankerung im Falle des stationär arbeitenden Baggertyps (Vor-, Seiten- und Achteranker, Halte- und Arbeitspfahl).

DIN 18311 beschreibt Böden mit 5 Klassen entsprechend ihrer Konsistenz, wie in Tab. 4.5 dargestellt. Es handelt sich um Klassen zwischen flüssig-breiigem Zustand (Klasse A) und festem Fels (Klasse M).

4.2.5.1 Kornverteilung

Zur Beschreibung des Kornmaterials und seiner Zusammensetzung ist Folgendes anzumerken: Die Kornverteilung (PSD) von rolligem Baggergut wird normalerweise anhand einer Trockensiebung ermittelt. Bei bindigen Anteilen im Baggergut sollte eine Nassabsiebung ausgeführt werden und ggf. zur Bestimmung der Anteile <0,63 µm Korngröße eine Schlämmanalyse.

Die Fraktion <20 µm sollte ggf. weiter auf Kontaminationen durch Schwermetalle, die sich in dieser Fraktion anlagern, untersucht werden.

Der mittlere Korndurchmesser d_{50} bzw. der im Falle von weit verteilten PSD anzusetzende äquivalente Korndurchmesser d_{mfx} beeinflusst die Pumpenleistung direkt, da die mittleren Durchmesser die erforderliche kritische Geschwindigkeit v_{Krit} bestimmen. Diese Geschwindigkeit ist mindestens erforderlich, um ein Ablagern des Materials in der Rohrleitung zu verhindern. Die Gemischgeschwindigkeit muss über v_{krit} liegen. Je höher jedoch die Gemischgeschwindigkeit $v_{Gemisch}$ ist, desto größer ist der Rohrwiderstand bzw. desto kleiner die mögliche Spülentfernung.

Die höhere Geschwindigkeit senkt die Volumenkonzentration des Bodenanteils im Gemischstrom c_v beispielsweise von >30 % bei Sandförderung auf <10 % bei Kiesförderung und u. U. noch geringer bei Förderung von Sand mit sog. „Tonbällen".

Absinken kann zu Verstopfung der Leitung führen, mindestens aber zu einem abrasiven, schiebenden Transport auf der Rohrsohle, wodurch die Standzeit der Rohre drastisch verringert wird. Verschleißminderung kann durch Drehen der Rohre erreicht werden.

4.2.5.2 Boden- und Korndichte

Die Kenntnis der in-situ-Dichte des Bodens und der Korndichte des Sandes bzw. Fels ist erforderlich zur Leistungsauslegung der Baggerpumpe, d. h. zur Bestimmung ihrer Antriebsleistung. Die Parameter werden im Labor bestimmt. Höhere Dichten, wie beispielsweise bei Abbau von Schwermineralen, erfordern höhere Gemischgeschwindigkeit mit der Folge von vermehrten Rohrwiderstandsverlusten.

4.2.5.3 Kornform, Abrieb

Angaben zur Kornform, d. h. der mehr kubischen oder länglich platten Gestalt des Korns bzw. der Sphärizität, sind insbesondere bei großen Spülentfernungen wichtig für die Abschätzung der erforderlichen Gemischgeschwindigkeit und damit des Rohrwiderstandes, aber auch des Absetzverhaltens im Laderaum.

Normalerweise besteht Sand aus Quarz. Beim Verspülen von Quarzkorn ist etwaiger Abrieb und sich daraus ergebende Änderung des Korndurchmessers (Abb. 4.8) praktisch zu vernachlässigen. Beim Verspülen von beispielsweise Steinsalz (Abb. 4.9) oder Sand aus Kalkstein jedoch ändert sich der Korndurchmesser. In diesen Fällen verkleinert das Material seinen Korndurchmesser infolge von Rohrreibung und Aufeinanderprallen sowie Reibung der Körner untereinander mit zunehmender Länge des Rohrleitungstransports in Abhängigkeit von Transportgeschwindigkeit und bei Steinsalz auch von der Temperatur des Boden-Wasser-Gemisches [7].

Bei Sand aus Kalkstein findet ebenfalls ein Abrieb statt. Aufspülflächen aus diesem Material haben jedoch weit mehr Probleme mit dem sehr feinen Abriebmaterial, das für die Aufhöhung nicht genutzt werden kann, da nicht verdichtbar. Ein aufwendiger Bodenaustausch kann die Folge sein.

Bei Steinsalz hat der Abrieb V_{deg} hauptsächlich Einfluss auf die Spülentfernung. Je länger diese ist, umso höher ist der Abrieb – im Wesentlichen infolge des Zusammenpralls der Körner und der Reibung an der Rohrwandung als auch infolge des Temperatureinflusses. Laborversuche haben bei einer Entfernung von 8 km sowie in Abhängigkeit von Temperatur und Gemischgeschwindigkeit bis 10 % Abrieb für das Salz ergeben (Abb. 4.10).

Im Vergleich zu Sand wird mit der gleichen installierten Leistung beim hydraulischen Transport von Steinsalz eine größere Spülentfernung möglich. Der Abrieb von Steinsalz wird gesondert gelagert oder in das gebaggerte Becken zurückgeleitet.

4.2.5.4 Baggerhindernisse

Baggerhindernisse sind ein erhebliches Risiko. Sie beeinflussen durch Unterbrechung des kontinuierlichen Abgrabens die Leistung direkt. Sie müssen entweder

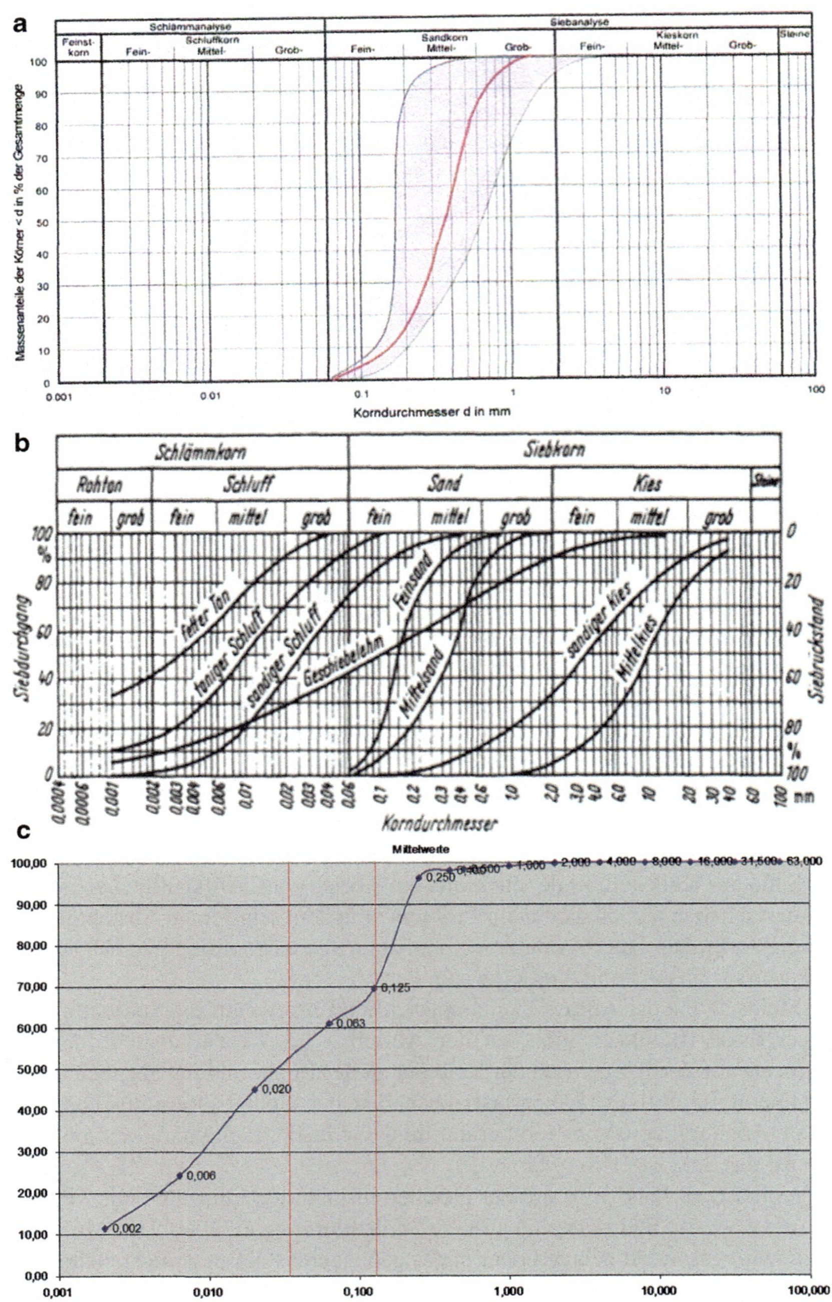

Abb. 4.8 Kornverteilungskurven, **a** sandige und bindige Böden unterschiedlicher PSD (nach Welte), **b** Kornband eines Nordseesandes, **c** Schlämmanalyse eines Schlicks (Ems)

Abb. 4.9 Steinsalz, Totes Meer (Jordanien)

- mit erheblicher Minderleistung gebaggert werden, sofern möglich, oder
- durch eine die Planleistung mindernde Vertiefung vergraben werden oder
- wiederum leistungsmindernd zeitaufwendig geborgen und entsorgt werden.

Baggerhindernisse können geogener oder anthropogener Herkunft sein. Geogene Hindernisse bedeuten für das angefragte Baggergerät eine Erschwernis beim Abgraben und/oder Verbringen des Baggergutes. Dabei kann es sich beispielsweise um Hindernisse handeln wie

- einzelne Blöcke,
- Stein- oder Blockfelder,
- versunkene Baumstämme oder
- zementierte Kiesschichten, Nagelfluh genannt.

Hindernisse anthropogener Herkunft können u. a.

- Wracks,
- Kampfmittel sowie
- Unrat oder Schrott sein.

Diese Hindernisse werden in den folgenden drei Abschnitten weiter erläutert.

4.2.5.5 Blöcke

Von Blöcken redet man bei Vorkommen von Steinen mit einem Durchmesser >200 mm. Blöcke, einzeln oder in Ansammlungen als Blockfelder (Abb. 4.11)

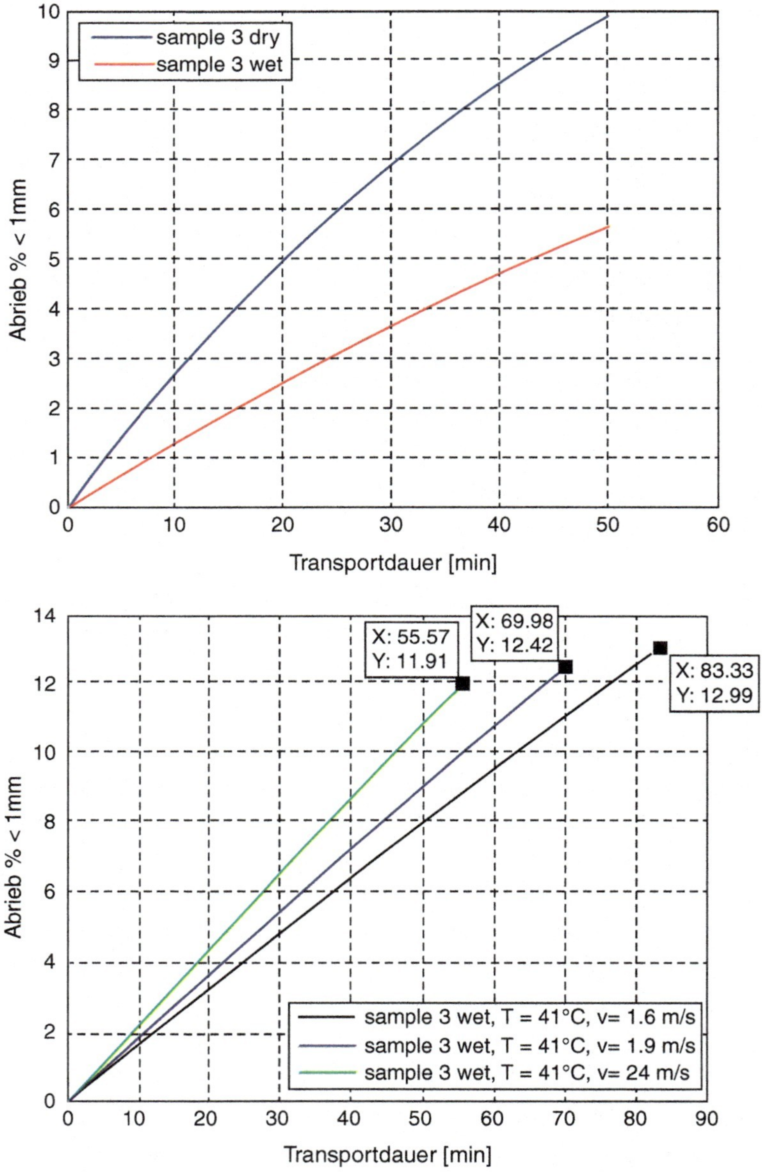

Abb. 4.10 Abriebverhalten Salzkorn in Abhängigkeit von Gemischgeschwindigkeit und Temperatur; x: Zeit [min], y: Abrieb [Vol%]

Abb. 4.11 Blockfeld am Fuß einer Moräneablagerung (Palanga/Litauen)

angetroffen, bedeuten immer eine starke Leistungsreduktion des Nassbaggers. Die Abbildung zeigt ein natürlich entstandenes Blockfeld am Fuß einer Moräneablagerung.

Das Aufnehmen der Blöcke ist sehr kostenintensiv und wird häufig zu niedrig kalkuliert. Zum einen muss Bergungsgeschirr beigestellt werden. Sind die Bergung des Blockes und der Abtransport beendet, muss der Nassbagger neu angesetzt werden und kommt erst nach Beendigung des neuen Einschnitts wieder auf Leistung. Zum anderen entsteht erheblicher Verschleiß an Lösewerkzeug, Winden oder Getrieben sowie Transporteinrichtungen wie Schüttrumpf, Schurren usw.

Leistungsminderung und zusätzliche Verschleißkosten stellen oft ein ziemliches Risiko dar und bleiben bei den Bergungskosten oftmals unberücksichtigt.

Beim Abtransport des Baggergutes mittels Klappschuten wird mehr Zeit benötigt, um diese zu entleeren, als bei Sand, da sich Blöcke oder auch Mergelklumpen beim Klappvorgang verklemmen. Im steinigen Grund eignen sich deshalb am besten Spaltklappschuten (Abb. 4.12). In jedem Fall muss mehr Zeit für den Klappvorgang kalkuliert werden als bei Sand.

Häufig jedoch müssen die Steine und Blöcke vor Beginn der Baggerung aussortiert werden, z. B. beim Rohrleitungsbau, um den nachfolgenden Rohrverleger vor Schaden zu bewahren und Wartezeit bei der Rohrverlegung zu vermeiden.

An einem Fallbeispiel (Lastfall 4.5) sei der Einfluss von Blöcken auf die Leistung deutlich gemacht.

Lastfall 4.5 Blöcke

Im Zuge einer Fahrrinnenanpassung von rd. 100 km Länge soll mittels BLD eine Teilstrecke in Moränenboden gebaggert werden. Die Leistungsbeschreibung hat für die Gesamtbaggerstrecke 58 Blöcke ausgewiesen. Allein schon in dem mit BLD zu baggernden, sehr viel kleineren Teilabschnitt wurden weit mehr Blöcke als insgesamt ausgeschrieben angetroffen.

Die Baggerarbeiten wurden von zwei unterschiedlich großen Eimerkettenbaggern mit 550 l bzw. 750 l Eimervolumen ausgeführt. Die BLD trafen in einer kleineren Teilfläche der ausgeschriebenen Strecke nicht nur auf einzelne Blöcke, sondern auf Ansammlungen in Blockfeldern (Abb. 4.13).

Dadurch wurde die geplante Leistung erheblich reduziert, nämlich um ca. 65 % für den kleineren BLD und 37 % für den größeren BLD (Tab. 4.6).

4.2.5.6 Holz, Pflanzen

Versunkenes Holz kann i. d. R. vom Schneidkopf kaum bearbeitet werden, auch Grundsaugen endet an Gehölzlagen. Sind diese der Lage nach bekannt, kann u. U. eine zusätzliche Hochdruckanlage helfen, mittels derer das Holz mit Druckwasser von >100 bar beaufschlagt und zerkleinert wird, sodass ein Einbruch in der Holzzwischenlage hergestellt wird.

Bei Arbeiten insbesondere auf tropischen Flüssen ist zu prüfen, ob Treibgut aus Baumstämmen oder Wurzeln, noch dazu ggf. bei hoher Strömungsgeschwindigkeit, anfällt und so den Nassbagger und seine Rohrleitung in Gefahr kommen. Baumstämme rammen den Bagger oder verfangen sich in der schwimmenden Rohrleitung.

Abb. 4.12 Löschen von Moränematerial aus Spaltklappschute

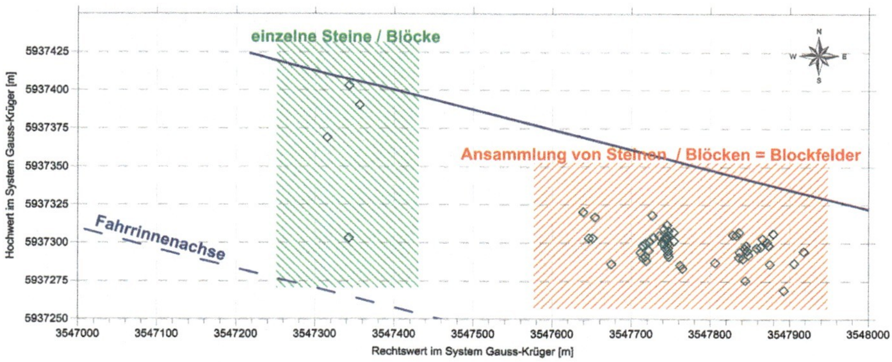

Abb. 4.13 Blockfelder im Bereich einer Fahrrinnenbaggerung

Tab. 4.6 Leistungsabfall zweier BLDs bei Baggerung in Blockfeldern

BLD	Eimergröße	Leistung ohne Blöcke	Leistung mit Blöcken	Leistungsabfall
	l	m^3/h	m^3/h	%
1	550	157	55	65
2	750	233	147	37

In diesem Zusammenhang wird auch auf das Vorkommen von Wasserhyazinthen hingewiesen, die die Zugänglichkeit zum Bagger, das Verlegen von Ankern u. a. m. erheblich erschweren können.

Abbildung 4.14 zeigt eine zugewachsene Talsperre in Ecuador.

4.2.5.7 Bauschutt, Müll, Unrat, Kampfmittel

Anthropogene Hindernisse sind z. B. Wracks, Unrat (Abb. 4.15), Bauschutt oder Kampfmittel (Abb. 4.16a).

Die Arbeiten in mit Kampfmitteln belasteten Böden oder Objekten müssen zwingend durch eine Fachfirma gemäß § 7 BSprengG und in Begleitung einer verantwortlichen Person gemäß § 20 BSprengG durchgeführt werden. An Bord des Nassbaggers ist ein Tageslager für etwaige Munitionsfunde mit Mindestabmessungen 1×1×2 m vorzuhalten.

Bei Nassbaggerungen in mit Kampfmittel belasteten Gebieten müssen die Geräte und das diese bedienende Personal umfassend geschützt werden. Sicherungsmaßnahmen an Deck sind vorzunehmen, wie beispielsweise in Abb. 4.16b für den Schutz des Baggermeisterhauses dargestellt.

Abb. 4.14 Zugewachsene Talsperre Hidropaute/Ecuador

Abb. 4.15 Unrat: aus Schleppkopf geborgene Steine und Blöcke (Barcelona/Spanien)

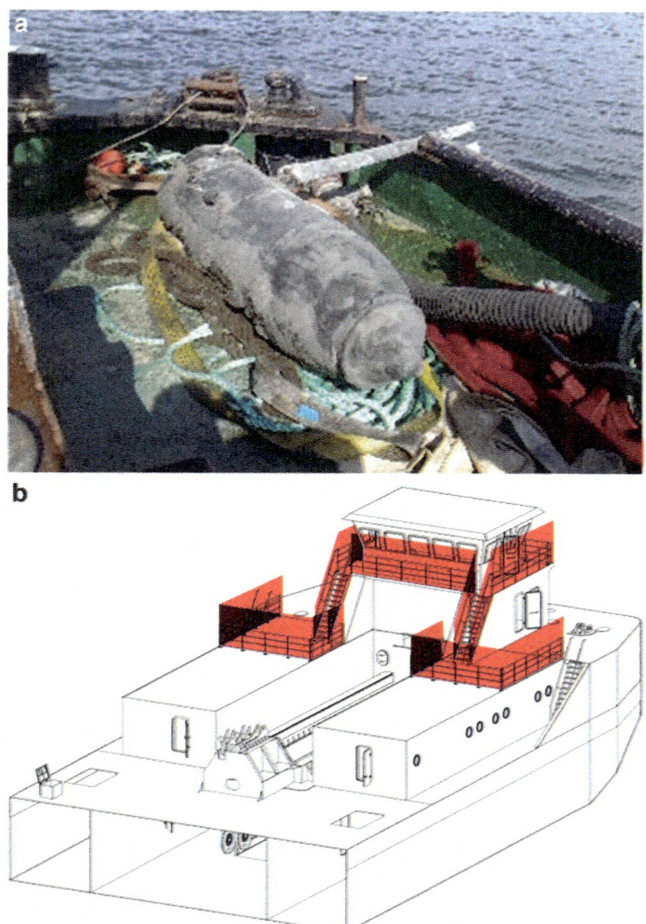

Abb. 4.16 Kampfmittelfund und Schutzmaßnahmen: **a** geborgene Fliegerbombe aus dem 2. Weltkrieg, (Peenemünde/Ostsee) **b** Splitterschutzbereiche an Baggermeisterhaus [8]

Das Kampfmittelrisiko (Abb. 4.17) liegt in der Gefahr von Schäden als Folge von Explosionen mit Zerstörung des Schneidkopfes bzw. der Schneidkopfleiter oder der Baggerpumpe, schlimmstenfalls ist es mit Untergang des Gerätes verbunden.

Wracks sind häufig der Lage nach bekannt. Doch immer wieder trifft man bei flächenhaften Erkundungen auf weitere bisher unbekannte Hindernisse. Wracks können bereits ziemlich zerfallen sein. Sie bilden dennoch immer wieder erhebliche Erschwernisse im Baggerablauf, zumal, wenn Verdacht auf Vorkommen von Kampfmitteln besteht.

Abb. 4.17 Auswirkungen von Kampfmitteln: **a** zerstörtes Pumpengehäuse CSD Castor (Port Said/Ägypten); **b** armierter Schneidkopf

4.2.5.8 Wassergehalt, Lagerungsdichte

Der Wassergehalt bestimmt die Konsistenz des Bodens (Tab. 4.7) und nimmt Einfluss auf dessen Lagerungsdichte [9].

Geringe Wassergehalte von weniger als 15 % lassen auf sehr dicht gelagerte, konsolidierte Böden schließen. Bei höheren Wassergehalten sind die Porenräume mit Wasser gefüllt. Solche Böden lassen sich leichter lösen.

Aufgrund ihrer geologischen Vergangenheit zeigen viele pleistozäne Ablagerungen infolge Auflast durch Eisschild eine hohe Lagerungsdichte. Typisch sind dicht bis sehr dicht gelagerte Sande sowie überkonsolidierte bindige Böden wie Geschiebemergel/-lehm [10].

Tab. 4.7 Konsistenzbeschreibung bindiger Boden

Zustand	Wassergehalt W	Konsistenzzahl I_c	Grenzen		Bodenklasse gem. DIN 18311
Flüssig	zunehmend abnehmend	0,00	Fließgrenze	Plastizitäts-bereich	A
Breiig		0,50			
Weich		0,75			B
		0,85			
Steif		1,00	Ausrollgrenze		C
Halbfest		1,25	Schrumpfgrenze		
Halbfester Fels		1,75			L
Fest		2,00			M

Definitionen: Konsistenzzahl $I_c = (w_L\text{-}W)/I_p$; Plastizitätszahl $I_p = w_L\text{-}w_p$

Die u. a. mittels Standard-Penetration-Tests gewonnene Lagerungsdichte (Tab. 4.8) des Bodens, ausgedrückt in der Anzahl von Schlägen je 30 cm Vortrieb, ist kritisch zu prüfen. Selbst hohe Werte sagen nicht aus, ob der Sand etwa zementiert ist. Der Sand zerfällt manchmal trotz hoher SPT-Werte und fängt u. U. sogar an, zu fließen.

Eine wesentliche Frage ist in diesem Zusammenhang diejenige nach dem Fließverhalten des Bodens. Dazu ist die Kenntnis des Winkels der inneren Reibung φ notwendig.

Insbesondere bei hydraulischer Nassbaggerei ist die Kenntnis über die Lagerungsdichte und damit über die Möglichkeit, Grundbrüche zu erzeugen, für die am Lösewerkzeug aufzuwendenden Kräfte von großer Bedeutung. Das gilt insbesondere für das Grundsaugen (Abb. 4.18) [13, 34].

Im Fall einer Schneidkopfsaugbaggerung kann die Produktion durch das Zubruchgehen der Ortsbrust, dem *breaching*, wesentlich erhöht werden. Auch muss im Fall des *breaching* nicht der gesamte Bodenabtrag geschnitten werden, was neben höherer Leistung geringere Reparaturkosten bedeutet.

Bei Grundsaugen sollten möglichst keine bindigen Anteile im Sand gegeben sein.

Bindige Anteile können z. B. ein Problem bei der Unterhaltungsbaggerung von Talsperren sein (Lastfall 4.6), wo Grundsaugen häufiger angewandt wird. Kiesige oder sandige, nicht bindige Eintreibungen lagern sich im oberen Zuflussbereich der Talsperre ab, bindige vor der Staumauer.

Lastfall 4.6 Talsperrenbaggerung Laut Sedicon AS (Norwegen) soll mittels Schwerkraftbaggerung in einer auf ca. 1.700 m Höhe gelegenen Talsperre eine Leistung von ca. 300 m³/h erbracht werden, bei folgenden weiteren Parametern [14]:

- Wasserverbrauch: 0,5–1,0 m^3/s,
- Auslasskapazität: 400 m^3/h,
- Soll-Leistung Bagger: 300 m^3/h

- Max. Leistung: >1.000 m^3/h
- Energieverbrauch: 200 kWh (Baggerung in bindigem Boden),
- Personal: 2–3 Mann.

Im Falle einer Talsperre in Ecuador hatten sich vor der 1984 gebauten Staumauer ca. 60–80 m mächtige bindige Schichten abgelagert. Diese sollten abgetragen werden, um mehr Stauvolumen verfügbar zu haben.

Für die Unterhaltungsbaggerung wurde ein SD eingesetzt mit UW-Baggerpumpe am unteren Ende der flexiblen Saugleitung. Es ist leicht einzusehen, dass diese Lösung zum Misserfolg führen musste. Denn die abgesenkte UW-Baggerpunpe produzierte im anstehenden bindigen Boden „Bohrlöcher", da kein Material seitlich zufloss. Der Bodenabtrag im Zuge der Unterhaltungsbaggerung war nur sehr gering.

Tab. 4.8 Lagerungsdichte in Abhängigkeit von SPT-Werten

	N (Schläge/30 cm)	
Klassifikation	Nach Clayton (1983) [11]	Nach Skempton (1986) [12]
Sehr locker	0–4	0–3
Locker	4–10	3–8
Mittel	10–30	8–25
Fest	30–50	25–42
Sehr fest	>50	42–38

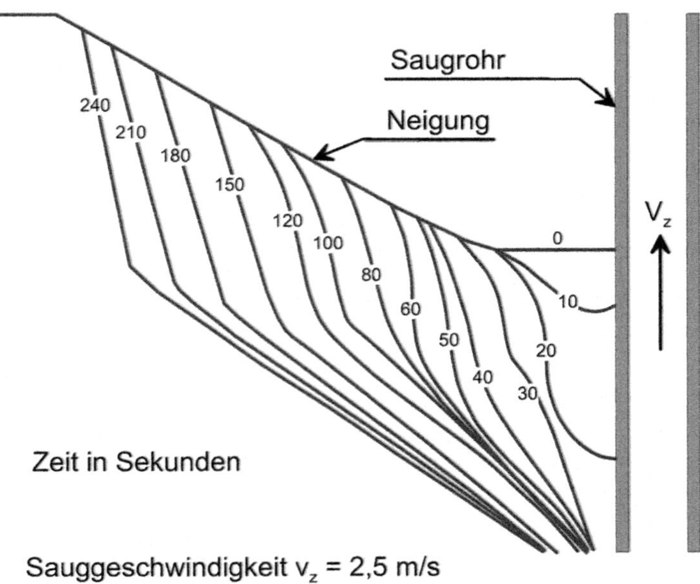

Abb. 4.18 Breaching-Prozess beim Grundsaugen [13]

Andererseits ist das Fließverhalten des Bodens maßgeblich für die Einschätzung der Standsicherheit von Böschungen. Fließen tritt insbesondere bei gleichförmigen Feinsanden, die durch sehr steile PSD gekennzeichnet sind, auf. Nach Seed & Idriss [15] ist ein Boden mit einer in der Zone 2 seines Diagramms (Abb. 4.19) liegenden PSD stark fließgefährdet.

„*Gleichförmige und feine Sande neigen grundsätzlich mehr zur Bodenverflüssigung als ungleichförmige und grobe Sande. Entscheidenden Einfluss hat die Lagerungsdichte. Je lockerer der Sand gelagert ist, umso eher ist mit einer Verflüssigung zu rechnen. Bei sonst gleichen Bedingungen nimmt die Neigung zur Verflüssigung mit der Zunahme der wirksamen Spannungen im Boden ab. Bei hoch liegendem Grundwasserspiegelstand ist die Gefahr der Verflüssigung größer als bei tiefem Grundwasserstand. Böden, deren Körnung im Bereich zwischen Mittelschluff und Grobsand liegt, sind verflüssigungsgefährdet*“ (Lesny et al. 2002 [17]).

Auch beim Verklappen von Boden, z. B. beim Verfüllen von Rohrleitungsgräben, ist die PSD besonders zu betrachten, um so der Gefahr von Suspensionsbildung des Bodens und damit der Auftriebsgefährdung der Rohrleitung oder Erosion des Rohrgrabens zu begegnen.

Beim Faulen organischer Stoffe unter Luftabschluss im Sediment, wie z. B. in Ästuaren der Fall, bildet sich ein Gemisch aus Methan und Kohlenstoffdioxid. Bei Baggerung methanhaltiger Böden muss eine Entgasung des Förderstroms vor dessen Eintritt in die Baggerpumpe vorgenommen werden, um Kavitation und damit verbundenes Abreißen des Förderstroms zu vermeiden.

4.2.5.9 Scherfestigkeit

Insbesondere zur Beschreibung kohäsiver Böden sind folgende weitere Parameter für eine angemessene Preisfindung erforderlich:

- Scherfestigkeit c_u,
- Reibungswinkel φ,
- Plastizitätsindex I_p,
- Konsistenzzahl I_c, und
- Dichte ρ

Besonders bindige Böden können beim Lösen, beim Transportieren oder beim Verbringen Grund für Probleme sein. Die Beeinträchtigung beim Lösen wird aus den nachfolgenden Abbildungen (Abb. 4.20) deutlich. Auf Bildung von Tonklumpen sowie auf Probleme beim Löschen aus Schuten wurde bereits oben verwiesen.

Die Bestimmung der Scherfestigkeit c_u, die für das Lösen die bestimmende Kenngröße ist, erfolgt im Labor. Die Scherfestigkeit c_u entspricht dem Wert der halben einaxialen Druckfestigkeit UCS.

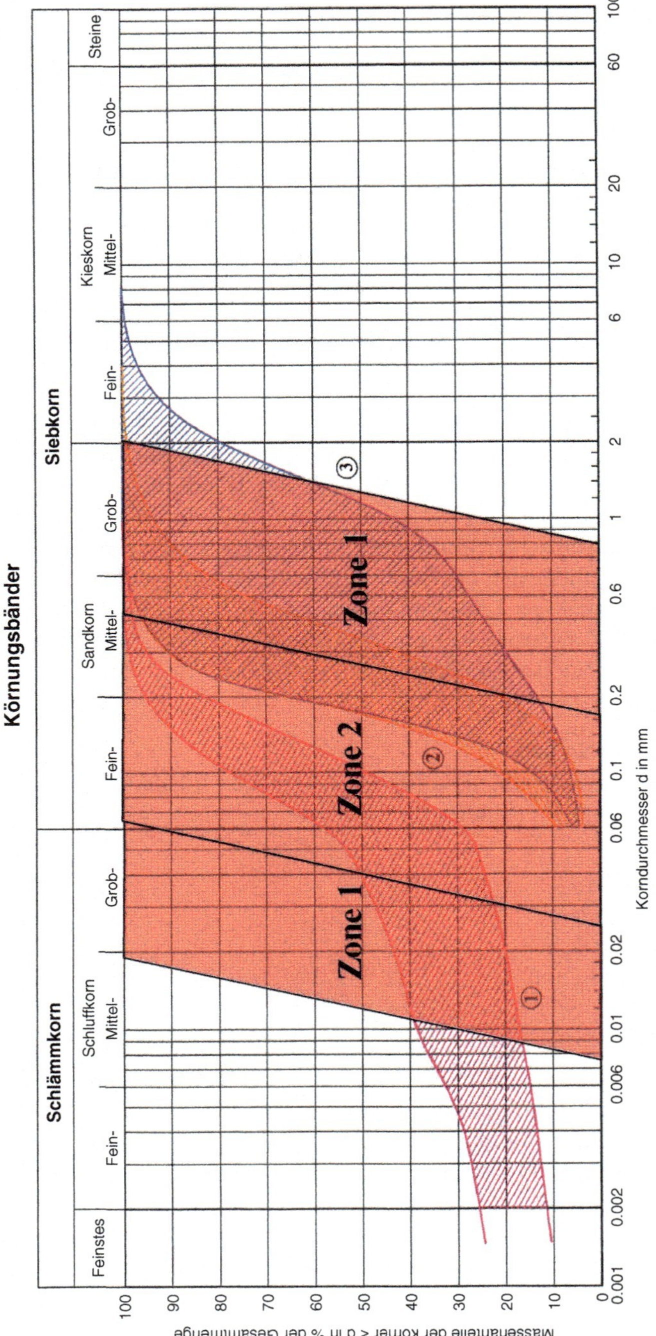

Abb. 4.19 Bereich Zone 2: Zone mit Verflüssigungspotential nach Seeds & Idriss [15, 16]

Abb. 4.20 Zugesetztes Lösewerkzeug nach Tonbaggerung, **a** Schneidkopf eines CSD, **b** Gitterteil in Schleppkopf eines THSD (Ausschnitt)

Man verwendet folgende Versuchsgeräte („Schergeräte“):

- Triaxialgerät (vgl. DIN 18137–2; im Gegensatz zu 1- oder 2-axialen Druckversuchen der Werkstoffprüfung);
- direkte Scherversuche nach DIN 18137–3:
  - Kasten- bzw.
  - Kreisringschergerät;
- Flügelschergerät.

Die Scherfestigkeit c_u kann auch in situ bestimmt werden, z. B. mit folgenden Untersuchungsverfahren:

- Flügelscherversuche nach DIN 4094–4,
- Drucksondierungen nach DIN 4094–1,
- Großgeräte wie das Phicometer-Schergerät,
- Kleingeräte wie das Taschenpenetrometer.

Die Abhängigkeit zwischen Konsistenzzahl I_c, anhand derer die Klasseneinteilung der Böden gemäß DIN 18311 erfolgt, und der Scherfestigkeit c_u ist in Abb. 4.21 für Festigkeitswerte bis zu 6.000 kPa dargestellt.

Die Konsistenzzahl I_c ist nach Kiekebusch [9] bei Böden ohne Strukturfestigkeit (Fels), ohne Überkornanteil und mit einem Plastizitätsindex von $I_p > 30\,\%$ ausreichend genau bestimmbar, bei kleineren I_p wird die tatsächlich vorhandene Festigkeit häufig unterschätzt.

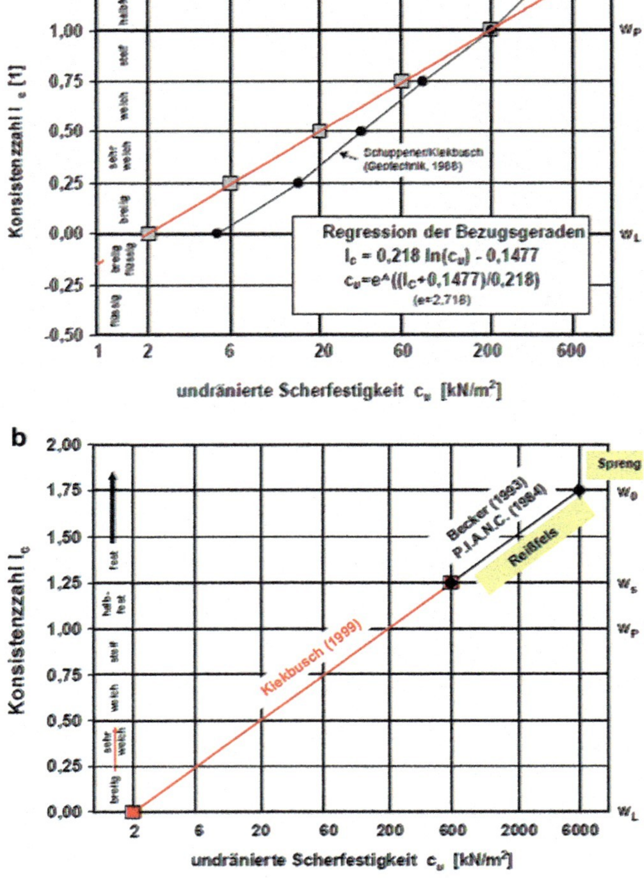

Abb. 4.21 Konsistenzzahl I_c = f(Scherfestigkeit c_u) nach Kiekebusch 1999 [9]

Mit größeren Laderaumsaugbaggern ($THSD_{heavy\ duty}$) lassen sich Mergelböden bis zu einer Scherfestigkeit c_u von ca. 200 kPa abgraben. Mit großen BHD, z. B. vom Typ Liebherr P996, lassen sich Böden bzw. leichter Fels >900 kPa unter Inkaufnahme eines erheblichen Leistungsabfalls bearbeiten.

Neben BHD kommen in festeren Mergelböden auch BLD zum Einsatz. Diese sind dann auch mit einer sog. Felskette ausgerüstet, bestehend aus Eimern mit geringerer Gefäßgröße als den entsprechenden Eimern für Sand und speziell armierten, ggf. mit Zähnen bestückten Schneidkanten.

Die Problematik in Zusammenhang mit dem Lösen von bindigem Boden sei an Lastfall 4.7 demonstriert.

Lastfall 4.7 Mangelhafte Baugrunderkundung in Moränenboden
In einem Moränegebiet sind die Hafenzufahrt und der Hafen mittels THSD und BHD zu vertiefen. Die Ausschreibung erfolgte auf Grundlage von Bohraufschlüssen früherer Ausbauarbeiten sowie der Erkundung der Hafenvertiefung mittels nicht kalibrierter geophysikalischer „Boomer-Messungen“ (Abb. 4.22).

Die angetroffenen Böden, vor allem im nicht durch Bohraufschlüsse erkundeten Hafenbereich, zeigten nach Baubeginn sehr hohe Festigkeiten des Mergel mit Scherfestigkeiten c_u von mehr als 700 kPa statt ausgeschriebenen <190 kPa. Der zu baggernde Boden entsprach teilweise vielmehr der Bodenart Fels, die bei genauerer Analyse der Schichtenverzeichnisse (Abb. 4.23) erkennbar gewesen wäre und den der Ausschreibung beigefügten Längsschnitt gemäß Abb. 4.22 im Nachhinein als falsch disqualifizierte.

Problem 1: Unzureichende Anzahl von Aufschlüssen
Das Baggergebiet hat eine Fläche von ca. 2.200.000 m^2, in den Verdingungsunterlagen waren 10 unregelmäßig verteilte Schichtenverzeichnisse aus einer begrenzten Teilfläche beigefügt.

Gemäß Verbeek-Formel (Abschn. 4.1.1) sollten mehr als 50 Aufschlüsse zur repräsentativen Beschreibung des Baugrundes gegeben sein. Der Bieter/AN hatte auf unzureichende Zahl der Aufschlüsse vor Angebotsabgabe hingewiesen.

Problem 2: Geotechnische Beschreibung Baugrund
Die Rammkern- und Vibrationskernbohrungen im Baggergebiet (Moränenboden) wurden mit einem Rohrdurchmesser von 108 mm ausgeführt. Schichten mit höheren Scherfestigkeiten als c_u = 200 kPa wurden nicht erbohrt.

Es ist davon auszugehen, dass eine ungestörte Probenahme wegen des zu kleinen Kerndurchmessers nicht erfolgte.

Die Bohrungen haben großenteils die Sollbaggertiefe nicht erreicht. Die geotechnischen Feldmessungen erstreckten sich damit nicht bis zur Sollbaggertiefe, vielmehr erfolgte die Probenahme nur in den auflagernden Schichten mit geringerer Scherfestigkeit, nicht jedoch in der die Leistung erheblich mindernden festen Moräne mit Scherfestigkeiten c_u zwischen 500 kPa und 1.000 kPa.

In den Längsschnitten ist die herzustellende Baggertiefe eingetragen (blaue Linie in geophysikalischen Schnitt, rote Linie im geotechnischen Schnitt). Weiter wird verdeutlicht, dass der im geophysikalischen Längsschnitt [18] als eine gleichartige Schicht dargestellte Horizont tatsächlich aus geotechnisch sehr unterschiedlichem Moränematerial besteht. Die Leistungsminderung infolge von Mergel mit wesentlich höherer Scher-festigkeit betrug im Vergleich zur kalkulierten Leistung je nach eingesetztem Gerät bis zu rd. 50 %.

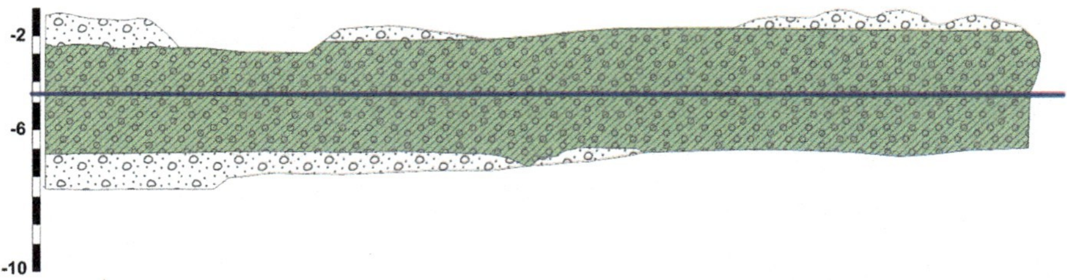

Abb. 4.22 Geophysikalischer Längsschnitt gem. Ausschreibung, blau: Abgrabungstiefe, grün: Bodenart (Mergel)

4.2.5.10 Organische Bestandteile; Kontaminationen

Das Risiko bei Antreffen organischer Bestandteile im Boden oder von Kontaminationen, z. B. im Bereich von Industriebetrieben oder Werften, kann zu möglicherweise nicht kalkuliertem Stillstand der Arbeiten führen.

Organische Bestandteile wie Torf (Lastfall 4.8) können ein Nassbaggerprojekt erheblich behindern. Dieser ändert die Sauerstoffbilanz und stellt darüber hinaus ein Hindernis für die Krabbenfischer dar. In der Regel müssen die mit Torf belasteten Schichten separat gewonnen und verbracht werden.

Lastfall 4.8 Torf in Baggergut
Bei Baggerung solcher Schichten besteht die Gefahr, dass der Torf (Abb. 4.24) zerkleinert wird und sich beispielsweise beim Verklappen des Baggergutes über eine große Fläche verteilt. Fischer konnten, wie im Fall einer Gasleitung im deutschen Wattenmeer, vorab nicht unterscheiden, ob Krabben gefangen wurden oder sich Torf im Netz befand.

Kontaminationen werden immer wieder angetroffen, z. B. in der Nähe von Werftplätzen mit Verunreinigen durch Hg, Pb, Cu oder Cd oder auch an Ölumschlagsplätzen, wo trotz aller Vorsicht beim Umschlag Ölaustritte nicht vollständig zu vermeiden sind. Siehe auch Lastfall 4.9.

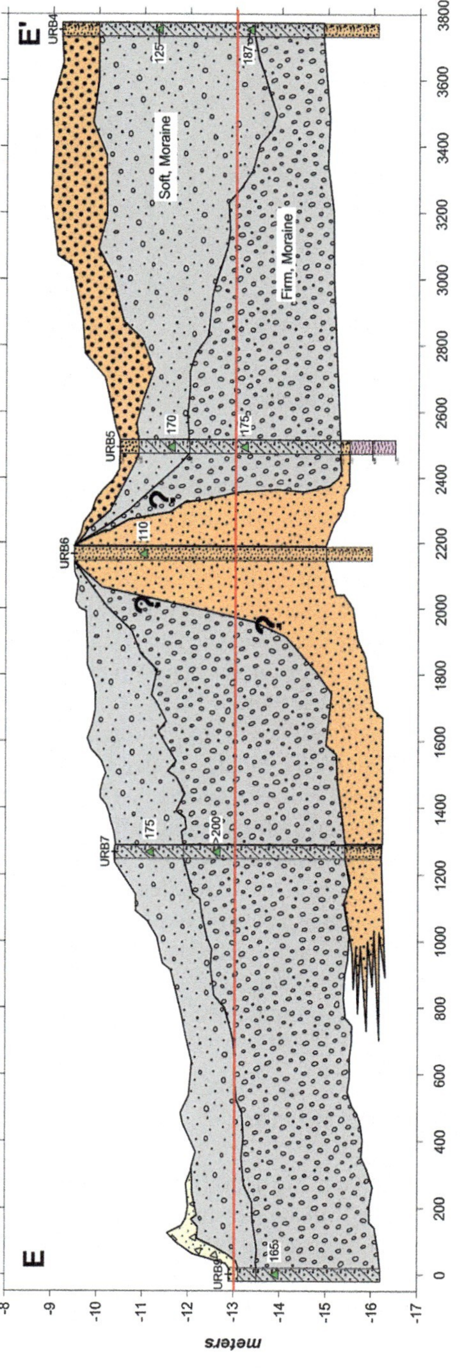

Abb. 4.23 Geotechnischer Längsschnitt auf Basis der Ausschreibung erstellt

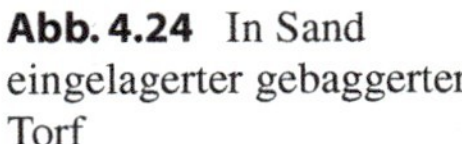

Abb. 4.24 In Sand eingelagerter gebaggerter Torf

Lastfall 4.9 Bestimmung des Kontaminationsumfangs
Ni-Verunreinigungen beispielsweise wurden bei einem Projekt in der Bucht von Sepetiba/Brasilien angetroffen, nachdem der Deich eines Spülfeldes einer Münze gebrochen und der Inhalt des Spülfeldes in den Baggerbereich der angrenzenden Bucht geflossen war. Der kontaminierte Boden musste gesondert gebaggert und mit spezieller Ausrüstung wieder eingelagert werden, in diesem Fall in einer subaquatischen Deponie, die anschließend mit nicht belastetem Boden abgedeckt wurde.

Im Hafen von Santos/Brasilien sollte eine Liegewanne für einen neuen Terminal gebaggert werden. Der abzugrabende bindige Boden war stark belastet. Ein sehr aufwendiges Bohrprogramm sollte die kontaminierten Bereiche erkunden.

Metallkontaminationen lassen sich in bindigen Böden durch Kombination von der Tiefe zugeordneten Probenanalysen und flächenhaften geophysikalischen Messungen mittels Seismik und Geoelektrik identifizieren, nachdem anhand von älteren entnommenen Proben eine teufenabhängige Kalibrierung der geophysikalischen Messergebnisse erfolgte. Damit konnte der Gesamtbaggerbereich in belastete und unbelastete Bereiche eingeteilt werden. Ein zusätzliches umfangreiches Bohrprogramm konnte eingespart werden [19].

4.3 Risiken infolge des Klimas

Klimatische Bedingungen können die Durchführung der Nassbaggerarbeiten infolge schlechten Wetters zum Stillstand bringen. Während Bauleistungen durch Witterungseinflüsse u. U. auch ganzjährig beeinträchtigt werden können, sind solche Beeinträchtigungen bei Nassbaggerarbeiten i. d. R. nur kurzfristig.

Als die Nassbaggerei beeinträchtigende Witterungseinflüsse sind zu nennen:

- Temperaturen sowohl unter 0 °C als auch über 40 °C,
- die Sichtweite beeinflussender, starker Niederschlag (Regen oder Schnee) sowie Nebel,

- Sturm, Seegang und Wellenhöhe,
- Eis, z. B. bei Treiben von Eisschollen auf einem Fluss, oder bei
- Spülfeldbetrieb durch Vereisung der Rohrleitungsschieber,
- von normalen Wasserständen erheblich abweichende Ereignisse (Hochwasser, Tide).

Nach § 6 VOB/B, Abs. 2 Nr. 2 heißt es bezüglich schlechtem Wetter, dass Witterungseinflüsse während der Ausführungszeit, mit denen bei Abgabe des Angebots normalerweise gerechnet werden musste, nicht als Behinderung gelten.

In jedem Fall sind die Verdingungsunterlagen auf entsprechende Regelungen zu überprüfen, und AN-seits ist festzustellen, ab wann das Schlechtwetterrisiko auf den AG übergehen kann.

Mehrkosten für Schlechtwetter können nur geltend gemacht werden, wenn auf Veranlassung des AG der Ablauf der Arbeiten in eine Schlechtwetterphase hinein verzögert wird.

Informationen bezüglich der klimatologischen Bedingungen, wie zum Beispiel Angaben zu Sturmlagen, beruhen im Wesentlichen auf Publikationen der mit deren Aufzeichnung betrauten öffentlichen Institute wie dem Bundesamt für Seeschifffahrt und Hydrografie (BSH), z. B. dem „Nordsee Handbuch – Östlicher Teil“ [19] oder der Veröffentlichung „Naturverhältnisse Nordsee und Englischer Kanal“ [20]. Weiter werden Informationen über langjährig aufgezeichnete Windverhältnisse von nationalen Behörden, von Hafenbehörden oder auch von Flugplatzverwaltungen veröffentlicht.

Die Nassbaggerei kann durch die Eistage infolge von Eisgang sowie durch Frosttage betroffen sein. Bei Frost kann der Betrieb eines BLD wegen Eisbildung an den Aufbauten u. U. nicht möglich sein. Auch kann Frost Stillstand des Spülbetriebes verursachen.

Für den AN ist wichtig zu wissen, dass er gemäß VOB im Falle von Schlechtwetter keinen Anspruch auf Erstattung witterungsbedingter Mehrkosten hat, sondern nur auf Bauzeitänderung. Ebenso hat der AG keinen Anspruch auf Kostenminderung im Falle einer Bauzeitverkürzung

Windkräfte erzeugen u. a. nicht nur Wellen und nehmen Einfluss auf die Wasserstände, sondern sind auch für den Betrieb der Bagger und deren Hilfsgeräten von erheblicher Bedeutung. Von Sturm sind insbesondere Geräte mit langem Ausleger wie GD betroffen.

Bei der Auslegung der Anker sind die Windlasten von Bagger und Schwimmleitung angemessen abzuschätzen, insbesondere, wenn der Ankergrund nur geringe Haltekraft hergibt. Deshalb müssen die Windstärken und -richtungen in den Verdingungsunterlagen ausführlich beschrieben sein, um daraus u. a.

- Wellendaten zu erfahren,
- die Größe der Anker der stationär arbeitenden Geräte (CSD, BLD, BHD, GD) bemessen zu können,
- den Einfluss auf die Fahrgeschwindigkeit von THSD oder Schuten abzuschätzen oder
- im Zuge der Preisfindung evtl. die Produktion reduzierende Stillstandszeiten der Geräte ableiten zu können.

Zu beachten ist, dass sich die Windverhältnisse saisonal und plötzlich erheblich ändern und damit die Durchführung der Nassbaggerarbeiten, insbesondere, wenn mit kleinem bis mittelgroßem Gerät auszuführen, beeinflussen können.

Eis kann für die Durchführung von Nassbaggerarbeiten zum Hindernis werden, z. B. bei Arbeiten im Ostseeraum, wo eine Vereisung eher als in der Nordsee möglich ist.

4.4 Risiken infolge hydrologischer Verhältnisse

In Verbindung mit Nassbaggerarbeiten sollten die Wasserstände besondere Beachtung finden. Der mittlere Meeresspiegel – das Mittelwasser – kann für einen Ort zentimetergenau berechnet werden. Dazu wird an einem Küstenpegel während einiger Jahrzehnte der Wasserstand kontinuierlich gemessen und der Mittelwert bestimmt. Seit dem 19. Jahrhundert dienten so gewonnene ausgewählte Pegelnullpunkte als Bezugshöhe der Landesvermessung, beispielsweise der *Amsterdamer Pegel*, der *Kronstädter Pegel* bei Sankt Petersburg, für Frankreich der *Pegel Marseille*, für Italien der *Pegel Genua*, für die Schweiz der *Pegel Pierre du Niton* in Genf und für das damalige Österreich-Ungarn der *Pegel Triest*. Da Pegelstände nur relativ zum Pegelnullpunkt gemessen werden, können die Werte in absolute Werte der jeweiligen Bezugshöhe umgerechnet werden.

Für das jeweilige Projekt ist der verwandte Bezugshorizont zu prüfen, sei es der Pegelnullpunkt für Normalhöhennull (NHN) oder Seekartennull (SKN), d. h. dem örtlich niedrigsten astronomischen Gezeitenwasserstand, oder eine andere Pegel- bzw. Tiefendefinition wie CD *(Chart Datum)*.

4.4.1 Strömungen

Strömungen beeinflussen die Verankerung von stationär arbeitendem Nassbaggergerät sowie von Rohrleitungen.

Oftmals sind die oberflächennahen Strömungen im Baggergebiet sehr variabel. In den Publikationen des BSH werden prozentuale Häufigkeiten für Strömungsrichtung und -geschwindigkeit in der Nordsee in Form von Stromrosen, unterteilt in acht Sektoren, dargestellt. Die Geschwindigkeiten sind in 5 Klassen unterteilt, deren Grenzen bei 0,25, 0,5, 1,0 und 2,0 Knoten liegen. Im Zentrum der Rose ist die Maximalgeschwindigkeit des Gesamtzeitraums (Strömungsdaten aus den Jahren von 2000 bis 2007) angegeben.

Im Baggergebiet von Flussstrecken sollten ggf. ADCP-Messungen ausgeführt und deren Ergebnisse den Verdingungsunterlagen beigefügt sein, um damit die Einwirkungen der Strömung auf den Baggerbetrieb abschätzen zu können. Dies kann im Zuge des Bodenaustausches erforderlichen Rückverfüllens von

Spundwand- oder Deichtrassen für die Abschätzung von Verlustmengen besonders wichtig sein.

Bei Unterhaltungsbaggerung im Oberlauf von Flüssen wird unbedingt die Vorgabe von genauen hydrologischen Daten erforderlich, um das Nassbaggergerät bei einem Regenereignis entsprechend zu schützen (siehe auch Lastfall 4.10). Besonders wichtig ist in diesem Zusammenhang die Kenntnis

- der Vorwarnzeit nach Regenfall bis Erreichen des Baggergebietes durch die Strömungswelle,
- des erhöhten Wasserstandes und
- der sehr erhöhten Strömungsgeschwindigkeit.

Oftmals handelt es sich bei Flussbaggerungen um Einsatz kleineren Geräts, das besondere Vorkehrungen bzgl. Verankerung gegen plötzlich eintretende Wasserstandsänderungen und Fließgeschwindigkeiten erforderlich macht.

Die Strömungsverhältnisse sind darüber hinaus auch bedeutend für die Einschätzung von Auswirkungen auf die Fauna bei Spülarbeiten, wie unten weiter beschrieben.

Auf den Einfluss von Strömungen auf die Toleranzbaggermenge wurde bereits oben hingewiesen (Tab. 2.3). Das sich daraus ergebende zusätzliche Mengenrisiko ist ggf. bei der Kalkulation zu berücksichtigen.

Lastfall 4.10 Plötzlich eintretendes Hochwasser
Der Ablauf des Rio Pirai war im Raum Santa Cruz de la Sierra/Bolivien am Fuße der Anden zu unterhalten. Nach Regenfällen im Hochgebirge stieg der Wasserstand nach einer Vorlaufzeit von 3–5 h um bis zu ca. 6 m an. Die Strömungsgeschwindigkeit nahm entsprechend stark auf 5 kn zu.

Bei der Auslegung des für die Unterhaltungsbaggerung geplanten UCW-SD Pirai wurden diese Vorgaben mit Bau eines verwindungssteifen Kaskos und verstärkter Auslegung der Verankerung durch Pfähle und Seitenanker so berücksichtigt, dass die vorgegebenen Extremzustände am Einsatzort notfalls hätten abgeritten werden können, sollte nicht genügend Zeit gegeben sein, den Bagger in einen Schutzhafen zu verholen.

Der dann eingetretene Lastfall hatte eine Vorwarnzeit von 3,5 h, die nicht ausreichte, um den Schutzhafen aufzusuchen. Die Regenfälle im Hochgebirge waren deutlich stärker als bisher angenommen, der Nassbagger wurde von der erhöhten Strömung vertrieben und fiel 200 m flussabwärts im oberen Bereich des Ufers trocken.

Der Nassbagger selbst hatte aufgrund seiner verstärkten Konstruktion zwar keinen Schaden genommen, doch waren die Bergungsarbeiten sehr aufwendig, um den Bagger wieder schwimmfähig zu bekommen. Unzureichend war die Verankerung durch fehlende Haltereserven bei deren Auslegung.

4.5 Risiken infolge ökologischer Verhältnisse

Für Nassbaggerarbeiten bestehen Vorschriften für im Zuge der Durchführung entstehende zulässige Emissionen sowie zur Beeinträchtigung von Fauna und Flora. Diese Grenzwerte gilt es selbstverständlich einzuhalten, was i. d. R. jedoch eine Leistungsminderung des Nassbaggers als Folge bedeutet. Um deren Vermeidung wird dann oftmals zwischen den Parteien – AG, AN und ggf. den Betroffenen – heftig gestritten.

Trübung und Lärm bei Nassbaggerarbeiten sind in

- BSH Standard 7003 von 2007
- BSH Standard 7005 von 2007

definiert.

Dabei werden oftmals folgende Grenzwerte angenommen:

- Grundlasttrübung: <50 mg/l,
- zulässige Höchstwerte Trübung bei Baggerung: <100 mg/l,
- Von der Industrie angewandter Messabstand für Trübungsbelastung
  - zum Bagger: 500 m,
  - beim Verklappen: 500 m,
  - beim Einleiten: 250 m.

Bei Rückleitung von Wasser aus dem Spülfeld sind ebenfalls Grenzwerte für Feststoffgehalte zu berücksichtigen. Diese liegen je nach Einleitungsbiotop zwischen ca. 150 mg/l und 1.500 mg/l.

4.5.1 Fauna & Flora

Im Zuge von Nassbaggerarbeiten wird immer wieder die Vernichtung von am Gewässergrund existierender Fauna und Flora thematisiert. Es benötigt keines weiteren Kommentars, dass im abzugrabenden Bereich im Boden lebende, sessile Fauna und Flora mehr oder weniger vernichtet wird. Kompensations- und/oder Ersatzmaßnahmen sind im Rahmen der Umweltverträglichkeitsstudie zu überlegen und abzuwägen.

Die Gefährdung von Fischen im Bereich des Nassbaggereingriffs ist als gering einzustufen (Lastfall 4.11), Fische anzusaugen wird jedoch als nicht vollständig vermeidbar eingeschätzt. Die Gefährdung kann eintreten durch Eingriff des Lösewerkzeuges und anschließendem Ansaugen des Boden-Wasser-Gemisches, sei es:

- hydraulisch durch den Schleppkopf des THSD oder des Saugkopfes des SD,
- hydro-mechanisch durch den Schneidkopf des CSD,
- mechanisch durch den Eimer/Löffel/Greifer, oder durch
- Ansaugen von Spülwasser im Zuge der Laderaumentleerung, um das Baggergut zu fluidisieren.

Der Eingriff des Lösewerkzeuges ist mit einem Scheucheffekt verbunden, sodass schwimmende oder schneller kriechende Fauna fliehen kann. Manchmal verlangen Umweltschützer, diesen Scheucheffekt zu verstärken, indem z. B. Ketten am Bug eines THSD angebracht werden oder der Schleppkopf mit einem sog. steifen Abweiser *(rigid deflector)*, wie häufiger in USA bei Vorkommen von Schildkröten eingesetzt [21], ausgerüstet wird (Abb. 4.25).

Auch Gitterroste im Schneidkopf oder Schleppkopf werden angewandt, um Fauna abzuhalten. Doch Fische passieren sogar Baggerpumpen, erst recht solche Roste, Schildkröten verfangen sich in diesen, ein Überleben bei Kontakt mit solchen Gittern ist zu bezweifeln.

Lastfall 4.11 Fischverlust infolge von Fluidisieren der Sandladung Eine überschlägige Einschätzung eines Lastfalles in einem Ästuar ergab, dass die im Abstand von 1 m unter dem Schiffsboden für das Fluidisieren der Ladung angesogene Menge Zusatzwasser ohne die am Löschplatz vorherrschende Flussströmung eine Fließgeschwindigkeit von ca. <0,25 m/s hatte. Für die Flussströmung war eine mittlere Geschwindigkeit von <0,6 m/s anzunehmen.

Bezüglich der Schwimmgeschwindigkeit der Fische wird in Dauer-, Sprint- und gesteigerte kritische Geschwindigkeit unterschieden. Nach Ebel [22] ergeben sich folgende Geschwindigkeiten

- Dauergeschwindigkeit: 0,37 m/s (0,37–0,76 m/s),
- Sprintgeschwindigkeit: 0,58 m/s (0,58–0,77 m/s),
- Gesteigerte Geschwind.: 0,89 m/s (0,64–0,89 m/s).

Unter Berücksichtigung von Scheucheffekten und Bedingungen des Löschplatzes in Ufernähe ist davon auszugehen, dass die vom THSD erzeugten Strömungsverhältnisse weitgehend von Grundfischen und etwaigen pelagischen Fischarten überwunden werden können.

Abb. 4.25 Schleppkopf mit festem Abweiser (*rigid deflector*)

4.5.2 Trübung

Das Risiko infolge der Trübung ist in Verbindung mit Nassbaggerei als groß einzuschätzen und kann zu verkürzten Betriebszeiten oder Beschränkungen in der Nutzung der Transporteinheiten führen. Die die Trübung bildenden Feststoffe verschlechtern die Wasserqualität, die Lichtverhältnisse im Wasser und sie sinken auf die Flora ab, sodass die Nahrungsquellen der Fauna verschlossen bleiben.

Trübung entsteht in unterschiedlichem Umfange im Zuge der Abgrabung mit den verschiedenen Gerätetypen. Trübung entsteht

- unmittelbar beim Eingriff des Lösewerkzeuges in den Boden,
- beim Heben des Baggergutes an die Wasseroberfläche bei Gefäßförderung aus dem Eimer oder im Zuge der Überlaufbaggerung beim THSD,
- beim Entleeren des Fördergefäßes in eine Schute oder bei Aufgabe auf ein Förderband,
- bei Rückführung des Spülwassers aus dem Spülfeld.

Sollte der vom THSD zu baggernde Boden ton- und schluffhaltig sein, wird, wie bei Sandbaggerung, ebenfalls im Überlaufmodus gebaggert, erreicht jedoch der Spiegel des Boden-Wasser-Gemisches das Überlaufwehr, wird der Baggertrieb unterbrochen, bis der Absetzvorgang des Bodens im Laderaum weitestgehend abgeschlossen ist. Dann wird erneut bis Erreichen des Überlaufwehres durch die Laderaumfüllung gebaggert.

Neben ökologischen Gründen gebietet oftmals auch die Wirtschaftlichkeit des Baggerzyklus den Abbruch der Baggerung. Dieser sollte wegen der geringen Absetzgeschwindigkeit im Laderaum nicht über Gebühr in die Länge gezogen werden. Bei zu baggerndem Schluff oder Ton kann die Baggerung sogar schon mit Erreichen des Überlaufwehres durch den Wasserspiegel beendet werden. Die Ladezeit ist länger und die Ladungsmenge kleiner als bei Sandbaggerung. Anhand der Ergebnisse der Detailerkundung des Baggergebietes sollte der Anteil an Feinstsedimenten <100 µm im Überlaufstrom bestimmt werden, um daraus auf das Trübungspotenzial zu schließen und den Belademodus festzulegen.

Neben Trübung beim Baggern ist auch Trübung des Gewässers durch Ablauf des Spülwassers aus dem Spülfeld zu beobachten. Die zulässigen Grenzwerte unterscheiden sich je nach Sensibilität des Gewässers und sind im Zuge der Angebotsbearbeitung zu prüfen. Ggf. sind weitere Klärbecken vor Einleitung des Spülwassers in das Gewässer oder den Vorfluter erforderlich. Auch können dadurch manchmal sehr umfangreiche Sanierungsarbeiten – z. B. des Vorfluters, in den eingeleitet wurde – vermieden werden.

Gegen unvermeidbare Trübungsbildung beim Verklappen helfen künstliche Schutzwände, Abschirmungen aus Geotextilien, sog. *silt curtains,* oder auch Abschirmungen aus Luftblasen. Bei den *silt curtains* handelt es sich um schwimmfähige Kunststoffvliese, die um den Klappbereich angeordnet sind und hängend den Feststoff am Vertreiben hindern. Bei der Abschirmung mittels Luftblasen strömt Druckluft unter Wasser aus entsprechend perforierten Rohren.

4.5.3 Lärmrisiko

Bezüglich des Lärmrisikos für den Baggerbetrieb und die zulässigen Grenzwerte von Emissionen wird auf die Technischen Anleitung TA Lärm verwiesen [23].

Bei Nassbaggerarbeiten kann Lärm eine erhebliche Rolle bezüglich der zulässigen Betriebszeiten spielen. Bekannt ist die „quietschende" Eimerkette eines BLD, durch die z. B. die Arbeitszeit vor Hamburg-Blankenese auf 16 h/d beschränkt wird. Nachtarbeit ist dann ausgeschlossen. Auch das Hieven und Fieren der Pfähle eines CSD kann eine Lärmbelästigung sein.

Dabei ist nicht nur der durch den Nassbagger selbst verursachte Lärm zu beachten, sondern auch derjenige der Hilfsgeräte oder der in der Rohrleitung während des Spülens erzeugte, wenn Kies und Steine in der Rohrleitung gegen die Wandung schlagen. Dies gilt insbesondere bei Arbeiten in der Nähe von Erholungs- und Kurgebieten oder Krankenhäusern. Lärmquellen bei Betrieb eines CSD und eines THSD sind in Abb. 4.26 dargestellt.

Siehe Lastfall 4.12 für ein Beispiel.

Lastfall 4.12 Schallpegel elektrisch angetriebener CSD-Gerätesatz
Der Schalldruckpegel L_{wAr} dB(A) des beispielhaften elektrisch angetriebenen CSD-Gerätesatzes gemäß Abb. 4.26, bestehend aus CSD, Serviceboot, Vermessungsboot und Versetzboot, beträgt 119 dB(A) (Tab. 4.9). Der Leistungspegel entspricht einem Schalldruckpegel in 5 m Abstand vom Nassbagger in Höhe von 97 dB(A).

DIN ISO 9613–2 beschreibt die Modellsimulation der Lärmausbreitung unter Berücksichtigung der Schalldämpfung bei der Ausbreitung im Freien (Teil 2). Weiter muss die Simulation die Ausbreitung von Punkt- und Längenquellen sowie deren Beeinflussung durch die Topografie berücksichtigen. Schließlich ist in Übereinstimmung mit der DIN eine Korrektur der meteorologischen Werte mittels des Korrekturfaktors C_{met} vorzunehmen, z. B. für Tagzeit: 3,9 dB(A), Nachtzeit 1,5 dB(A).

4.5.4 Unterwasserschall

UW-Schall kann Meeressäugetiere wie Schweinswale oder Kegelrobben gefährden (**Fehler! Verweisquelle konnte nicht gefunden werden.**). Deswegen gilt es, die Gegenwart lärmempfindlicher Fauna abzuschätzen und ggf. Lärm mindernde Maßnahmen einzurechnen. Andernfalls kann es zu Auflagen der Genehmigungsbehörde

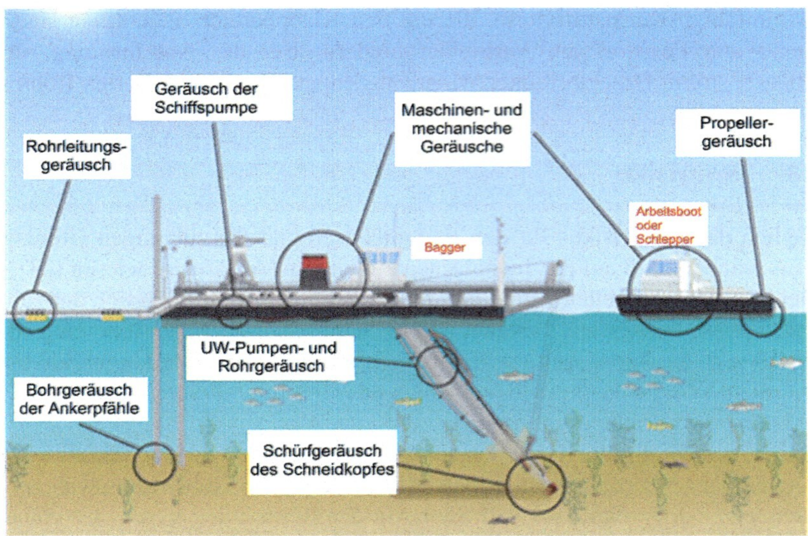

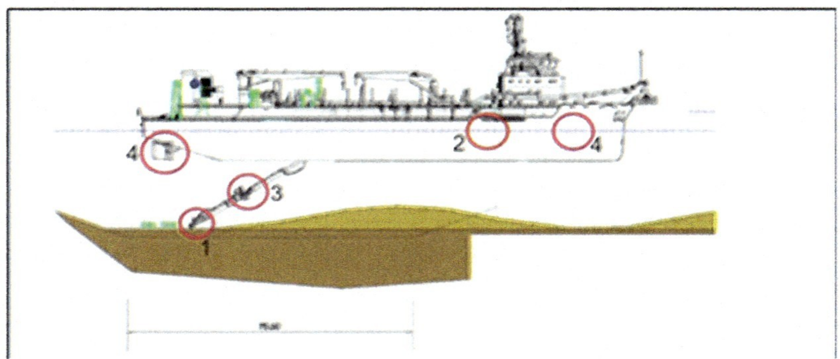

Abb. 4.26 Lage von Lärmquellen **a** CSD-Gerätesatz (1: Schneidkopf, 2: UW-Pumpe, 3: Schwimmleitung, 4: Pfahleinrichtung, 5: Baggerpumpen, 6: Deckslärm, 7: Hilfsgeräte) [24]; **b** THSD (1: Schleppkopf, 2: Überlaufwehr, 3: UW-Pumpe, 4: Bugstrahlruder 5: Propeller)

(Regelung Baggerzeit), schlimmstenfalls zum Stillstand des Projektes kommen, mit dadurch entstehenden Problemen insbesondere bezüglich Kosten oder Bauzeit.

Nach Richardson, 1995 [25], emittieren THSD annährend kontinuierlichen Schall. Während des Gewinnungsbetriebes ist nach Richardson ihre Wirkung höher zu bewerten als die von Handelsschiffen, die gleiches Gebiet durchfahren.

Die Schallintensität der Emissionen reicht an der Quelle von 172 bis 188 dB re 1 μPa^2m^2 (bei Integration über alle Frequenzen).

In der grundlegenden Veröffentlichung von Richardson [25] sind in situ gemessene (lineare, Wasser-) Schalldruckpegel für von unterschiedlichen Nassbaggern erzeugte Lärmquellen angegeben. Als schädlich werden Schalldruckpegel von >150 dB(A) für Schweinswale resp. >210 dB(A) für Kegelrobben eingeschätzt.

Tab. 4.9 Beispiel Schallpegel eines CSD-Gerätesatzes [Archiv Patzold]

Quelle	Schallleistungspegel $L_{wA,eq}$ [dB(A)]	Korrekturfaktoren für $L_{wA,eq}$ K_T [dB(A)]	Gleichzeitigkeitsfaktor t_{eff} [%]	Schalldruckpegel L_{wAr} [dB(A)]
CSD elektrisch	115	3	100	118
Lüfter und Kühlung	106	0	100	106
Arbeitsboot	111	6	20	110
Vermessungsboot	96	3	5	86
Summe (Σ L_{wAr})				119

$L_{wA,eq}$ equivalentes Tonstärkenniveau, K_I Impulsleistung, K_T Korrekturfaktor Impulsdargebot, t_{eff} anteilige Operationszeit L_{wAr} Bewertungsniveau Tonstärke

Ainslie et al. [26] führten im Rahmen des TNO-Reports „*Assessment of natural and anthropogenic sound sources and acoustic propagation in the North Sea*" Modellierungen zur Schallausbreitung unter Wasser mit verschiedenen Emissionsquellen vor der niederländischen Küste durch. Als Emissionsquelle diente der THSD *Gerardus Mercator* (**Fehler! Verweisquelle konnte nicht gefunden werden.**). In den Versuchen wurde eine Schallintensität von <145 dB re 1 μPa^2m^2 gemessen. Dieser Wert liegt unter dem als kritisch für Schweinswale angesehenen.

4.5.5 Luftverschmutzung

Die Technische Anleitung zur Reinhaltung der Luft (TA Luft) von 2002 [27] definiert im Rahmen des Bundesemissionsschutzgesetzes ihren Anwendungsbereich als Schutz der Allgemeinheit und der Nachbarschaft vor schädlichen Umweltauswirkungen durch Luftverunreinigungen.

Bezogen auf die Nassbaggerei bedeutet dies die Bewertung von Emissionen infolge von Verbrennung von Kraftstoffen an Bord des Nassbaggers, seiner Hilfsgeräte und ggf. durch die im Spülfeld eingesetzten Erdbaugeräte. Risiken mit der Folge von Stillstand entstehen unter Umständen insbesondere in der Nähe von Kurgebieten, Hotelzonen oder Krankenhäusern. Minderung des CO_2 ist ggf. durch elektrische Antriebe zu erreichen. Die dabei entstehende Lärmbelastung durch evtl. Ventilatorkühlung kann wiederum Stillstandrisiko zur Folge haben. AN-seits sind entsprechende Untersuchungen anzustellen, um das Risiko abzuschätzen.

Die Verbrauchsrate an Kraftstoff basiert im Rahmen bezogener Abschätzungen des Umweltbundesamtes (UBA) 1999 auf einem Verbrauch von 190 g Diesel/kWh. Weitere europäische Vorschriften begrenzen den Schwefelgehalt des eingesetzten Kraftstoffes, Typ MDO, auf maximal 1,5 Gew.-% bzw. den von Diesel auf 0,1 Gew.-%.

Luftverschmutzung erfolgt durch Ausstoß von CO_2, SO_2 und NO_2, wobei CO_2 Einfluss auf das Klima, SO_2 und NO_2 auf die menschliche Gesundheit haben. Das zulässige Höchstmaß für SO_2 während einer Stunde beträgt gemäß TA Luft (2002) 350 µg/m³ und 24 Überschreitungen per Jahr.

Die NO_x-Emissionen von Schiffen und Maschinen werden mit 12 g NO_x/kWh gemäß UBA (1999) abgeschätzt. Das zulässige Höchstmaß für den mittleren NO_2-Ausstoß beträgt lt. TA-Luft 200 µg/m³ gemäß EU Vorschrift 2005/33/EG sowie an maximal 18 Überschreitungen per Jahr.

Modellierungen der Ausbreitung von Luftverschmutzungen können mithilfe des Models LASAT 3.2. berechnet werden, das dem Qualitätsanspruch der TA-Luft (2002) entspricht.

Literatur

1. Wirth H, Brüggemann T (2011) Surveying of extremely shallow waters with optimized Multibeam echosounders and survey vessels, DHyG 2011
2. Verbeek PRH (1984) Soil analysis and dredging. Terra et Aqua 28:11–21
3. Akin H, Siemes H (1988) Praktische Geostatistik. Springer, Heidelberg
4. Afnor (2010) Geotechnischer Bericht über die Erkundung von Rhyolith, DCR, 2011. Archiv Patzold
5. TA Luft (2002) Technische Anleitung zur Reinhaltung der Luft. Erste Allgemeine Verwaltungsvorschrift zum Bundes-Immissionsschutzgesetz
6. Wrobel F (2004) Prüfbericht Kalksteinproben Bahamas. Archiv Patzold
7. Patzold V, Köbke & Partner GmbH, Novicos GmbH (2012) Salt degradation during long distance transport, Studie im Auftrage von DSW, Israel. Archiv Patzold
8. VP Consult GmbH (2013) Kampfmitteltechnisches Arbeitssicherheitskonzept bei Nassbaggerarbeiten. Archiv Patzold
9. Kiekebusch M (1999) Klassifizierung bindiger Bodenarten in Abhängigkeit von Konsistenz und undrainierter Scherfestigkeit, BAW Kolloqium
10. Saleh M (2011) Sediment classification using parametric sub-bottom-profiler, DHyG 2011
11. Welte A (2000) Nassbaggertechnik. Inst. für Maschinenwesen im Baubetrieb, Reihe VI/20, S 42
12. Clayton CRI, Dikran SS, Milititsky J (1983) The SPT and foundation settlements – recent developments. The Highway
13. Vlasblom W (2003) The breaching process. Vorlesungsskript, Universität Delft
14. Sedicon AS (2014) Rudbar dredging proposal, Concept selection report
15. Seed I (1971) Simplified procedure for evaluating soil liquefaction potential. J Geotech Eng Div ASCE 97(SM9):1249–1273 sowie unter „Verflüssigspotentiale von Sanden" in KTA 220 1.2 (1990)
16. Richwien W (2008) Studie Sandgewinnung JWP Wilhelmshaven
17. Lesny K, Richwien W, Wiemann J (2002) Gründungstechnische Randbedingungen für den Bau von Offshore-Windenergieanlagen in der DeutschenBucht. Bauingenieur 77:431–438
18. Patzold V (2011) Baugrundbeurteilung Liepaja/Lettland. Archiv Patzold
19. Patzold V, Thießen W, Köbke J (2007) Identification of contaminated layers in fluvial and marine areas by means of simultaneous seismic and geoelectrical survey. Archiv Patzold, Gutachten
20. BSH (2009) Naturverhältnisse Nordsee und Englischer Kanal. Teil B zu den Handbüchern für die Nordsee und den Kanal
21. Luckert K (2004) Handbuch der mechanischen Fest-Flüssig-Trennung. Vulkan Verlag
22. Ebel G (2014) Fischschutz und Fischabstieg an Wasserkraftanlagen. BGF, Halle

23. TA Lärm (1998) Technische Anleitung zum Schutz gegen Lärm. Sechste Allgemeine Verwaltungsvorschrift zum Bundes-Immissionsschutzgesetz
24. Patzold V (2009) Lärmtechnische Auswirkungen Baggerarbeiten Dead Sea, Israel, GA im Auftrage von DSW; Archiv Patzold
25. Richardson WJ, Greene CR Jr, Malme CI, Thomson DH (1995) Marine mammals and noise. Academic Press, New York
26. Ainslie MA, de Jong CAF, Dol HS, Blacquiere G, Marasini C (2009) Assessment of natural and anthropogenic sound sources and acoustic propagation in the North Sea. TNO report, TNO-DV 2009 C085
27. SKEMPTON AW (1986) SPT procedures and the effects in sand of overburden pressure, relative density, particle size, aging and over consolidation. Geotechnique 36(3):425–447
28. Int. Hydrographic Bureau (2008) IHO Standards for Hydrographic Surveys, Special Publication, 5. Aufl., 02/2008, Monaco
29. Giese E (2008) Technisch – wirtschaftliche Analyse von Verfahrensalternativen zur Entwässerung von Flusssedimenten am Beispiel von Boden aus der Unterhaltungsbaggerung der Ems. Diplomarbeit, Bergakademie TU Freiberg
30. Jasmund K, Lagaly G (1993) Tone und Tonminerale. Enke Verlag
31. Richardson MJ (2001) The dynamics of dredging. Placer Management Corp, Irvine/Cal
32. BSH (1994) Nordsee-Handbuch, Östlicher Teil, Von Skagen bis zur Ems
33. USACE, THSD Sea Turtle Deflector Draghead design
34. BMU (2013) Konzept für den Schutz der Schweinswale vor Schallbelöastungen bei Eionric htung von Offshore-Windparks in der deutschen Nordsee (Schallschutzkonzept)

Abschätzung der Baggerleistung 5

Die mit dem ausgewählten Gerätesatz erzielbare Baggerleistung in m³/w zu bestimmen, ist im Zuge einer Angebotsbearbeitung neben der Abschätzung der Baggerkosten in €/w die Hauptaufgabe.

In den vorausgegangenen Kapiteln sind die betrieblichen Risiken der Planung und Durchführung von Nassbaggerarbeiten ausführlich erläutert und diskutiert worden. Die unter Berücksichtigung dieser Risiken vorzunehmende Leistungsabschätzung birgt bei Nassbaggereiarbeiten in Bezug auf die Kalkulation des Angebotspreises wegen der Vielzahl der zuvor dargestellten Einflussgrößen das größte Risiko.

5.1 Abschätzung der wöchentlichen Leistung

5.1.1 Leistung THSD

Die wöchentliche Baggerleistung Q_{THSD} eines THSD kann, wie folgt, abgeschätzt werden:

$$Q_{THSD} = V_{Lad}/f_A \ f_F \ f_{Fsp} \ t \ D_F \ f_{abr} \ [m^3/w]$$

Mit	THSD	Einheit	Kennwert
Q_{THSD}	Abrechenbare Baggerleistung	m³/w	
V_{Lad}	Laderaumvolumen	m³	500–40.000
f_A	Auflockerungsfaktor		1,0–1,2
f_F	Füllungsgrad Laderaum		0,4–1,2
f_{Fsp}	Anzahl Förderspiele	1/h	
t	Wöchentliche Arbeitszeit	h/w	168
D_F	Drehfaktor		0,7–0,9
f_{abr}	Faktor abrechenbare Leistung		0,95–1,0

V. Patzold, G. Gruhn, *Betriebliche Risiken in der Nassbaggerei*,
DOI 10.1007/978-3-662-49345-8_5

Die Anzahl der Förderspiele, d.h. die Anzahl Ladungen je h, die gebaggert und verbracht werden, ausgedrückt durch den Faktor f_{Fsp}, wird aufgrund der Umlaufzeit für einen Baggerzyklus Laden – Fahren – Verbringen – Fahren – Positionieren bestimmt.

5.1.2 Leistung CSD und SD in m³/w

Die Baggerleistung $Q_{CSD, SD}$ eines CSD bzw. SD kann unter Berücksichtigung der Auslegung der Baggerpumpe sowie unter Berücksichtigung von Antriebsleistung, Korngröße, Transportentfernung und geodätischer Höhe, Rohrleitungsdurchmesser, Rauhigkeit des Rohres und Gemischkonzentration wie folgt abgeschätzt werden [1, 2]:

$$Q_{CSD} = P_P/f_A\ c_v\ t\ D_F\ f_{abr}\ [m^3/w]$$

Mit	CSD, SD	Einheit	Kennwert
$Q_{CSD, SD}$	Abrechenbare Baggerleistung	m^3/w	
P_p	Gemischtförderleistung Baggerpume(n)	m^3/h	
c_v	Bodenanteil Gemischtstrom	%	
f_A	Auflockerungsfaktor		1,0–1,2
t	Wöchentliche Arbeitszeit	h/w	168
D_F	Drehfaktor		0,7–0,9
f_{abr}	Faktor abrechenbare Leistung		0,95–1,0

5.1.3 Leistung BLD

Die Baggerleistung Q_{BLD} eines BLD wird wie folgt ermittelt:

$$Q_{BLD} = V_E/f_A\ f_F\ v_{Kette}\ 60\ t\ D_F\ f_{abr}\ [m^3/w]$$

Mit	BLD	Einheit	Kennwert
Q_{BLD}	Abrechenbare Baggerleistung	m^3/w	
V_E	Eimervolumen	m^3/Eimer	0,3–1,5
f_A	Auflockerungsfaktor		1,0–1,2
f_F	Füllungsgrad Eimer		0,5–1,3
v_{Kette}	Mittlere Kettengeschwindigkeit	Eimer/min	
t	Wöchentliche Arbeitszeit	h/w	168
D_F	Drehfaktor		0,5–0,7
f_{abr}	Faktor abrechenbare Leistung		0,95–1,0

5.1.4 Leistung BHD

Die wöchentliche Baggerleistung Q_{BHD} eines BHD wird wie folgt abgeschätzt:

$$Q_{BHD} = V_L/f_A\ f_F\ f_{Fsp}\ t\ D_F\ f_{abr}\ [m^3/w]$$

Mit	BHD	Einheit	Kennwert
Q_{BHD}	Abrechenbare Baggerleistung	m^3/w	
V_L	Löffelvolumen	m^3/Löffel	0,3–40
f_A	Auflockerungsfaktor		1,0–1,1
f_{Fsp}	Anzahl Förderspiele	Löffel/h	30–90
f_F	Füllungsgrad Löffel		0,3–1,2
t	Wöchentliche Arbeitszeit	h/w	168
D_F	Drehfaktor		0,5–0,6
f_{abr}	Faktor abrechenbare Leistung		0,95–1,0

5.1.5 Leistung GD

Die wöchentliche Baggerleistung Q_{GD} eines GD wird wie folgt ermittelt:

$$Q_{GD} = V_G/f_A\ f_F\ f_{Fsp}\ t\ D_F\ f_{abr}\ [m^3/w]$$

Mit	GD	Einheit	Kennwert
Q_{GD}	Abrechenbare Baggerleistung	m^3/w	
V_G	Greiferinhalt	m^3/Greifer	1,0–15
f_A	Auflockerungsfaktor		1,0–1,1
f_{Fsp}	Anzahl Förderspiele	Greifer/h	30–90
f_F	Füllungsgrad Greifer		0,3–1,0
t	Wöchentliche Arbeitszeit	h/w	168
D_F	Drehfaktor		0,5–0,6
f_{abr}	Faktor abrechenbare Leistung		0,95–1,0

5.2 Erläuterung der Leistungsparameter

5.2.1 Hydraulisch transportierende Nassbagger

Bei Nassbaggern, die das Baggergut hydraulisch (SD) oder hydromechanisch lösen (SD zzgl. mechanischer Lösehilfe wie z. B. dem Schneidkopf beim CSD, dem Unterwasserschneidrad beim UWC-SD oder einer umlaufenden Kette), wird die Wochenleistung mithife der Gemischförderleistung der Baggerpumpe abgeschätzt.

Dabei gehen in die Abschätzung folgende Faktoren ein:

- Korndurchmesser d_{50},
- Spülrohrquerschnitt F_{Rohr},
- Transportgeschwindigkeit Gemischstrom $v_{Gemisch}$,
- Bodenanteil im Gemisch,
- Arbeitszeit t,

- Drehfaktor D_F,
- Faktor abrechenbare Menge f_{abr}.

Die erreichbare Transportentfernung wird wesentlich bestimmt durch:

- verfügbare Baggerpumpenleistung,
- Rohrleitungsbau (Bögen, Geradlinigkeit, Rohrverbindungen),
- Rohrleitungsmaterial,
- Druckverlust.

5.2.2 In Gefäßen fördernde Nassbagger

Bei Gefäßbaggern wie THSD (Laderaum V_{Lad}), BLD (Eimervolumen V_E), BHD (Löffelvolumen V_L) oder GD (Greifervolumen V_G) ergibt sich die Wochenleistung durch Abschätzung der Baggerzyklen, bestehend aus der Anzahl der Förderspiele, mittels derer Baugrund

- gelöst,
- über Wasser gehoben,
- in Transportmittel verladen und
- zum Verbringungsort verbracht wird.

In die Abschätzung gehen beim THSD-Betrieb folgende Faktoren ein:

Gefäßgröße $V_{Lad,}$ $V_{E,}$ $V_{L,}$ V_G. Die Gefäßgröße geht zunächst mit dem Nennvolumen in die Abschätzung ein. Abzüge sind ggf. vorzunehmen z. B. bei bindigem Material, das vollständige Entleerung manchmal nicht zulässt. Auch Steine und Blöcke können sich im Laderaum anreichern und müssen dann berücksichtigt werden.

- Füllungsgrad f_F. Dieser ist abhängig von der Art des Baugrundes:
  - Bei Felsbaggerung wird das Schüttgewicht zur bestimmenden Größe für den Füllungsgrad. THSD sind oftmals nur für ein Schüttgewicht von 1,3 t/m^3 ausgelegt.
  - Bei Schluff- und Tonbaggerung darf oftmals in Suspension gegangenes Material nicht zurückgespült werden. Mit Erreichen des Überlaufwehres ist die Baggerung dann einzustellen. Auch nimmt der Ladevorgang einen viel größeren Zeitraum in Anspruch, sodass es wirtschaftlicher sein kann, z. B. nur mit 50 % des Laderaumvolumens zum Verbringungsort zu fahren.
  - Bei Sandbaggerung geht man normalerweise davon aus, dass eine wirtschaftliche Baggerung, geprägt durch optimierte Menge je Zeit, mit einen Füllungsgrad von ca. 85 % erreicht ist.
- Anzahl der Förderspiele f_{Fsp}: Diese wird wesentlich beeinflusst durch die Zeit des Füllvorgangs. Im Allgemeinen werden, wie bereits ausgeführt, die Pumpenanlagen für THSD so ausgelegt, dass der THSD mit Sand in ca. 1 h gefüllt werden kann. Es muss nicht weiter ausgeführt werden, dass dieser Ansatz sehr grob ist und die Anzahl durch eine Reihe weiterer Faktoren wie

- Strömungsgeschwindigkeit,
- Morphologie der Gewässersohle,
- Bodenart,
- Lagerungsdichte,
- Hindernisse,
- Länge der Baggerstrecke,
- Schnittverhältnisse des Schleppkopfs oder
- Schiffsverkehr beeinflusst wird.

- Drehfaktor D_F: s. unten
- Auflockerungsfaktor f_A; Dieser Faktor muss berücksichtigt werden, wenn die Abrechnung der gebaggerten Mengen im Abtrag erfolgt.
- Faktor abrechenbare Menge f_{abr}; u. U. erfolgt der Bodenabtrag in Bereichen, die nicht als Baggergebiet ausgewiesen sind.

Bei den anderen Gefäßbaggern, die das Baggergut mittels Schuten oder auch Förderband abtransportieren, ist weiter zu berücksichtigen:

- Faktor für Effizienz des Transportbetriebs. Dieser kann belastet sein z. B. durch Schutenmangel oder Betrieb von Halden und Mischanlagen bei Einsatz von Kolbenpumpen.

5.2.3 Nutzungszeiten

Erfahrungsgemäß ist in Zusammenhang mit etwaigen Nachträgen eine gute Dokumentation des Betriebsablaufes notwendig. Diese Dokumentation basiert auf Tagesberichten, die von der örtlichen Bauleitung anhand der Aufzeichnungen des Geräteführers gefertigt und unverzüglich an den AG überstellt werden sollten. Dazu ist es notwendig, Zeitbegriffe zu definieren.

In der Nassbaggerei werden üblicherweise folgende Zeitbegriffe verwendet:

- Lebensdauer: das maximale Alter seit Indienststellung, indem der Nassbagger wirtschaftlich und konkurrenzfähig arbeiten kann,
- Verfügungszeit: Die Verfügungszeit bezieht sich auf die jährliche Verfügbarkeit des Nassbaggers,
- Planmäßige Stillstandszeit: Teil der Verfügungszeit, in der z. B. Reparaturen und Grundüberholungen oder Klassenerneuerung ausgeführt werden,
- Unplanmäßige Stillstandszeit: Teil der Verfügungszeit, in der keine Projekte anstehen,
- Arbeitszeit: Teil der Verfügungszeit für die Projektdurchführung einschl. Mobilisierung und Demobilisierung,
- Unproduktive Arbeitszeit: Teil der Arbeitszeit, in dem unproduktive Zeiten anfallen,
- Produktive Arbeitszeit: Teil der Arbeitszeit, in der mindestens die berechnete Leistung zu erbringen ist, einschl. der Zeit für An- und Einschnitte.

In den Tagesberichten sind insbesondere die Gründe für die unproduktive Arbeitszeit zu dokumentieren. Auf diesen Unterlagen basiert dann die Nachtragsforderung des AN. Der AG sollte die Tagesberichte fortlaufend und am Folgetag des berichteten Ereignisses in Kopie erhalten.

Ein Risiko für ein erfolgreiches Durchsetzen von Nachträgen besteht erfahrungsgemäß darin, dass diese Dokumente, wenn überhaupt, sehr verspätet und in der Folge wiederum unregelmäßig abgegeben werden, sodass die Beweiskraft der AN-seits behaupteten Risiken und deren Folgen u. U. gering ist.

An unproduktiven Zeiten sollten mindestens folgende (Abb. 5.1) mit den Gründen – wenn möglich quantifiziert – angegeben werden:

- Baggerbetrieblicher Ausfall: Verlegen des Baggers, Verlegen der Anker, Rohrverlegung Spülfeld;
- Ausfall durch Boden: Hindernisse, Kampfmittel;
- Ausfall durch Wetter: Wind, Sturm, Eis, Sicht;
- Ausfall Deckseinrichtungen: Ausfall der Einrichtungen an Deck des Baggers (Winden, Hubgeräte, Steuerungsanlage) sowie der Hilfsgeräte;
- Ausfall der Hauptmaschinen: Ausfall der maschinellen Einrichtungen (Motorenanlage, Elektroanlage, Hydraulikanlage);
- Sonstige Ausfallzeiten.

Die Liste muss ggfs. projektspezifisch erweitert werden.

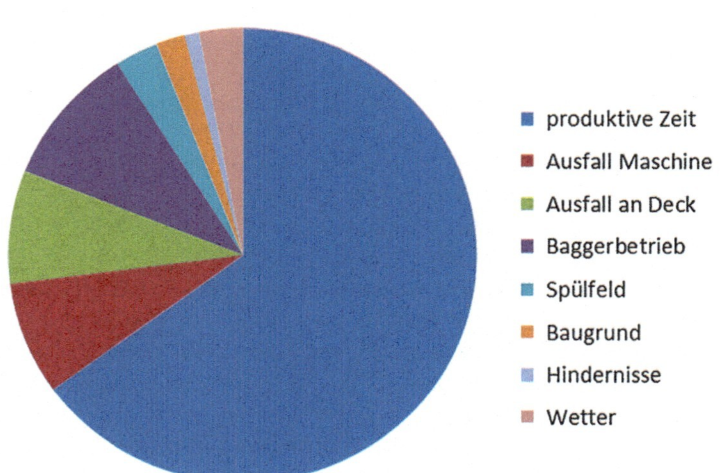

Abb. 5.1 Produktive (blau) und unproduktive Zeiten beim CSD-Betrieb

Tab. 5.1 Erfahrungsgemäße Drehfaktoren

Gerät	D_F
THSD	0,8–0,9
CSD	0,6–0,8
SD	0,6–0,85
BLD	0,5–0,6
BHD	0,6–0,75
GD	0,5–0,7

5.2.4 Drehfaktor

Der Drehfaktor D_F ist die Kenngröße des in der Kalkulation der Leistung angenommenen Anteils produktiver Zeit. Dieser Faktor ist für jede Geräteart aufgrund der jeweils besonderen Betriebsbedingungen unterschiedlich und wird nach nachstehender Gleichung bestimmt. Die in der Gleichung aufgeführte produktive Arbeitszeit eines anstehenden Projekts ist jedoch nur ein aufgrund der Erfahrung des Kalkulators mit Projekten ähnlicher Art unter ähnlichen Verhältnissen angenommener Schätzwert, dessen Richtigkeit erst am Ende der Baustelle feststeht.

$$D_F = \frac{produktive\,Arbeitszeit}{Arbeitszeit}$$

Erfahrungsgemäß ist in kalkulatorischem Zusammenhang unter normalen und regulären Verhältnissen von den in Tab. 5.1 aufgeführten Ansätzen für eine europäische Baustelle auszugehen.

Aus den aufgelisteten Erfahrungswerten von Drehfaktoren ergibt sich ein gemitteltes Risiko von 10 %. Im Zuge der Leistungsberechnung ist abzuwägen, ob dieser mittlere Schwankungsbereich angesetzt wird oder nur der jeweils niedrigste Drehfaktorwert der angegebenen Spanne.

Im trockenen Erdbau werden hin und wieder differenziertere Kalkulationsansätze zur Bestimmung des Drehfaktors angewandt, wahrscheinlich infolge vermehrt stationärer Bedingungen [3]. Diese Lösungsansätze machen in der Nassbaggerei jedoch kaum Sinn, da die zahlreichen dort angesetzten Minderungsfaktoren in der Nassbaggerei zum einen nicht genau erfasst werden können, zum anderen ein Gleichzeitigkeitsfaktor für bestimmte Fälle nicht eingeführt ist, z. B., wenn Reparaturarbeiten an Deck oder an den Maschinen während des Verholens des Baggers zur nächsten Baggerposition erfolgen. Anzumerken ist auch, dass Ausfallzeiten für z. B. persönlich bedingte Unterbrechungen für den Mitarbeiter zwar anfallen, aber nicht relevant für die Leistung werden, da an Bord alle die Leistung beeinflussenden Funktionen mindestens doppelt besetzt sind.

Erfahrungsgemäß führt der differenziertere, jedoch weniger den Betriebsgegebenheiten entsprechende Lösungsansatz zu geringerem Drehfaktor D_F, was sich infolge der sich dadurch ergebenden Leistungsminderung unmittelbar auf den Einheitspreis EP auswirkt und diesen u. U. unbegründet erhöht.

5.2.5 Umlaufzeit von THSD sowie Schuten

Für die Leistungsberechnung eines THSD ist die Dauer des Baggerzyklus, d. h. der Produktionskette Baggern – Transportieren – Verbringen – Fahren – Positionieren an Baggerstelle, zu berechnen. Eine Berechnung wird beispielhaft im Lastfall 5.1 ausgeführt.

Lastfall 5.1 Ermittlung Umlaufzeit und Leistung
Mittels THSD können mit demselben Gerät sehr große Mengen je Zeiteinheit gebaggert, transportiert und, sei es durch Verklappen oder Verspülen, verbracht werden. Die Gerätegröße variiert in Abhängigkeit von der Transportentfernung von <1 km bis >150 km zwischen 500 m³ und 40.000 m³ Laderaumvolumen.

Ein Baggerzyklus lässt sich für Sandbaggerung, d_{50}=250 µm, D_F=0,85, mit einem THSD mit 20.000 m³ Laderaum, langer Baggerstrecke, einer Baggergeschwindigkeit von <3 kn und einer Fahrgeschwindigkeit von max. 14 kn zur 50 km entfernt liegenden Klappstelle wie folgt abschätzen:

Nennvolumen 20.000 m³, Füllungsgrad 0,85		
$Q_{Laderaum}$ 17.000 m³		
Abschätzung Zeit für einen Baggerzyklus		
Laden	1,0 h	Ansatz für Auslegung Pumpenanlage
Fahren	2,5 h	$v_{beladen}$ 11 kn
Verklappen	0,3 h	einschl. Spülen des Laderaums
Fahren	2,1 h	v_{leer} 13 kn
Positionieren	0,1 h	
Zyklus	6,0 h	17.000 m³
D_F	0,85	
Umlaufzeit	**7002C06 h**	
Bruttoleistung	2.408 m³/h	

Das Beispiel ergibt bei einem Drehfaktor von 0,85 eine geschätzte Bruttoleistung vor abschließender Profilbaggerung von rd. 2.400 m³/h. Je Tag können ca. 3,4 Fahrten ausgeführt werden entsprechend einer wöchentlichen Leistung von rd. 400.000 m³.

Ein entsprechender Rechengang ist notwendig, um die Zahl der erforderlichen Schuten bei BLD-, BHD- oder GD-Betrieb sowie auch bei Beladung von Schuten durch einen CSD, SD oder GD zu bestimmen.

Bei Schutenbeladung unterscheiden sich die einzelnen Arbeitsschritte wie folgt von denen eines THSD-Betriebs:

- Laden, die Dauer ist abhängig von der Schutengröße und der Bruttoleistung des Nassbaggers,

- Fahren, zzgl. ca. 5 min für Ablegen vom Nassbagger,
- Verklappen, bei Sand ca. 10 min,
- Fahren, zzgl. ca. 10 min für Anlegen am Nassbagger.

Taktgeber für die Bestimmung der Schutenumlaufzeit ist dabei immer der Nassbagger, dessen Bruttoleistung anzusetzen ist, um Schutenmangel zu vermeiden. Als Füllungsgrad f_F der Schuten ist in Abhängigkeit von der gebaggerten Bodenart von etwa 90 % auszugehen.

Bei Schutenbetrieb besteht ein Risiko in Form von Schutenmangel, durch den der beladende Bagger zum Stillstand kommt. Der Schutenmangel kann bei Baggerung von bindigem Boden auch durch eine längere Löschzeit, als angenommen, entstehen.

Literatur

1. Brößkamp KH (1976) Seedeichbau Theorie und Praxis. VDN, Hamburg
2. Kazanskij I (1978) Hetrogene Gemische im Hydraulischen Feststofftransport. Franzius Institut, Hannover
3. Klemp P (2014) Leistungsansätze eines Schleppschaufelbaggers für den Abbau von Lockergestein. Entwurf Bachelorarbeit TU Clausthal. Archiv Patzold

6 Risiken in Verdingungsunterlagen

Für die angefragten Nassbaggerarbeiten basiert der Bauvertrag zwischen AG und AN auf den Verdingungsunterlagen des AG und kommt nach Auswertung des Angebotes des günstigsten Bieters durch Vertragsverhandlung und nach rechtsverbindlicher Unterschrift des Vertrages von beiden Parteien zustande.

Im Prinzip soll der Bauvertrag Regeln vorsehen für

- die Art und Weise sowie Qualität der herzustellenden Nassbaggerarbeit,
- die Preise,
- die Termine und
- die Rechtsfolgen bei Abweichen von den drei zuvor genannten Themen.

Ein wichtiges Thema bei der Abfassung des Vertrages zwischen den Parteien ist die Regelung der Anwendung der Höhere-Gewalt-Klausel in den besonderen Vertragsbedingungen.

Höhere Gewalt ist unerwartetes, unabwendbares Ereignis infolge von Naturkatastrophen wie Unwetter verbunden mit extremem Hochwasser, aber auch Krieg oder ähnliche Ereignisse, sofern diese bei einem Dritten stattfinden. In der Nassbaggerei auf See oder in ungeschützten Ästuaren kann höhere Gewalt häufiger eintreten als bei in der sonstigen Bauindustrie an Land stattfindenden Arbeiten.

Tritt ein Ereignis der höheren Gewalt ein, kann die Erfüllung der vertraglichen Pflichten – zumindest vorübergehend – suspendiert werden und jeder Vertragspartner hat die ihn betreffenden Folgen der Verzögerung der Leistungsausführung selbst zu tragen.

Um Streitigkeiten oder Auslegungsrisiken über etwaige Haftungsfragen zu vermeiden, wird in vielen Verträgen zum vorbeugenden Haftungsausschluss im Falle extremer unerwarteter Ereignisse eine sogenannte Force-majeure-Klausel vereinbart

V. Patzold, G. Gruhn, *Betriebliche Risiken in der Nassbaggerei*,
DOI 10.1007/978-3-662-49345-8_6

und z. B. die Definition des zumutbaren Hochwasserstandes festgelegt, bis zu dem keine höhere Gewalt vorliegt. In dieser Klausel werden vor allem die Rechtsfolgen geregelt, z. B. die Befreiung von Schadenersatzpflichten oder die etwaige Gewährung einer Nachfrist oder auch das Wiederaufleben des Vertrages nach festzulegender Zeit und Umständen.

FIDIC-Musterbauverträge sehen im Fall von höherer Gewalt auch eine Bauzeitverlängerung vor. Doch kann bei FIDIC erst nach Unterbrechung von 84 aufeinanderfolgenden Tagen oder mehreren Unterbrechungen von zusammen mehr als 140 Tagen der Vertrag gekündigt werden. Im Falle der Vertragskündigung erhält der AN eine Vergütung für die bereits ausgeführten Leistungen sowie Erstattung der Kosten für Material und Gerätebestellungen u. a. m.

6.1 Ausschreibungen im deutschen Rechtsbereich

In der Bundesrepublik Deutschland werden die meisten Nassbaggerprojekte öffentlich ausgeschrieben, basierend auf der Vergabe- und Vertragsordnung für Bauleistungen (VOB), ein im Auftrag des Deutschen Vergabe- und Vertragsausschusses für Bauleistungen herausgegebenes, dreiteiliges Regelwerk [1]. Die VOB enthält Regelungen für:

- die Vergabe von Bauaufträgen durch Vorgabe allgemeiner Bestimmungen für die Vergabe von Bauleistungen (VOB/A),
- Regelungen für den Bauvertrag (VOB/B) sowie
- allgemeine und für gewerkespezifische weitere technische Vertragsbedingungen, die ATV (VOB/C).

Dier Regelungen der VOB *„sind so konzipiert, dass durch sehr umfassende und detaillierte vertragliche Regelungen ein Rückgriff auf nationale gesetzliche Vorschriften weitestgehend vermieden werden kann*" (Wikipedia]

Verträge privater Ausschreibungen basieren auf dem BGB oder fakultativ auf der VOB.

6.2 Internationale Ausschreibungsmuster

Internationalen Ausschreibungen, insbesondere auch Nassbaggerausschreibungen, liegen oftmals standardisierte Musterverträge der FICIC [2] zugrunde oder sie basieren auf Regeln nationaler Institute und Organisationen, in England z. B. dem Institute of Civil Engineers (ICE) [3], das für Naßbaggerei Richtlinien für den Entwurf und die Ausführung herausgegeben haben. Diese Vertragsmuster basieren auf englischem Recht und haben international eine ähnliche Bedeutung wie im deutschen Rechtsbereich die VOB/B. Der FIDIC-Vertragsentwurf, 4. Ausgabe, nimmt besonders Bezug auf Nassbaggerarbeiten.

Die FIDIC-Vertragsmuster (neue Auflage von 1999) sind:

- *Conditions of Contract for Construction for Building and Engineering Works Designed by the Employer, „Red Book"*
- Conditions of Contract for Plant and Design-Build for Electrical and Mechanical Plant and for Building and Engineering Works Designed by the Contractor, *„Yellow Book"*
- Conditions of Contract for EPC/Turnkey Projects, *„Silver Book"*
- Short Form of Contract, *„Green Book"*

Das *Green Book* beschreibt auf Basis englischen Rechts und des Regelwerks British Standard (BS) den speziellen Bauvertrag für Nassbaggerarbeiten und dessen allgemeine Vertragsbedingungen.

6.3 Ausschreibungsbestandteile

Die Ausschreibungsunterlagen der anzubietenden Leistungen bestehen im deutschen Rechtsbereich in der Regel aus zwei Teilen:

- dem Anschreiben des AG und
- den Verdingungsunterlagen.

6.3.1 Anschreiben des AG

Das Anschreiben des AG soll die Aufforderung des Bieters zur Angebotsabgabe, ggf. auch die Angabe der Bewerbungsbedingungen enthalten. Dem Anschreiben an den Bieter sollen folgende Angaben zu entnehmen sein:

- Art der Vergabe,
- Ortsbesichtigung,
- Zulassung von digitalen Angeboten und Verfahren zu deren Entschlüsselung,
- genaue Aufschrift der schriftlichen Angebote oder Bezeichnung der digitalen Angebote,
- Anschrift, an die digitale Angebote zu richten sind,
- Ort und Zeit des Eröffnungstermins sowie Angabe, welche Personen zum Eröffnungstermin zugelassen sind,
- vom AG für die Beurteilung des Bieters verlangte Unterlagen,
- Höhe der Sicherheitsleistungen,
- Änderungsvorschläge und Nebenangebote,
- etwaige Vorbehalte wegen der Teilung in Lose und Vergabe der Lose an verschiedene Bieter,
- Zuschlags- und Bindefrist,

- sonstige Erfordernisse, die die Bewerber bei der Ausarbeitung ihrer Angebote beachten müssen,
- die wesentlichen Zahlungsbedingen oder Angabe der Unterlagen, in denen sie enthalten sind,
- Art und Umfang der Leistungen, Ausführungsort,
- Bestimmungen zur Ausführungszeit,
- Bezeichnung der auffordernden und den Zuschlag erteilenden Stelle,
- Name und Anschrift, bei der zusätzliche Unterlagen eingesehen werden können,
- Höhe und Einzelheiten der Zahlung des Entgelts bei Versendung der Unterlagen,
- die Stelle, an die sich der Bewerber oder Bieter zur Nachprüfung behaupteter Verstöße gegen die Vergabebestimmungen wenden kann,
- ggf. Angabe der maßgebenden Wertungskriterien,
- ggf. Angabe, dass das Angebot in deutscher Sprache abzufassen ist,
- ggf. Hinweis auf die Veröffentlichung der Bekanntmachung,
- ggf. Angabe der Unterlagen, die dem Angebot beizufügen sind,
- ggf. Angabe der Zulässigkeit von Änderungsvorschlägen bzw. Nebenangeboten und wie sie einzureichen sind.

Vom Bieter sind die erhaltenen Angaben auf Vollständigkeit zu prüfen und der AG ist ggf. auf fehlende Angaben hinzuweisen und um Vervollständigung zu bitten.

6.3.2 Verdingungsunterlagen

In den Verdingungsunterlagen sind die zu erbringenden Leistungen einschl. erforderlicher Stoffe und Bauteile definiert. Die Verdingungsunterlagen sollen aus Folgendem bestehen:

- Leistungsbeschreibung,
- Leistungsverzeichnis,
- besondere Vertragsbedingungen,
- ggf. zusätzliche Vertragsbedingungen,
- ggf. zusätzliche technische Vertragsbedingungen,
- allgemeine technische Vertragsbedingungen, Vorschrift von VOB/B und VOB/C,
- allgemeine Vertragsbedingungen.

In den zusätzlichen Vertragsbedingungen soll Folgendes geregelt sein:

- Unterlagen zum Angebot,
- Benutzung von Lager- und Arbeitsplätzen, Zufahrtswegen, Anschlussgleisen, Wasser- und Energieanschüssen,
- Weitervergabe an Nachunternehmer,
- Ausführungsfristen,

- Haftung,
- Vertragsstrafen und Beschleunigungsvergütungen,
- Abnahme,
- Vertragsart und Abrechnung,
- Stundenlohnarbeiten,
- Zahlungen, Vorauszahlungen,
- Sicherheitsleistung,
- Gerichtsstand,
- Lohn- und Gehaltsnebenkosten,
- Änderung der Vertragspreise.

In den besonderen Vertragsbedingungen soll Folgendes geregelt sein:

- Vereinbarung über Mängelansprüche und deren Verjährung,
- Verteilung der Gefahr bei Schäden durch Hochwasser, Sturmfluten, Grundwasser, Wind, Schnee, Eis und dergleichen.

6.3.3 Leistungsbeschreibung

Die Nassbaggerarbeiten können ausgeschrieben werden, wenn sie auf Antrag des AG durch den Genehmigungsgeber planfestgestellt sind. Die Planfeststellung erfolgt im Zuge eines sog. Planfeststellungsverfahrens (PFV). Für dessen Durchführung sind u. a. vom AG folgende Unterlagen zu erstellen:

- Vorhabensbeschreibung, u. a. mit detaillierter Darstellung der
  - Wassertiefenverhältnisse und Wasserstände/Tidebedingungen,
  - Baugrundverhältnisse (geologische und geotechnische Beschreibung und Datenerhebung),
  - klimatischen Verhältnisse,
  - Strömungsverhältnisse,
  - Verkehrsverhältnisse,
  - des Nassbaggerbereiches und der Verbringungsorte für das Baggergut,
- Bedarfsbegründung,
- Karten und Pläne des Baubereiches,
- Umweltverträglichkeitsuntersuchungen, z. B. mit Darstellung der ausbaubedingten Änderungen von
  - Hydrodynamik und Salztransport,
  - Sturmflutkenngrößen,
  - morphodynamischen Verhältnissen und
  - schiffserzeugten Belastungen,
- FFH-Verträglichkeitsuntersuchung,
- Artenschutz-Verträglichkeitsuntersuchungen,
- landschaftspflegerischer Begleitplan,

- Untersuchung sonstiger vorhabenbedingter Betroffenheiten,
- Grunderwerbsverzeichnis sowie
- sonstige im Scopingtermin festgelegte Untersuchungen oder Datenerhebungen.

Auf Grundlage der im Zuge des PFV erhobenen Daten und evtl. Nacharbeiten erstellt der AG bzw. dessen Planer nach Vorlage des positiven Beschlusses die Leistungsbeschreibung und in deren Folge auch das Leistungsverzeichnis (LV) in Form eines VOB-gerechten Textes.

VOB-gerechte Texte werden u. a. durch den *Gemeinsamen Ausschuss Elektronik im Bauwesen* (GAEB) oder vom Bundesamt für Seeschaffahrt und Hydrografie (BSH) herausgegeben. Beispiele für VOB-gerechte Texte sind

- das Standardleistungsbuch Bau (STLB-Bau) mit standardisierten Texten zur Beschreibung von Bauleistungen für Neubau, Instandhaltung und Sanierung,
- das Standardleistungsbuch Küste (STLB-K) mit standardisierten Texten zur Beschreibung von Küsten- und Offshorearbeiten.

Nach § 7 Abs. 1 Nr. 1 VOB/A ist die Leistung eindeutig und so zu beschreiben, dass alle Bewerber die Beschreibung im gleichen Sinne verstehen müssen und Preise sicher und ohne zusätzliche umfangreiche Vorarbeiten, wie z. B. Erkundungen des Baugrunds, berechnet werden können. Weiter ist erforderlichenfalls die Leistung auch zeichnerisch oder durch Probestücke darzustellen oder anders zu erklären.

Im Zuge der Aufstellung ordnungsgemäßer Ausschreibungsunterlagen gem. § 9 VOB/A muss der AG die für die Ausführung der Leistung wesentlichen Verhältnisse der Baustelle so beschreiben, dass der Bieter ihre Auswirkungen auf die bauliche Anlage und die Bauausführung hinreichend beurteilen kann.

Gemäß den Vorschriften über allgemeine Regelungen für Bauarbeiten jeder Art DIN 18299 sind nach den Erfordernissen des Einzelfalls Angaben

- zur Baustelle,
- zur Ausführung,
- bei Abweichungen von den ATV und
- zu Nebenleistungen und besonderen Leistungen vorzugeben und zu beschreiben sowie u. a.
- Ergebnisse von Bodenuntersuchungen,
- den hydrologischen Verhältnissen im Baustellenbereich,
- besondere umweltrechtliche Vorschriften,
- im Baustellenbereich vorhandene Anlagen wie z. B. Schifffahrtszeichen, Kabel, Versorgungsleitungen oder Wracks,
- bekannte oder vermutete Hindernisse einschl. deren Eigentümer,
- vermutete Kampfmittel sowie Ergebnisse von deren Erkundung bzw. Beräumung darzustellen und anzugeben.

Um spätere Streitigkeiten infolge unterschiedlicher Interpretation der Leistungsbeschreibung zu vermeiden, muss der Text VOB-gerecht sein.

Die Bedingung gemäß DIN 18299 hinsichtlich der Beschreibung der wesentlichen Verhältnisse ist in vielen Fällen nicht erfüllt, insbesondere nicht in Zusammenhang mit der Darstellung der Baugrundverhältnisse, manchmal auch in Verbindung mit der hydrografischen Darstellung des Baggergebietes. Dadurch ergeben sich Risiken für den Bieter bzw. im Auftragsfalle den AN.

Will der Bieter eine Risikoeingrenzung, muss er eigene, ergänzende Baugrunduntersuchungen unter Inkaufnahme u. U. erheblicher Kosten durchführen. In der Regel bedeutet dies einen Aufschub des Submissionstermins. Falls keine ergänzenden Untersuchungen erfolgen, übernimmt der Bieter das Risiko aus unzureichender Information, solange er den AG über die Unzulänglichkeit der Information(en) nicht unterrichtet hat.

Der Bieter hat die Pflicht, die Verdingungsunterlagen einer sorgfältigen Prüfung zu unterziehen, um etwaige Fehlstellen in der Beschreibung aufzudecken und diese ggf. vor Angebotsabgabe aufzuklären. Erfolgt diese Mitteilung des Bieters über etwaige Fehlstellen nicht, nimmt der Bieter im Auftragsfalle das Risiko in Kauf, dass er bei Eintreten des besorgten, jedoch nicht mitgeteilten und aufgeklärten Fehlers in der Ausschreibung eine Mithaftung übernimmt. Ggf. haftungsbefreiende Bedenkenhinweise ergeben sich aus der VOB/B und gelten im Übrigen auch für BGB-Verträge.

Mit Bekanntmachung von Fehlern oder Widersprüchen könnte jedoch ein späterer Nachtragsgrund verloren gehen oder ein Konkurrent könnte auf das möglicherweise von diesem nicht erkannte Problem aufmerksam gemacht werden. Die Besorgnis, sich beim AG Missfallen und damit Nachteile in der Angebotsbewertung mit seiner Kritik einzuhandeln, könnte den Bieter ebenfalls abhalten, kritische Anmerkungen bekannt zu geben. Dennoch erscheint es wegen des drohenden Verlustes des Mehrkostenvergütungsanspruches besser, die Anzeige vorzunehmen. Auch der spätere Hinweis des AN, etwa in seiner Nachtragsbegründung, er habe sich in Treu und Glauben auf die Richtigkeit der Aussage des AG aufgrund dessen besserer Kenntnis der Gegebenheiten verlassen, dürfte nicht immer rechtliche Anerkennung finden.

Die Erfahrung jedoch zeigt, dass dieser Hinweispflicht seitens AN nicht immer nachgekommen wird und der AN damit u. U. erhebliche Risiken übernimmt.

Bei Nassbaggerarbeiten werden häufig Nachträge gestellt, die im Zuge von deren Bewilligung zunächst auch daraufhin geprüft werden, ob ggf. relevante Bedenkenshinweise vor Angebotsabgabe stattgefunden haben.

Immer wiederkehrende Gründe für Nachträge sind:

- Bauverzug z. B. durch fehlende Genehmigungen,
- Antreffen von von den Verdingungsunterlagen abweichenden Baugrundverhältnissen, z. B. abweichende Lagerungsdichte, Scherfestigkeit oder Hindernisse mit Auswirkungen auf Leistung, Verschleiß, Ausführungszeit,
- streitige Mengenermittlung, insbesondere bei Laderaumaufmaß von Schuten oder THSD,
- abweichende klimatische Verhältnisse, insbesondere Wind/Sturm, Eis, Strömung,
- unerwartete Preiserhöhungen bei Stoffen, z. B. Diesel,
- Resedimentation von bereits fertiggestellten Teilbereichen, u. a. m.

Im Anhang ist beispielhaft der Entwurf einer Leistungsbeschreibung für Nassbaggerarbeiten zur Herstellung eines Terminals an der Elbe aufgeführt.

6.3.4 Leistungsverzeichnis

Das Leistungsverzeichnis (LV) ist Bestandteil der Leistungsbeschreibung und beschreibt in Form von bepreisten Teilleistungen (Positionen) eine im Rahmen eines Auftrages zu erbringende Gesamtleistung.

Für Nassbaggerarbeiten gilt DIN 18311. Teilleistungen des Leistungsverzeichnisses werden als Positionen bezeichnet. Im LV sind die Abrechnungseinheiten gemäß DIN 18311 wie folgt vorzusehen [4]:

- Abtrag, Ablagerung nach Raumaufmaß [m^3], nach Flächenmaß [m^2] oder nach Gewicht [t],
- Fördern nach Raumaufmaß [m^3] oder nach Gewicht [t], getrennt nach Bodenklassen sowie gestaffelt nach Längen der Förderwege, soweit 50 m Förderweg überschritten wird,
- Beseitigen von Hindernissen nach Gewicht [t], nach Anzahl [Stück] oder Raummaß [m^3],
- Beseitigen einzelner Bäume, Steine und dergleichen nach Anzahl [Stück] oder Raummaß [m^3].

Im Regelfall wird ein Leistungsverzeichnis hierarchisch in Gruppenstufen gegliedert (z. B. Los, Gewerk, Abschnitt, Titel), in denen dann unter Ordnungszahlen die verschiedenen Teilleistungen (Positionen) aufgeführt sind.

Die Vorteile des Leistungsverzeichnisses sind im Allgemeinen die klare und vollständige Darstellung des gesamten Vertragssolls, auch als Grundlage für die Einholung mehrerer vergleichbarer Angebote im Wettbewerb und die nachfolgende Erstellung eines Preisspiegels.

Ein Leistungsverzeichnis ist tabellarisch in folgende Spalten aufgebaut:

- Positionsnummer,
- Mengenangabe (Vordersatz),
- Mengeneinheit,
- Text der Teilleistung, der meistens aus einem Langtext und einem Kurztext besteht. Der Kurztext wird bei der Rechnung wieder verwendet.
- Einheitspreis (EP),
- Gesamtpreis (GP), der sich aus Multiplikation von Menge und Einheitspreis ergibt.

Die für Nassbaggerei spezifische Gesamtleistung besteht in einfacher Form aus Teilleistungen (Positionen), wie in Tab. 6.1 dargestellt.

Die anzubietenden Teilleistungen (Positionen) sind im Leistungsverzeichnis (LV) in folgender Reihenfolge tabellarisch aufgelistet:

Tab. 6.1 Beispiel eines LV für Nassbaggerarbeiten

Pos.	Einheit	Menge	Text	EP [€/m³]	GP [€]
1			BE	Pauschal	2.000.000,00
2	m³	1.000.000	Nassbaggerarbeiten		
2.1	m³	1.000.000	Boden abtragen für 1 m³	2,87	2.870.000,00
2.2	m³	1.000.000	Boden zu Spülfeld A1 transportieren für 1 m³	2,13	2.130.000,00
2.3	m³	1.000.000	Boden in Spülfeld A1 bis +2m NN aufspülen und Grobplanum herstellen, für 1 m³	0,80	800.000,00
3			BR	Pauschal	500.000,00
4 W*	1 h		Stundensatz CSD-Gerätesatz im AG-seits angeforderten Einsatz für 1 h	3.500,00	Nur EP
Netto-Angebotssumme					8.300.000,00
zzgl. 19 % Mehrwertsteuer					1.577.000,00
Brutto-Angebotssumme					9.877.000,00

EP Einheitspreis, GP Gesamtpreis, BE Baustelleneinrichtung, BR Baustellenräumung, NN Pegelbezug Normalnull, W* Wahlposition

- Positionsnummer,
- Mengenangabe,
- Mengeneinheit,
- die Teilleistung beschreibender Text,
- Einheitspreis (EP in €/Mengeneinheit),
- Gesamtpreis (GP in €), der sich aus Multiplikation von Menge und Einheitspreis ergibt.

Es werden folgende Positionsarten unterschieden:

- Leistungsposition oder Ausführungsposition: eine Position, die eine auszuführende Leistung beschreibt,
- Grundposition: eine Bezugsposition, auf die sich Alternativ- oder Zulagepositionen beziehen,
- Alternativposition oder Wahlposition: eine Position, die sich der Auftraggeber anbieten lässt und für deren Ausführung er sich i. d. R. vor Vertragsabschluss anstelle der zugehörigen Grundposition entscheidet,
- Zulageposition: eine Position, mit der die Leistung einer Grundposition ergänzt wird,
- Eventualposition oder Bedarfsposition: eine Position, die eine Leistung beschreibt, die aufgrund eines unvollständigen Informationsstandes zur Ausführung kommen kann,
- Leitposition: Die Position beschreibt Leistungen, die in nachfolgenden Positionen näher beschrieben werden.

Eventualpositionen sind gemäß VOB/A zu vermeiden.

Für die Erstellung von Leistungsverzeichnissen verwendet man heutzutage spezielle Software. Besonders im Bauwesen, wo Leistungsverzeichnisse für die Ausschreibung von Bauleistungen üblich sind, haben sich sogenannte AVA-Systeme (Akronym für die Prozesse Ausschreibung, Vergabe und Abrechnung) etabliert.

Die Nassbaggerarbeit kann im Rahmen eines Gesamtbauwerkes

- als gesondertes Los für sich ausgeschrieben werden und ist demzufolge dem AG auch direkt anzubieten, oder sie wird
- als Teilleistung des Gesamtbauwerks ausgeschrieben und ist demzufolge als Nachunternehmerleistung dem Generalunternehmer anzubieten.

6.3.5 Nebenleistungen

Nebenleistungen sind solche Leistungen, die auch ohne gesonderte Erwähnung in der Leistungsbeschreibung zur Erbringung der Leistung gehören.

Nebenleistungen sind u. a.:

- Vorhalten der BE,
- Vermessungsarbeiten,
- Schutz- und Sicherungsmaßnahmen,
- Liefern der Energie,
- Entsorgen von Müll und Abfall.

6.3.6 Besondere Leistungen

Besondere Leistungen sind Leistungen, die erbracht werden müssen, ohne als Nebenleistungen und nicht in der Leistungsbeschreibung erwähnt worden zu sein.

Besondere Leistungen sind u. a.

- Sicherungsmaßnahmen für andere Unternehmer,
- besondere Maßnahmen gegen Hochwasser,
- Versicherung außergewöhnlichen Haftungswagnisses,
- besondere Prüfung von zu liefernden Stoffen.

6.3.7 LV Pos. 1: Baustelleneinrichtung und -räumung

Die Pos. 1 BE und Pos. 3 BR, wie im oben angeführten Beispiel-LV (Tab. 6.1), sind meist pauschal anzubieten. Bei den Kosten dieser Positionen handelt es sich um einmalige Kosten.

Die BE-Position soll alle Maßnahmen und Leistungen beinhalten, die erforderlich sind, um den Gerätesatz auf der Baustelle in Dienst zu stellen (Abb. 6.1) und während der Arbeiten vorzuhalten, d. h. Kosten für

- Seeklarmachen des Gerätes am letzten Standort für den Transport zur neuen Baustelle
- Arbeitsgerät und Hilfsgeräte sowie Transport der notwendigen Ersatzteile zum Einsatzort,
- Transportversicherung,
- Werkplätze und deren Zuwegungen für die Verwaltung der Baustelle her- und einrichten, u. a. bestehend aus Bürogebäuden, Unterkünften, Energie- und Wasserversorgung der Versorgungsbasis, sowie
- Arbeitsgerät am Einsatzort arbeitsbereit herrichten,
- Durchführung von Vermessungsarbeiten,
- technische Planung und Bearbeitung,
- ggf. Fremdleistungen z. B. für Wegebau und Platzbefestigung,
- Abdeckung besonderer Wagnisse, z. B. infolge Hochwasser, Eis oder Sturm sowie
- Personal- und Energiekosten zur Durchführung vorstehender Leistungen.

In manchen LV gibt es keine Pos. 3 für Baustellenräumung (BR). In diesem Fall sind die Kosten für die BR in die Pos. 1 BE mit einzurechnen. Die ausgeführten Leistungen kommen dann nach einem vertraglich vereinbarten Schlüssel, z. B. 80 % für BE und 20 % für BR, jeweils nach Ausführung zur Abrechnung.

6.3.8 LV Pos. 2: Einheitspreis Bodenabtrag je m^3

Die Pos. 2 des Beispiel-LV's ist eine Einheitspreis-Position (EP-Position). Der EP bezieht sich auf das bedingungsgemäße Baggern, Transportieren und Verbringen von 1 m^3 Boden.

Für den Bodenabtrag ist i. d. R. kein Pauschalpreis, sondern ein Einheitspreis zu kalkulieren. Dies wird erforderlich, da die tatsächlich abrechenbare Menge mit Vorlage des LV nur ungefähr bekannt ist und erst nach erfolgter Baggerung und deren Abnahme durch Vergleich von Urpeilung und Schlussaufmaß ggf. unter Berücksichtigung der Toleranzbaggermengen ermittelt wird. Unbedingt zu beachten ist, dass Vor- und Nachpeilung mit der gleichen Echolotfrequenz ausgeführt werden.

Oftmals ist die Abnahme von gebaggerten Teilbereichen anzustreben, insbesondere wenn diese durch Eintreibungen oder Ausfällungen nach bereits hergestellter Baggertiefe wieder verflachen können. Die Abnahme von Teilbereichen erfolgt nur, sofern vertraglich vereinbart. Wenn nicht, muss etwaige erforderliche Unterhaltungsbaggerung zum Nachweis des erreichten Vertragssolls bis zur Abnahme durch den AG in den EP eingerechnet werden.

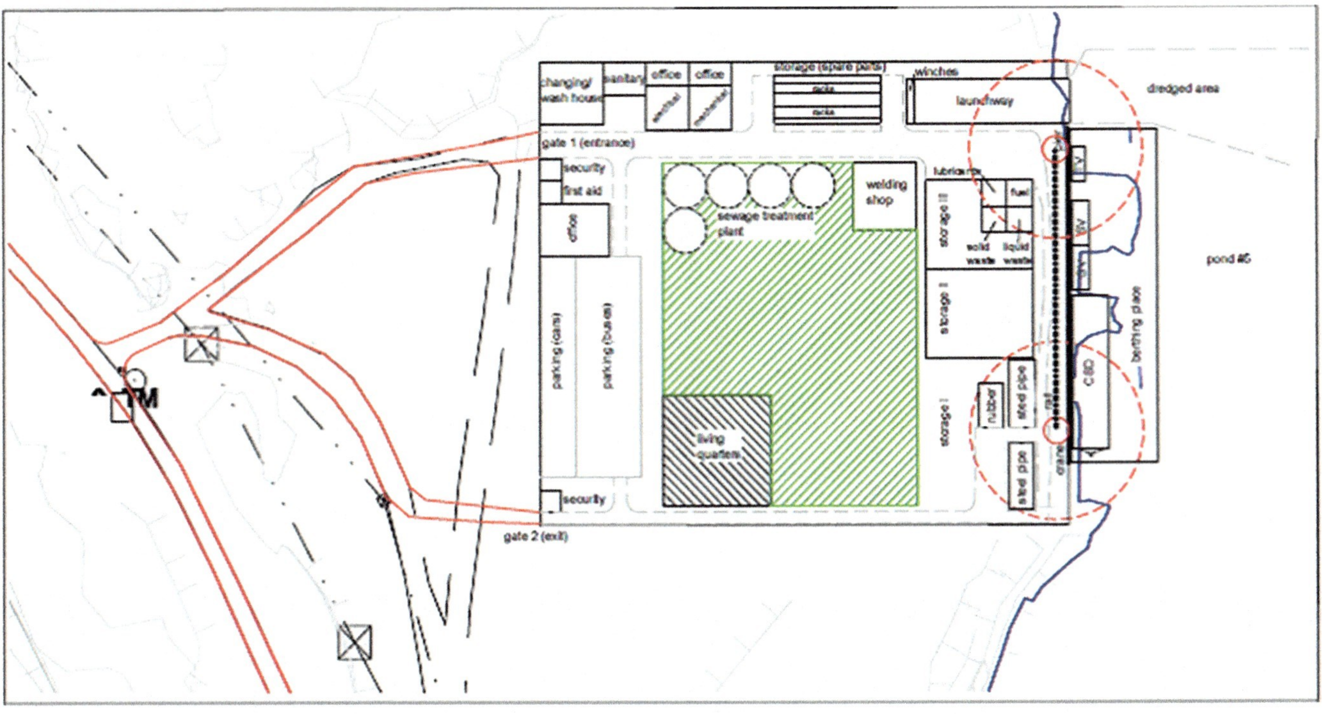

Abb. 6.1 Einrichtungsplan eines Bauhofes für Nassbaggerarbeiten

6.3.9 Sonstige Leistungen

Weiter sollten im LV auch Positionen vorgesehen sein, die im Falle von AG-seits geforderten, zusätzlichen Leistungen abgerechnet werden können. Dazu gehören:

- Gerätekosten als Stundensatz [€/h],
- Personalkosten als Stundensatz [€/h],
- EP bei Mehr- oder Mindermengen über die VOB/B bzw. die vertragliche Regelung hinaus.

6.4 Form der Vergabe

Die Arten der Vergabe sind in den §§ 3 und 3a der VOB/A genannt. Dies sind:

- sowie öffentliche beschränkte Ausschreibung,
- freihändige Vergabe,
- wettbewerblicher Dialog.

6.4.1 Öffentliche Ausschreibung

Die öffentliche Ausschreibung wird ab Erreichen der VOB-Schwellenwerte „offenes Verfahren“ genannt.

Hierbei werden Bauleistungen im vorgeschriebenen Verfahren nach öffentlicher Aufforderung einer unbeschränkten Zahl von Unternehmen zur Einreichung von Angeboten vergeben.

Im Gegensatz zur privatrechtlichen Ausschreibung muss das offene Verfahren stattfinden, soweit nicht die Eigenart der Leistung oder besondere Umstände eine Abweichung rechtfertigen.

6.4.2 Beschränkte Ausschreibung

Die „beschränkte Ausschreibung“ wird ab Erreichen der Schwellenwerte „nichtoffenes Verfahren“ genannt.

Hierbei werden Bauleistungen im vorgeschriebenen Verfahren nach Aufforderung einer beschränkten Zahl von Unternehmen zur Einreichung von Angeboten vergeben, gegebenenfalls nach öffentlicher Aufforderung, Teilnahmeanträge zu stellen (in diesem Falle handelt es sich um eine „beschränkte Ausschreibung nach öffentlichem Teilnahmewettbewerb“).

6.4.3 Freihändige Vergabe

Die freihändige Vergabe, ab Erreichen der Schwellenwerte Verhandlungsverfahren genannt, ist zulässig, wenn die öffentliche Ausschreibung oder beschränkte Ausschreibung unzweckmäßig ist, besonders:

- wenn für die Leistung aus besonderen Gründen (z. B. Patentschutz, besondere Erfahrung oder Geräte) nur ein bestimmtes Unternehmen in Betracht kommt,
- wenn die Leistung besonders dringlich ist,
- wenn die Leistung nach Art und Umfang vor der Vergabe nicht so eindeutig und erschöpfend festgelegt werden kann, dass hinreichend vergleichbare Angebote erwartet werden können,
- wenn nach Aufhebung einer öffentlichen Ausschreibung oder beschränkten Ausschreibung eine erneute Ausschreibung kein annehmbares Ergebnis verspricht,
- wenn es aus Gründen der Geheimhaltung erforderlich ist,
- wenn sich eine kleine Leistung von einer vergebenen größeren Leistung nicht ohne Nachteil trennen lässt.

Freihändige Vergabe kann außerdem bis zu einem Netto-Auftragswert von 10.000 € (ohne Umsatzsteuer) erfolgen.

6.4.4 Wettbewerblicher Dialog

Der § 3a VOB kennt außerdem noch den wettbewerblichen Dialog. Ein wettbewerblicher Dialog ist ein Verfahren zur Vergabe besonders komplexer Aufträge. In diesem Verfahren erfolgen eine Aufforderung zur Teilnahme und anschließend Verhandlungen mit ausgewählten Unternehmen über alle Einzelheiten des Auftrags. Nähere Einzelheiten siehe § 3a der VOB/A.

Nach Auftragsverhandlung kann die Baggerleistung vergeben werden als:

- pauschal vergütete Leistung: Pauschalvertrag;
- EP-vergütete Leistung: Einheitspreisvertrag;
- im Stundenlohn vergütete Leistung: Stundenlohnvertrag.

Zu den Vertragsformen ist anzumerken, dass ein Pauschalvertrag nur dann abgeschlossen werden kann, wenn die Bedingungen der Projektdurchführung genauestens bekannt sind.

Im Stundenlohn beauftragte Leistungen werden nur dann vergeben, wenn es sich um sehr besondere Arbeiten handelt, die z. B. gerade das spezifisch angefragte Gerät benötigen.

Die häufigste Vertragsform ist der Einheitspreisvertrag.

6.5 Vertragsbedingungen

Nassbaggerarbeiten werden auf Grundlage der Verdingungsunterlagen auf Basis von Vertragsbedingungen vergeben. Art und Umfang der beiderseitigen Leistungen von AG und AN werden durch den Vertrag bestimmt. Geschäftsbedingungen von AG und AN werden durch Vertragsbedingungen ersetzt.

Die ausgeschriebenen Vertragsbedingungen sind seitens Bieter vor Angebotsabgabe auf Einhaltbarkeit der geforderten Bedingungen sorgfältig zu prüfen, i.d.R. auch durch die juristische Abteilung des Bieters.

Die wichtigsten Teile des Vertrages sind, wie ausgeführt, Leistungsbeschreibung und Leistungsverzeichnis, gefolgt von den Vertragsbedingungen.

Die Vertragsbedingungen bestehen aus vier Teilen. Die allgemeinen Vertragsbedingungen (AVB) werden nach § 8 VOB ergänzt durch:

- besondere Vertragsbedingungen (BVB),
- ergänzende Vertragsbedingungen sowie
- zusätzliche Vertragsbedingungen (ZVB).

Die BVB müssen dem AN gegenüber ausdrücklich als Vertragsbestandteil erklärt werden. Sie regeln u. a.:

- Besonderheiten des Baugrunds,
- Besondere Ausführungsfristen und -abläufe,
- Besonderheiten der Örtlichkeit von Bagger- und Verbringungsgebiet.

Ergänzende Vertragsbedingungen können z. B. Verfahrensbeschreibungen des AN zur Durchführung der Nassbaggerarbeiten sein, die vom ausgeschriebenen Konzept des AG abweichen.

Die ZVB regeln u. a.:

- Weitergabe von Teilleistungen an Nachunternehmen,
- Stundenlohnarbeiten,
- Ausführungsfristen und Zwischentermine,
- Arbeitszeiteinschränkungen,
- Abnahmemodalitäten (insbesondere Teilabnahmen),
- Haftung gegenüber Dritten,
- Zahlungen, ggf. Vorauszahlungen,
- Vertragsstrafen und/oder Beschleunigungsvergütungen,
- Sicherheitsleistungen (Vertragserfüllungsbürgschaft, Haftpflichtversicherung),
- Lohn- und Materialpreisgleitklauseln,
- Änderung der Vertragspreise bei Mengenänderungen.

Die Vertragsteile, soweit vereinbart, gelten im Streitfalle nacheinander in folgender Reihenfolge:

1. Leistungsbeschreibung und Leistungsverzeichnis,
2. besondere Vertragsbedingungen,
3. etwaige ergänzende Vertragsbedingungen,
4. etwaige zusätzliche Vertragsbedingungen,
5. etwaige allgemeine technische Vertragsbedingungen,
6. die allgemeinen Vertragsbedingungen.

6.5.1 VOB

Grundsätzlich gilt auch für Bauleistungen das BGB. Die Problematik liegt in den ständig auftretenden Änderungen eines Bauprojektes, deren Probleme im BGB nicht im Detail beschrieben sind. Deswegen wurde die VOB/B entwickelt.

Die für die Vergabe von öffentlichen Bauleistungen geltende „Vertrags- und Vergabeordnung für Bauleistungen", kurz VOB genannt, ist in der Fassung vom 19. Juli 2012 gültig.

Private Bauleistungen können auch auf Basis VOB vergeben werden, müssen jedoch nicht. Der privat Ausschreibende kann auf Grundlage BGB sein eigenes Regelwerk aufstellen oder die von ihm gewünschten Bauleistungen auf Basis VOB/B ausschreiben.

Die VOB besteht aus 3 Teilen:

- VOB/A: Teil A enthält allgemeine Bestimmungen einschließlich Regelung des Teilnehmerkreises an der Ausschreibung. Der Teilnehmerkreis und dessen Rechtsordnung, d. h. Anwendung internationalen oder nationalen Rechts, hängt von der Höhe der Bauleistungssumme ab. Nationales Recht gilt bis zu einem Schwellenwert von 5.000.000,00. Wird der Schwellenwert überschritten, können an der Ausschreibung alle Staaten teilnehmen, die die EU-Regeln des „Government Procurement Agreement" (GPA) anerkannt haben.
- VOB/B: Teil B enthält allgemeine Vertragsbedingungen für die Lösung und Regelung spezieller bautechnischer Fragestellungen eines Werkvertrags, die im BGB nicht bzw. nicht weitgehend genug geregelt sind.
- VOB/C: Teil C enthält allgemeine technische Vertragsbedingungen für Bauleistungen, bestehend aus einer Sammlung von allgemeinen technischen Vertragsbedingungen (ATV), die gleichzeitig auch als DIN- bzw. EN-Normen herausgegeben werden. Gemäß § 1 Abs. 2 Nr. 5 VOB/B geht die VOB/C bei Widersprüchen der VOB/B vor.

Literatur

1. Ingenstau H, Korbion H (2004) VOB Teile A und B, Kommentar, 15. Aufl. Werner Verlag
2. FIDIC (2001) Form of contract for dredging and reclamation works. FIDIC, Lausanne
3. Yell D, Ridell J (1995) ICE design and practice guide. Telford, London
4. DIN 18300. Erdarbeiten, Kap. Abrechnungseinheiten.
5. Vergabe- und Vertragsordnung für Bauleistungen (VOB), Teile A, B und C

7 Risiken bei der Angebotsbearbeitung

Ein prinzipielles Fließschema einer Projektbearbeitung ist in Abb. 7.1 dargestellt.

Die Angebotsbearbeitung beginnt nach Veröffentlichung der Verdingungsunterlagen, die nach Vorlage des Planfeststellungsbeschlusses erfolgen kann. Nachdem die Verdingungsunterlagen vom Bieter bedingungsgemäß vom AG angefordert worden sind, werden diese vom AG zugestellt.

In der Regel geht die Ausschreibung beim Bieter zunächst an die jeweils beauftragte Projektleitung, wo

- über weitere Teilnahme entschieden wird, ferner über
- Teilnahme am Projekt in Bietergemeinschaft oder
- Teilnahme als Subunternehmer.

Kopien der Verdingungsunterlagen oder Auszüge davon erhalten bei Fortführung der Angebotsbearbeitung

- das Technische Büro,
- die Kaufmännische Abteilung,
- die Kalkulationsabteilung sowie
- die Rechtsabteilung.

Alle an der Angebotsbearbeitung beteiligten Abteilungen/Sachbearbeiter des Bieters haben, wie oben im Detail begründet, eine Vollständigkeitsprüfung der Unterlagen und ggf. Fehler oder Widersprüche in den Unterlagen vorzunehmen. Die Projektleitung entscheidet, ob und inwieweit der AG schriftlich vor Angebotsabgabe über das Prüfergebnis unterrichtet wird.

V. Patzold, G. Gruhn, *Betriebliche Risiken in der Nassbaggerei*,
DOI 10.1007/978-3-662-49345-8_7

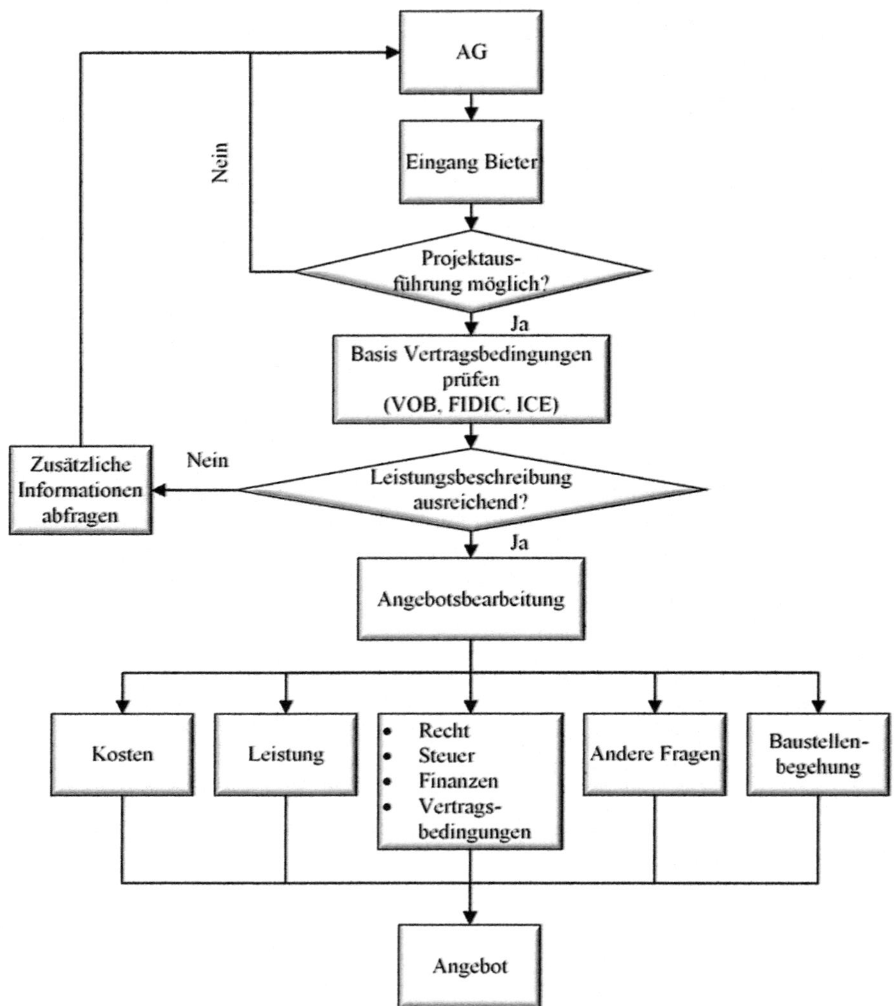

Abb. 7.1 Fließschema Angebotsbearbeitung

Etwaige Fragen zur Ausschreibung, Mängel oder Widersprüche sind dem AG vom Bieter in der vorgegebenen Frist schriftlich bekannt zu geben, der die entsprechenden Antworten schriftlich in festgesetzter Frist und rechtzeitig vor Angebotstermin allen Bietern mitteilt.

Nachdem die Prüfung der Verdingungsunterlagen erfolgt ist, entscheidet die Geschäftsleitung des Bieters über Fertigung eines Angebotes sowie, in welcher Form sich der Bieter an der Ausschreibung beteiligen will, ob als alleiniger Auftragnehmer, als Teilnehmer einer Bietergemeinschaft oder als Subunternehmer. Nach Festlegung der Teilnahmeform erfolgt die Leistungs- und Kostenberechnung und abschließende Fertigung des Angebotes.

7.1 Prüfung der Verdingungsunterlagen

Die Prüfung der Verdingungsunterlagen sollte sich neben Überprüfung allgemeiner Angaben auf Vollständigkeit erstrecken, z. B.:

- Ortsbeschreibung,
- aktualisierte Lagepläne mit Darstellung der
  - Baggerflächen,
  - Lagerungsflächen,
  - Liegeplätze,
  - Flächen für baustellenbedingte Einrichtungen (Werkstatt, Lager, Labor, Vermessung, Unterkunft, Sanitär, Krankenstation u. a. m.) und
- Längs- und Querschnitte.

Dann schließt sich die Prüfung auf vollständige Beschreibung der für Nassbaggerei erforderlichen geotechnischen Parameter an.

Insbesondere sollte sich die Prüfung der Verdingungsunterlagen auf folgende Themen erstrecken:

- Zuwegung via Land- und Wasserweg und Landanschluss für Rohrleitung,
  - Vorgabe der zulässigen Verkehrslasten und anderer Beschränkungen;
- verfügbare Landflächen mit Größenangabe (Büro, Lagerräume, Werkstatt, Unterkünfte);
- Baustellenversorgung mit Strom, Wasser, Gas, Treibstoff;
- geodätische Daten einschl.:
  - Pegelstände mit Angabe des Höhenbezugs (SKN, NN, lokaler Pegelstand),
  - vorhandene Wassertiefen,
  - herzustellende Wassertiefen einschl. ggf. vergüteter horizontaler und vertikaler Überbaggerung,
  - herzustellende Böschungsneigungen,
  - Volumenberechnung;
- Baugrundbeschreibung einschl.:
  - geologische Beschreibung,
  - geotechnische Beschreibung,
  - Probenahme,
  - Ermittlung von Kennwerten im Feld und im Labor,
  - geotechnische Interpretation und Darstellung,
  - Beschreibung von geogenen und anthropogenen Hindernissen und sonstigen Kontaminanten;
- klimatische Gegebenheiten einschl.:
  - Windverhältnisse,
  - Sichtverhältnisse (Nebel, Regen),
  - Eisgang;

- hydrologische Verhältnisse einschl.:
  - Tideverhältnisse,
  - Strömungsverhältnisse,
  - Wellenhöhen;
- ökologische Verhältnisse mit Auflagen für:
  - Schutzgebiete,
  - Entsalzung Spülwasser,
  - Suspensionsbildungen beim Baggern und bei Rückführung des Spülwassers,
  - Lärmemissionen,
  - Luftemissionen;
- Beschreibung des vorgeschriebenen Nassbaggertyps:
  - Auswahl Gerätetyp,
  - Leistungsbestimmung des gewählten Nassbaggers,
  - Bestimmung der Hilfsgeräte;
- Beschreibung der Deponierungsart des Baggergutes:
  - Verklappen, oder
  - Verspülen einschl. Rückführung des Spülwassers, oder
  - Rainbowing,
  - Agitationsbaggerung.

7.2 Risiken in der Preisfindung

Die Angebotsbearbeitung beinhaltet im Wesentlichen die Kalkulation der geschätzten Kosten des Projektes. Unter Kalkulation ist streng genommen im Wortsinn eine Berechnung zu verstehen. In der Nassbaggerei handelt es sich jedoch immer nur um eine Schätzung der für die Projektdurchführung als notwendig erachteten Selbstkosten. Die Schätzung ist per se mit Risiken behaftet.

Im weiteren Verlauf werden weitere Kostenkalkulationen verschiedener Projektbeteiligter erforderlich. Die Kalkulationen erstrecken sich auf die

- Planungsphase mit Fertigung einer Vorkalkulation zur Schätzung des Projektumfanges,
- Angebotsphase vor Auftragserteilung mit Fertigung einer Angebotskalkulation und
- Nachtragsphase nach Auftragserteilung mit Fertigung der Nachtragskalkulation(en) für Leistungen, für die zuvor kein Preis vereinbart worden war.

Betriebsintern können diese Phasen noch weiter ergänzt werden durch eine Vergabekalkulation oder eine Arbeitskalkulation sowie eine Nachkalkulation.

Bei der klassischen Unternehmerkalkulation beträgt die Genauigkeit der Preisschätzung ca. ±5 % [1]. Planungskalkulationen weisen eine höhere Ungenauigkeit aus.

Für die Erstellung des LV werden kalkulatorische Kosten ermittelt, die Auszahlungen bzw. Ausgaben darstellen. Es wird der für die Leistungserstellung

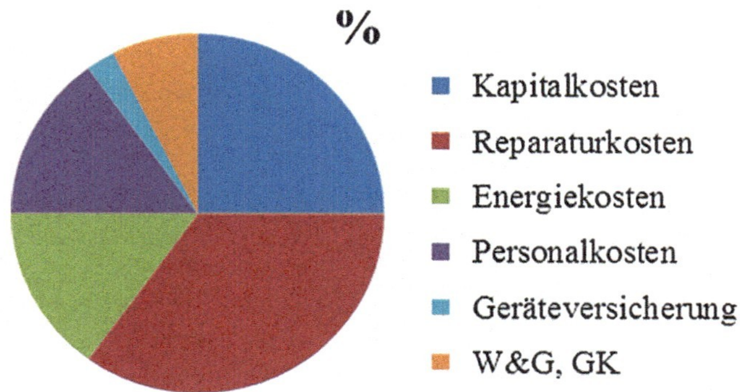

Abb. 7.2 Kostenaufschlüsselung Selbstkosten

tatsächlich benötigte Verbrauch abgeschätzt und in Geld bewertet. Diesen Herstellkosten werden pauschale Zuschläge für Wagnis und Gewinn (W&G) sowie für Geschäftskosten (GK) hinzugerechnet. In summa erhält man die Selbstkosten.

Die verschiedenen Kostenarten, die die Selbstkosten bilden, verteilen sich in der Nassbaggerei wie in Abb. 7.2 dargestellt (Abb. 7.2). Die Grafik macht deutlich, dass Nassbaggerei weniger durch den Produktionsfaktor Arbeit, sondern vielmehr durch den Faktor Kapital bestimmt wird.

In der Nassbaggerei wird als Zeiteinheit für Betrachtung von Leistung und Kosten

- im niederländischen Einflussbereich die Woche [w] oder
- im deutschen und belgischen Einflussbereich der Monat [mon] genutzt.

Hier erfolgt der Bezug in m^3/w.

Den größten Anteil an den Selbstkosten haben die Reparaturkosten mit 35 %, gefolgt von den Kapitalkosten mit 25 % und den Energie- und Personalkosten mit je 15 %, den Kosten für Wagnis & Gewinn (W&G) sowie Geschäftskosten (GK) mit zusammen 7,5 % und Geräteversicherungskosten mit 2,5 %.

Weiter muss man sich bei der Kalkulation von Nassbaggerprojekten der Bedeutung des Vordersatzes Menge bewusst werden. Oftmals handelt es sich um einen großen Multiplikator für den Einheitspreis, mit dem der Gesamtpreis gebildet wird.

Denkt man beispielsweise an die großen Aufspülungsprojekte im Persischen Golf, wie z. B. die künstliche Inselgruppe „Palm Islands" in den Vereinigten Arabischen Emiraten, die mehr als 1.000.000.000 m^3 Landaufspülung vor der Küste beinhalten, macht auch schon ein Fehler um 1 ct in der 4. Nachkommastelle einen erheblichen Betrag aus.

Kosten werden in fixe und variable Kosten aufgeteilt, wenn man gleichbleibende Produktionsverhältnisse voraussetzt. Der Kapitaldienst beispielsweise stellt einen fixen Kostenanteil an den Gesamtkosten dar, Stoffkosten wie Diesel z. B. sind dagegen dem variablen, produktionsabhängigen Kostenteil zuzurechnen [2, 3]. Siehe auch Lastfall 7.1.

Lastfall 7.1 Fixkostencharakter der Einzelkosten
Ist der gut organisierte Nassbaggerbetrieb erst einmal angelaufen, nehmen die Gesamtkosten in €/w oder €/mon quasi Fixkostencharakter an. Sie ändern sich erfahrungsgemäß nur noch minimal. Das wird an Abb. 7.3 und Tab. 7.1 deutlich.

In der Abbildung sind die prozentualen Anteile der Selbstkosten eines Projekts in Abhängigkeit von der zu baggernden Bodenart aufgetragen. Bei den Bodenklassen 4A bis 4D handelt es sich um Fels.

Die prozentualen Anteile der Kostenarten am Gesamtpreis waren weitestgehend konstant, erst die felsigen Bodenarten 4A bis 4D erforderten einen höheren Anteil an Reparaturkosten, insbesondere hervorgerufen durch immensen Meißelverbrauch, der im Vergleich zur Kalkulation um rd. das zehnfache stieg. Die Leistung in diesem Projekt dagegen reduzierte sich von 210.000 m³/w in den Bodenklassen 1B bis 1D auf 50.000 m³/w in den Klassen 4C und 4D.

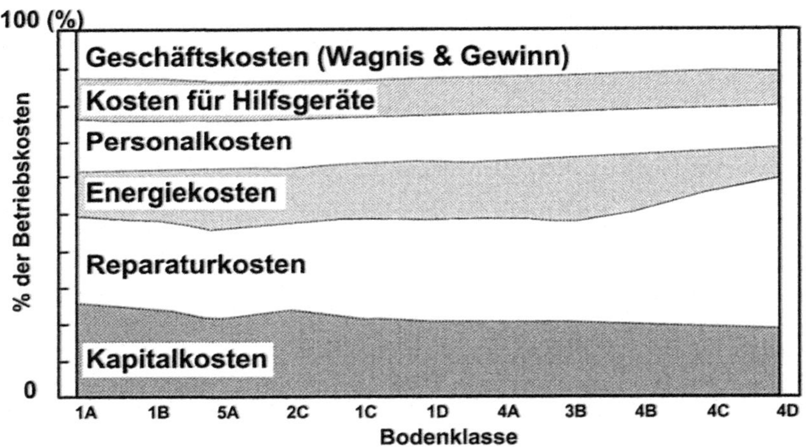

Abb. 7.3 Plankostenstruktur eines Nassbaggerprojektes in Abhängigkeit von der Bodenart, nach Nedeco

Die Bildung des Einheitspreises hängt somit entscheidend von der vom Nassbagger erbrachten abrechenbaren Leistung in m³/w ab. In der Bestimmung der Produktion in m³/w liegt das große und maßgebliche Risiko der Nassbaggerei.

Die gebaggerte Menge in m³ kann auf verschiedene Art und Weise gemessen werden, u. zw.:

- im Abtrag, am häufigsten angewandte Methode, festgestellt als Differenzmenge von Vorpeilung und Nachpeilung, gebaggert im auszuführenden Baggerprofil ggf. unter Berücksichtigung der Toleranzbaggermengen,
- im Auftrag, festgestellt als Differenzmenge von Vor- und Nachaufmaß eines Spülfeldes im Falle terrestrischer Verbringung oder, im Falle aquatischer Verbringung, durch Vor- und Nachpeilung einer Klappstelle,

Tab. 7.1 Beschreibung der in Abb. 7.3 gezeigten Bodenklassen

Klasse	Beschreibung	SPT	UCS MPa	d_{50} µm	ρ t/m³	τ kPa
1A	Sehr weicher schluffiger Ton	<1			1,4	<10
1B	Weicher bis fester schluffiger Ton und locker gelagerter toniger Schluff	4			1,7	25
1C	Steifer bis fester (schluffiger) Ton	10			2,0	250
1D	Fest bis sehr fest gelagerter (schluffiger) Ton	45			2,0	325
2A	Locker gelagerter toniger Feinsand	10		120		
2B	Mitteldicht gelagerter Sand	35		300		
2C	Sehr dicht gelagerter Sand	125		400		
3A	Ton-Sand-Halit-Gemenge	30				
3B	Halit (hartes Steinsalz)	200		2.000		
4A	Extrem dicht gelagerter (zementierter) Sand	350		800		
4B	Extrem dicht gelagerter (zementierter) Ton	100			2,1	350
4C	Fels, Kerngew. 15 %		18		2,1	
4D	Fels, Kerngew. 20 %		25		2,1	
4E	Fels, Kerngew. 65 %		25		2,5	

- als Laderaumaufmaß von THSD-Ladungen oder von Schutenladungen oder
- als Feststoffanteil im Spülstrom des Boden-Wasser-Gemisches.

Die vier verschiedenen Arten, die abrechenbare Leistung in m³ festzustellen, bedeuten ein weiteres großes Risiko, begründet durch unterschiedliche Volumina.

Im zweiten Fall, d. h. Abrechnung im Auftrag, muss vor Ausführungsbeginn ziemlicher Aufwand getrieben werden, um die Setzungen im Spülfeld zu erfassen. Einerseits resultiert die Auflockerung des Bodens im Spülfeld in scheinbar größeren Mengen, als tatsächlich abgetragen wurden. Erfahrungsgemäß ist bei Mittel- bis Grobsand von <5 % Auflockerung auszugehen. Andererseits sind Setzpegel in genügender Dichte zu stellen und laufend zu kontrollieren, um die Setzungen zumal in moorigen Spülflächen zu erfassen. Auch sind bei dieser Methode Verluste an Boden zu bedenken, die mit dem Spülwasser (Rückwasser) an das Baggergebiet wieder zurückgegeben werden.

Im dritten Fall, d. h. Abrechnung nach Laderaumaufmaß, bringt die Verteilung des Bodens im Laderaum Probleme bei der Mengenermittlung mit sich. Es müssen viele Messstellen eingerichtet werden, um eine einigermaßen genaue Mengenermittlung zu erreichen. Weiter sind die Spülverluste bei Baggern im Überlaufmodus zu berücksichtigen, die u. U. sehr hoch sein können. Die Menge Laderaumaufmaß ist etwa 8–10 % größer als die Menge im Abtrag.

Der vierte Fall, d. h. Erfassung des Feststoffanteils beim Spülen durch radiometrische Dichtemessung und Geschwindigkeitsmessung des Gemischstromes im Rohr, führt zu noch höheren Unterschieden zur im Abtrag durch Peilung festgestellten Menge. Je nach Bodenart werden 10–15 % Mehrmenge festgestellt.

Die sich aus der Mengenfeststellung ergebenden Mehrmengen müssen kalkulatorisch je nach Erfahrung des Bieters bei der Preisfindung berücksichtigt und entsprechend abgeschätzt werden.

In den vorausgegangenen Kapiteln, z. B. bei der Beschreibung der geotechnischen Parameter und deren Einflussnahme auf die Leistung (Abschn. 4.2.5), wurde deutlich, dass Eintrittswahrscheinlichkeit und Ereignisschwere allein eines Risikofaktors, z. B. der Lagerungsdichte, oftmals viel mehr Bedeutung für die Höhe der Kosten annimmt, als z. B. der zugeschlagene Prozentsatz für Wagnis & Gewinn von vielleicht 5 % oder 10 %. In der Nassbaggerindustrie erfährt dieser Zuschlag deshalb geringere Wichtung als in der sonstigen Bauindustrie.

Weiter ist in diesem Zusammenhang auch die Betriebsstundenzahl je Woche bzw. Monat zu definieren. In der internationalen Nassbaggerei redet man von:

- 1-Schicht-Betrieb: 42 h/w,
- 2-Schicht-Betrieb: 84 h/w und
- sog. *continue dienst* (niederländisch): 168 h/w.

Ein großer THSD mit 22.000 m^3 erfordert beispielsweise eine Investitionssumme A_0 von rd. 150 Mio €, ein CSD mit 17.000 kW eine Investitionssumme A_0 von ca. 80 Mio €. Aufgrund der sehr großen Investitionssummen für ein einziges Gerät wird sehr deutlich, dass in der Nassbaggerei der Produktionsfaktor Arbeit durch den Produktionsfaktor Kapital ersetzt wird. Das wiederum erfordert für die Standardtätigkeit im Vergleich zur sonstigen Bauindustrie möglichst hohe Auslastungsgrade, vorzugsweise solche mit einem Arbeitsmodus von 7/24 (7 d à 24 h/d), d. h. von 168 h/w.

7.2.1 Kostenkalkulationsarten

Das Besondere der Nassbaggerei ist, dass es im Gegensatz zu anderen Bauleistungen gemeinhin nur einen Kostenträger gibt, nämlich den Bodenaushub in m^3. Das wiederum vereinfacht die Kostenkalkulation erheblich und erlaubt die Anwendung einer einfachen Divisionskalkulation. Im sonstigen Bauwesen dagegen wird eine Zuschlagskalkulation angewandt.

7.2.1.1 Einfache Divisionskalkulation

Bei der nassbaggerlichen Divisionskalkulation (Abb. 7.4) wird der EP ermittelt, indem die Summe der kalkulierten Kosten je Zeiteinheit (Woche), durch die geschätzte Leistung je Zeiteinheit (Woche) geteilt wird.

$$EP = \frac{Summe\,kosten\;je\,Zeiteinheit}{Leistung\;je\,Zeiteinheit} \quad [€/\mathrm{m}^3]$$

Unter Kosten wird die Summe aus Herstellkosten zzgl. Zuschlag für W&G und GK verstanden. Dabei werden vorausbestimmte Zuschläge zum Ansatz gebracht,

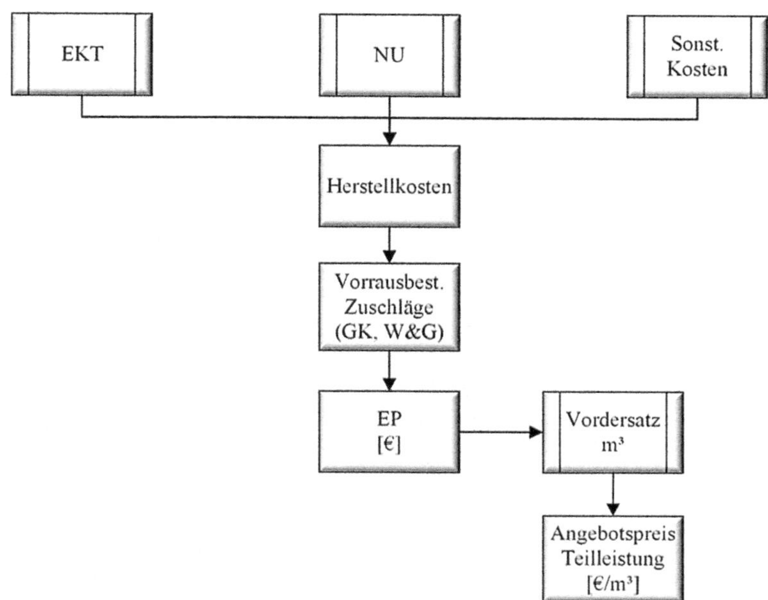

Abb. 7.4 Berechnungsschema Divisionskalkulation nach Wolke, EKT: Einzelkosten Teilleistung, NU: Nachunternehmer

die z. B. jährlich oder von Projekt zu Projekt von der Geschäftsleitung festgelegt werden.

7.2.1.2 Zuschlagskalkulation

Im Zuge der Zuschlagskalkulation werden zunächst nur die direkten Kosten der einzelnen Positionen ermittelt. Nach Erfassung der Gemeinkosten der Baustelle werden diese prozentual auf die Positionen umgelegt.

7.2.2 Ermittlung Angebotssumme

Zur Ermittlung des Einheitspreises sind zunächst die Kosten des anzubietenden Vorhabens zu ermitteln. In der Nassbaggerei werden gemeinhin folgende Kostengruppen zusammengetragen (Tab. 7.2):

Die Herstellkosten (HK) je Zeiteinheit bestehen aus Einzelkosten in €/w für:

- Kapital, d. h., Abschreibung und Verzinsung (D&I),
- Reparatur (M&R),
- Energie (Diesel, Strom) und Schmierstoffe,
- Verbrauchs- und Hilfsstoffe,
- Lohn- und Gehaltskosten incl. Nebenkosten,
- Geräteversicherung.

Tab. 7.2 Ermittlung Angebotssumme einer Position

Einzelkosten (EKT)	€/w
Kapitalkosten (Abschreibung und Verzinsung)	
+ Lohn- und Gehaltskosten incl. Nebenkosten	
+ Energiekosten und Schmierstoffe	
+ Reparaturkosten einschl. Grund- und Schlussreparatur	
+ Verbrauchsstoffe	
+ Kosten Geräteversicherung	
+ Gemeinkosten der Baustelle einschl. Bauleitung, Vermessung	
Herstellkosten (HK)	
+ Allgemeine Geschäftskosten (prozentualer Zuschlag)	
Selbstkosten (SK)	
+ Wagnis & Gewinn (prozentualer Zuschlag)	
Angebotssummenetto Position	

Den HK sind von der Unternehmensführung vorgegebene prozentuale für Allgemeine Geschäftskosten (GK) als Zuschläge hinzuzufügen, womit sich in der Summe die Selbstkosten (SK) in € je Woche ergeben.

Die Netto-Angebotssumme der Teilleistung ergibt nach Zuschlag von Wagnis & Gewinn (W&G) auf die Selbstkosten (SK) je Woche.

SK in €/w geteilt durch Leistung in m^3/w ergibt den Einheitspreis (EP) der Position (Teilleistung) in €/m^3. Die Angebotssumme einer Position ergibt sich aus Multiplikation von Vordersatz und EP, deren Summe den Netto-Gesamtpreis. Zur Vervollständigung des Angebotes sind diesem die Mehrwertsteuer zuzuschlagen, um die Brutto-Angebotssumme zu erhalten.

Die Durchführung dieses Kalkulationsschemas ist sehr einfach. Im Markt verfügbare Baugerätelisten weisen Neuwerte bzw. Wiederbeschaffungswerte aus. Diesen Listen können Angaben entnommen werden, um D&I und M&R je Geräteart zu kalkulieren.

Dennoch können Schwierigkeiten bei der Bewertung der Einzelkosten der Teilleistungen auftreten. Ständig wiederkehrende Fragen, die die Risiken in der Preisfindung einer Nassbaggerarbeit verdeutlichen, sind z. B.:

- Wird die wirtschaftliche Lebensdauer des Gerätes durch den Baugrund beeinflusst?
- Wenn der Baugrund stark verschleißende Eigenschaften hat, kann die Lebenszeit verkürzt werden.
- Können lokale Arbeitskräfte eingesetzt werden?
- In Ländern, in denen viel Nassbaggerei betrieben wird, sind qualifizierte Arbeitskräfte zu finden. Selbstverständlich sollten diese auch eingesetzt werden.
- Welche Art Diesel kann verfügbar gemacht werden?
- Wie ist die steuerliche Behandlung der Treibstoffe?

- Diese Frage ist unbedingt im Zuge der Angebotsbearbeitung abzuklären. Steuerbefreiung kann sich erheblich auf den EP auswirken.
- Welcher Arbeitsmodus ist erlaubt, 7/24 oder nur 6/24 oder gar nur 5/12?
- Normalerweise geht man in der Nassbaggerei von einem zweischichtigen Arbeitsmodus von 7/24 aus. Manchmal steht die lokale Arbeitsgesetzgebung gegen diesen Modus. Die zulässigen Arbeitszeiten sind deshalb immer im Vorwege einer Angebotsabgabe zu prüfen.
- Ist Schichtdienst à 12 h/S zugelassen? Hier gilt das Vorgesagte.
- Wie ist der Verschleiß von beispielsweise Bagger und Rohrleitung einzuschätzen?
- Die Antwort auf diese Frage hat der AN zu finden. Die sorgsame Bewertung von Kornverteilung und Kornform ist unabdingbar.
- Wie viel der Produktion ist abrechenbare Leistung?
- Der AN muss in sein Angebot eine gewisse nicht vergütete Mehrmenge berücksichtigen, die sich hauptsächlich aus Vermessung und Überbaggerung ergibt.
- Wie wirken sich etwaige limitierende Faktoren der Leistungsbeschreibung, z. B. ökologischer Art, aus?
- Wie ausgeführt, sind hierfür Untersuchungen anzustellen, um zeitliche Beschränkungen des Baggerbetriebs zu ermitteln.

7.3 Kostenarten und -stellen

Wie in der allgemeinen Bauindustrie ist auch in der Nassbaggerei bei der Kostenkalkulation zu unterscheiden in

- Kostenarten und
- Kostenstellen.

7.3.1 Kostenarten

7.3.1.1 Kapitalkosten

Die Kapitalkosten (D&I) setzen sich zusammen aus den Beträgen für Abschreibung (D) und Verzinsung (i).

Abgeschrieben und verzinst wird nicht etwa der Zeitwert, sondern der Wiederbeschaffungswert, u. zw. in gleichmäßigen Raten nach der Annuitätenmethode über die während der Lebensdauer anzunehmende mittlere Nutzungsdauer.

Wie alle Wirtschaftsgüter haben Nassbagger eine wirtschaftliche Lebensdauer, über die die Investitionssumme abgeschrieben wird. Je nach Art und Größe und Einsatzgebiet beträgt die Lebensdauer zwischen 10 und 20 Jahren. Bei überwiegendem Einsatz im Fels ist die Lebensdauer kürzer anzusetzen, im Sand u. U. länger.

Häufig trifft man auf Bagger mit deutlich höherem Alter als dem steuerlichen AfA-Ansatz (Absetzung für Abnutzung). I. d. R. ist dann zwischenzeitlich ein Umbau erfolgt, in dessen Zuge der Bagger modernisiert wurde und damit u. U. sogar wieder mit Neubauten wirtschaftlich konkurrieren kann. Grundrenovierungen verlängern im Allgemeinen die wirtschaftliche Lebensdauer. Deren Kosten sind jedoch nicht dem Wiederbeschaffungswert V, sondern dem jeweiligen Buchwert des Gerätes (Wiederbeschaffungswert abzüglich der Summe der Abschreibungsbeträge bis Renovierung) zum Zeitpunkt der Renovierung hinzuzurechnen. Der sich daraus ergebende Betrag wird dann erneut über eine festzulegende Restbetriebszeit abgeschrieben.

Nur in ganz besonderen Fällen, in denen z. B. ausschließlich projektbezogen gebaute Geräte zum Einsatz kommen sollen, die ansonsten am Markt nicht verfügbar und auch nicht mehr zu verwenden sind, können diese über das Projekt abgeschrieben werden.

CIRIA 2009 nimmt einen Zinssatz i in Höhe von 7 % an, BGL 2015 in Höhe von 6 %. Aufgrund der durch die jeweilige Zinspolitik festgelegten langjährigen Sätze sollte der Zinsfuß i. u. U. angepasst werden.

7.3.1.2 Reparaturkosten

Die Kalkulation der Reparaturkosten stellt ein erhebliches Risiko in der Preisfindung dar.

Reparaturkosten (M&R) gliedern sich in Kosten für:

- laufende Instandhaltung sowie
- Grund- und Schlussreparatur,

und dienen dem Erhalt der Funktionstüchtigkeit des Gerätes entsprechend den Entwurfsparametern bei Indienststellung. Die Grundreparatur ist in der Regel mit Docken oder Slippen des Nassbaggers verbunden. Das dient auch der Besichtigung des Schiffsbodens und der dort angeordneten Ventile und somit der Erneuerung der ursprünglich zertifizierten Klasse.

Das von der Klassifizierungsgesellschaft ausgestellte Zertifikat über die Klasse und deren Erhalt ist für den Abschluss von Geräte- und Transportversicherung erforderlich.

In den Gerätelisten enthaltene Kosten für M&R beziehen sich auf die in den Listen genannten Einsatzstunden und werden auch in Stillstandstunden des Gerätes durchgerechnet. Ferner berücksichtigen die angegebenen Werte europäisches Kostenniveau. Für THSD zum Beispiel sind die M&R-Kosten der CIRIA-Liste für 168-h/w-Betrieb angegeben.

Die BGL dagegen geht im Allgemeinen für Baugeräte von 170 h/mon entsprechend 39,5 h/w aus, jede weitere Betriebsstunde wird als Geräteüberstunde eingestuft. Bei Schwimmbaggern wie dem THSD jedoch wird von doppelschichtigem Betrieb ausgegangen, entsprechend 168 h/w. Siehe auch Lastfall 7.2.

Lastfall 7.2 Reparaturkosten nach BGL 2015 und CIRIA 2009

Beispielsweise betragen die kalkulatorischen Reparaturkosten gemäß BGL 2015 und CIRIA 2009 für einen THSD mit 5.000 m^3 Laderaumvolumen, wie in Tab. 7.3 aufgeführt. Nach BGL 2015 ergeben sich im Ergebnis ca. doppelt so hohe Kosten wie bei CIRIA 2009.

Tab. 7.3 Vergleich Reparaturkosten BGL 2015 – CIRIA 2009 für THSD 5.000 m³

		BGL 2015	CIRIA 2009
Mittl. Neuwert	[€]	45.000.000	
Ersatzteile 10 % v. Neuwert	[€]	4.500.000	In V enthalten
Wiederbeschaffungswert V	[€]	39.844.000	47.295.000
Nutzungsdauer	[w/a]	27,5	33
Betriebszeit	[h/w]	168	168
Repko	[€/a]	2.316.800	1.683.000
M&R-Verrechnungssatz	[%/w]	0,21 %	0,13 %
Kalkul. Reparaturkosten	[€/w]	84.247	61.484

Bei außereuropäischem Einsatz etwa entstehende Mehrkosten sind gemäß CIRIA 2009 extra zu berechnen.

Die Reparatursätze der CIRIA 2009 gehen bei zu baggerndem Sand von einem Korndurchmesser d_{50} 200 µm aus. Das entspricht einem Sand an der niederländischen Küste. Häufig jedoch ist das Material gröber und vor allem ungleichförmiger verteilt, sodass der sog. d_{mfx}-Korndurchmesser angewendet wird.

$$d_{\text{mfx}} = \left(d_{10} + d_{20} + \ldots + d_{80} + d_{90}\right)/9)$$

mit:

d_{mfx} äquivalenter Korndurchmesser weit verteilter Böden,
d_{10} Korndurchmesser bei 10 % Siebdurchgang, u. s. w.

Verschleiß beeinflussende Faktoren sind im Wesentlichen:

- Korngröße und deren Verteilung,
- Volumenkonzentration und Gemischgeschwindigkeit,
- kornspezifische Eigenschaften (Härte, Kornform, Dichte),
- Materialeigenschaften der verschleißgefährdeten Teile,
- Baustellengegebenheiten (z. B. gleichmäßige Nutzung der Rohrleitung über die Zeit, Verschleiß und Druckverlust mindernde Art und Weise der Rohrverlegung).

Bei Anmietung des Gerätes durch den AG oder bei Ausführung in Arbeitsgemeinschaften wird der tatsächlich eingetretene Verschleiß durch Vor- und Nachaufmaß der verschleißenden Ausrüstungsteile, z. B. Schneidkopf, Baggerpumpe oder Rohrleitung, festgestellt und ggf. unter den Partnern abgerechnet.

Die Kosten für M&R berücksichtigen bei CIRIA 2009 einen fixen Kostenteil in Höhe von 40 % und einen variablen Kostenteil in Höhe von 60 %. Im Falle von höheren Einsatzstunden je Woche als in der CIRIA Liste angegeben, erhöhen sich die M&R-Kosten um den Faktor F, der sich gemäß folgender Formel berechnet:

Tab. 7.4 CIRIA 2009 Faktoren für M&R bei Mehrarbeit

		tatsächliche Arbeitszeit		
Multiplikationsfaktor F		42	84	168
Standardarbeitszeit H (h/w)	42	1	1,6	2,8
	84	0,7	1	1,6
	168	0,55	0,7	1,0

$$F = 1 + 0{,}6\frac{A_h - H}{H}$$

mit:

F Faktor Mehrkosten M&R gemäß CIRIA Liste (Tab. 7.4)
A_h tatsächliche Einsatzstunden je Woche
H Standardeinsatzstunden je Woche gemäß Liste

7.3.1.3 Personalkosten

Die Personalkosten schließen die Kosten der auf der Baustelle tätigen gewerblichen und angestellten Belegschaft ein. Die Belegschaft einer Nassbaggerbaustelle ist in Tab. 7.5 angegeben.

Die Personalkosten bestehen aus:

- Lohnkosten,
- lohnbedingten Zuschlägen für Mehrarbeit und Zulagen sowie vermögenswirksamen Leistungen,
- lohngebundenen Zuschlägen für Sozialkosten,
- Lohnnebenkosten für Mehraufwendungen der Belegschaft für Einsatz auf der vom Wohnsitz entfernten Baustelle.

Im Beispiel Tab. 7.5 beträgt die Belegschaftsstärke der Baustelle 28 Mann.

Die Lohnnebenkosten können ggf. wegen des Einsatzschemas von beispielsweise 2 Monaten auf der Baustelle und 1 Monat Erholung und den damit verbundenen Reisekosten einen erheblichen Kostenanteil ausmachen.

Die Kosten müssen für jeden Fall gesondert kalkuliert werden.

7.3.1.4 Energiekosten

Energiekosten fallen an für:

- Dieselkraftstoffe (Schweröl, MDO, Dieselöl) oder
- Strom sowie
- Schmierstoffe.

Schiffsmotoren wie die eines THSD werden häufiger mit Marinedieselöl (MDO, *marine diesel oil*) angetrieben, das ohne Erwärmung gepumpt werden kann.

Tab. 7.5 Beispiel eines Besatzungsplans einer CSD-Baustelle mit Spülfeld

168 h/w, 2 S	CSD	Versorger	Spülfeld	Vermessung	Büro Baustelle
Bauleiter					1
Kaufmann					1
Schichtführer					2
Ingenieur				1	
Kapitän		1			
Geräteführer	1		1		
Baggermeister	3				
1. Maschinist	2	1	1		
2. Maschinist	2		1		
Decksmann	2	1	3	2	
Koch	1				
Sekretariat					1
Summe	11	3	6	3	5

Dieselmotoren von stationär arbeitenden Nassbaggern, wie z. B. CSD oder BLD, werden i. d. R. mit Dieselöl betrieben.

Billigeres Schweröl (HFO, *heavy fuel oil*) kommt seltener zur Anwendung, da die Viskosität bei 15 °C sehr hoch ist und das Öl auf 50–60 °C vorgewärmt werden muss, um gepumpt werden zu können. Das kann Einfluss auf die Betriebsbereitschaft nehmen. Schweröl wird mit Dieselöl gemischt, wodurch sich die Pumpbarkeit erhöht. Je nach Viskosität ergeben sich drei verschiedene Sorten. Schweröl ist wegen seines hohen Schwefelgehaltes umweltschädlich und deshalb bei Arbeiten in Küstennähe oder auf Flüssen in Westeuropa nicht zugelassen.

Die Kalkulation muss berücksichtigen, ob der Dieselkraftstoff in Abhängigkeit von der Lage der Baggerstelle steuerfrei bezogen werden kann, oder ob dieser versteuert werden muss.

Vorzugsweise werden nur stationär arbeitende Nassbagger mit elektrischer Energie angetrieben, z. B. SD in Stauseen, Schlämmteichen oder im Bergbau, z. B. bei der Salzgewinnung aus Becken sowie in der sonstigen Nassgewinnung. Die aufwendige Einrichtung für die Stromzuführung, bestehend aus Überlandleitung bis Baustelle z. B. 110 kV Leitung, und von Trafostation bis Bagger via terrestrischer und aquatischer Kabelverlegung macht in der Nassbaggerei eine Baustelleneinrichtung sehr aufwendig und wenig flexibel.

Auch ist die oftmals instabile Versorgungslage insbesondere in Ländern außerhalb Westeuropas zu beachten. Ggf. werden Notstromaggregate erforderlich, um ein Dichtsetzen der Rohrleitung zu vermeiden.

Hervorzuheben sind andererseits die vorteilhaften Umweltaspekte der elektrischen Energie.

Die Energiekosten ergeben sich anhand der genutzten installierten Leistung des Nassbaggers und der zu einem Gerätesatz dazugehörigen Hilfsgeräte. Der kalkulatorische Verbrauch ergibt sich lt. Angabe des Motorenherstellers in [g/kWh] oder kann aufgrund von anderen Einsätzen mit vergleichbaren abgeschätzt werden.

Den ermittelten Energiekosten werden die Kosten für Schmierstoffe, Öle und Fette durch pauschalen Zuschlag hinzugerechnet. Der Zuschlag beträgt erfahrungsgemäß zwischen 10 % und 15 % der Energiekosten.

7.3.1.5 Kosten Verbrauchsstoffe

In der Nassbaggerei fallen Verbrauchsstoffe, d. h. Stoffe, die für die Durchführung des Baggerprozesses notwendig sind, im Wesentlichen im Schiffsbetrieb an.

Ein typisches Beispiel sind Putzlappen in Zusammenhang mit dem Betrieb der Schiffsdiesel oder Markierungshölzer für die Grenzabsteckung aufzuspülender Flächen oder Setzungspegel.

Kosten für Verbrauchsstoffe werden in der Kalkulation als Pauschalbetrag in €/w angesetzt.

7.3.1.6 Geräteversicherungskosten

Im Zuge einer nassbaggereilichen Kalkulation der Teilleistungen sind Versicherungskosten für Geräte zu kalkulieren, die wegen der hohen Beträge dem Kostenträger direkt zugeordnet werden müssen. Dabei handelt es sich um folgende Versicherungen:

- Transportversicherungen:
  Diese Versicherungen fallen in den Positionen Baustelleneinrichtung bzw. -räumung an. Sie werden jeweils von einer Versicherungsgesellschaft, z. B. *Lloyd's Underwriters* in London, einer Vereinigung von Versicherungsmaklern, die das Risiko gemeinsam übernehmen, angefragt. Die Gesellschaft deckt das Schadens- bzw. Verlustrisiko während des Transports vom heimatlichen Schiffsliegeplatz zur Baustelle und zurück ab.
  - Die Höhe der Prämie hängt von einer Reihe von Faktoren ab, z. B. von
  - der Reiseroute und Jahreszeit,
  - dem Transportmittel, ob auf eigenem Kiel, auf Ponton, im Dockschiff u. a. m. transportiert werden soll,
  - der Art der Sicherung und Verstauung von Deckseinrichtungen und Ersatzteilen oder
  - der Schadenstatistik des AN.

  Die Kosten der Transportversicherung beziehen sich auf den Widerbeschaffungswert V und liegen in der Größenordnung von ca. <2,5 %.
- Maschinenschaden–/–Total-Loss-Versicherungen:
  Diese Versicherungskosten beziehen sich auf den Wiederbeschaffungswert und werden kalkulatorisch mit einem pauschalen Ansatz in €/w abgerechnet.
- Haftpflichtversicherungen:
  Haftpflichtversicherungen werden kostenmäßig bei den allgemeinen Geschäftskosten berücksichtigt.

7.3.1.7 Allgemeine Geschäftskosten

Den Herstellkosten werden die allgemeinen Geschäftskosten mit einem vorausbestimmten Prozentsatz, wie von der Geschäftsleitung festgelegt, zugeschlagen. Dieser Zuschlag beträgt im Mittel zwischen 6 % und 10 % der Herstellkosten. Zu beachten ist, dass der Zuschlag auf die Endsumme zu berechnen ist.

Hierbei handelt es sich um Kosten für die allgemeine Unternehmensverwaltung am Hauptsitz der Firma und ggf. der jeweiligen Niederlassung, von der das Projekt ausgeführt wird. Weiter fallen darunter:

- Kosten des Bauhofes, Werkstatt und Fuhrpark,
- Kosten für freiwillige, soziale Aufwendungen,
- Steuern und öffentliche Abgaben, z. B. Gewerbesteuer,
- Abgaben für Standesvertretungen und Berufsvereinigungen,
- Kosten für Haftpflichtversicherungen, Gewährleistung oder Bauzinsen.

Nassbaggerprojekte, zumal wenn im Ausland gelegen, zeichnen sich oftmals durch lange Mobilisierungszeiten aus, allein schon durch Transport und zollmäßige Abwicklung der Einfuhr der Ausrüstung bedingt. Aus dem Projekt fließen Zahlungen erst nach einer Frist von 3 bis 4 Monaten. Das heißt, dass der AN hohe Beträge vorfinanzieren muss, es sei denn, dass für Mobilisierung eine Vorauszahlung vereinbart worden ist. Diese Vorauszahlungen müssen i. d. R. jedoch durch Bankbürgschaften des AN abgesichert werden, die wegen der Höhe wiederum eine Belastung der Liquidität des AN sein können.

Die Bauzinsen sind deshalb im Rahmen der allgemeinen Geschäftskosten zu berücksichtigen und einzukalkulieren.

Weiter beinhalten die allgemeinen Geschäftskosten auch die Kosten für Haftpflichtversicherungen.

Im Rahmen der Mängelhaftung des Unternehmers hat die Leistungsbeschreibung eine wichtige Bedeutung. Zu prüfen ist einerseits, ob die Leistung im Sinne des § 633 BGB und § 13 VOB/B mangelhaft ausgeführt wurde und andererseits, ob nicht wegen AG-seits abgewiesenem Bedenkenhinweises eine Haftungsfreistellung besteht.

7.3.1.8 Kosten für Wagnis & Gewinn

Bei der Kostenart Wagnis & Gewinn (W&G) handelt es sich um einen Zuschlag zu der Summe der Einzelkosten der Teilleistungen, der in seiner Höhe von Fall zu Fall von der Unternehmensleitung festgelegt wird. Die Höhe des Zuschlages hängt im Wesentlichen von der Wettbewerbssituation ab und beträgt um 5–10 % der Selbstkosten.

Hier ist nochmals darauf zu verweisen, dass die Fehlerquote bei der Leistungsermittlung insbesondere bei hydraulischem Transport leicht viel größer sein kann als die in der Bauindustrie üblicherweise angesetzten Zuschläge für W&G.

Der Zuschlag für Wagnis soll zusätzliche Kosten abdecken, die zum Zeitpunkt der Kalkulation zwar noch nicht bekannt und bezifferbar sind, mit denen der AN jedoch zu rechnen hat, z. B.:

- besondere Ausführungsrisiken,
- nicht termingerecht eingehende Zahlungen,
- Kursrisiken,
- Aufwendungen aus Mängelansprüchen,
- Bauzeitverzögerungen durch äußere Einflüsse,
- fehlerhafte Ausschreibung oder
- nicht ausreichende Prüfung der im Leistungsverzeichnis (LV) ausgewiesenen Sollmengen u. a. m.

7.3.2 Kostenstellen

In der Nassbaggerei gliedern sich die Kostenstellen nach den Geräten in:

- Baggergerät,
- Hilfsgeräte der Bagger,
- Transportgerät,
- Spülfeld-Klappstelle,
- Allgemeine Kosten.

7.4 Abschätzung der Kosten eines Modellprojekts

Unter Anwendung der in den vorangehenden Abschnitten vorgetragenen Anmerkungen zu den Kostenarten wird im Folgenden eine von uns als Standardabschätzung bezeichnete Abschätzung der wöchentlichen Projektkosten eines angenommen Projektes für die sechs diskutierten Gerätearten erstellt. Dabei soll Boden von binnenseitigem Rand eines Ästuars abgegraben, transportiert und an Land verspült werden.

7.4.1 Kosten Modellprojekt

Es werden nachfolgend für das Modellprojekt die Projektkosten bei Betrieb der vorstehend beschriebenen Geräte THSD, CSD, SD, BLD, BHD und GD mit Vermessungsboot und Mannschaftsversetzboot ermittelt (Tab. 7.6, 7.7, und 7.8). Neben den Baggergeräten werden Rohrleitung bzw. Schuten und Schutenspüler eingerechnet. Weitere Hilfsgeräte sind nicht berücksichtigt. Bei der Abschätzung der Projektkosten sind Mobilisierungs- und Demobilisierungskosten ebenfalls nicht berücksichtigt.

Wegen der verhältnismäßig geringen Wassertiefe wurde ein THSD mit 3.000 m^3 Laderaumvolumen gewählt. Dieser transportiert das Baggergut zu einer Löschstelle und verspült es über eine Rohrleitung ins Spülfeld.

Der CSD verspült das Baggergut direkt mittels Dükerleitung ins Spülfeld. Wegen der relativ großen Spülentfernung wird eine Druckerhöhungsstation vorgesehen.

Die mit mechanischem Lösewerkzeug abgrabenden Gerätetypen beladen Schuten, die das Baggergut zur Löschstelle zu einem Schutenspüler

Tab. 7.6 Modellprojekt: Allgemeine Projektgegebenheiten

Aktivität	Einheit	Menge
Menge	m^3	1.000.000
Mächtigkeit Boden	m	10,0
Bodenart		Sand
d_{50}	µm	250
Transportentfernung	sm	3,0
Spülentfernung	km	3,0
Bezahlte Toleranz T_v	m	0,3
Bezahlte Toleranz T_h	m	2,0

Tab. 7.7 Modellprojekt: Basis für die Kostenschätzung

Wiederbeschaffungswert Gerät	V	CIRIA 2009, indexiert mit 1 %/a, Erfahrungswerte
Abschreibung & Verzinsung	D&I	CIRIA 2009
Reparaturkosten	M&R	CIRIA 2009
Energiekosten		0,65 €/kg, 0,21 g/kWh zzgl. 10–15 % Schmierstoffe
Lohnkosten		5.000,00 € je Mann & w
Versicherung Geräte	%	1,5 p. a. Einsatzzeit gem. CIRIA 2009
Zuschlag W&G	%	10
Zuschlag GK	%	10

(Elevierbagger) transportieren, der das Baggergut dann in das Spülfeld einspült.

Um die Kosten der sechs verschiedenen Gerätesätze vergleichen zu können, wird beispielsweise das Modellprojekt in Tab. 7.6 angenommen. Die Kostenschätzung erfolgt auf der Basis von Tab. 7.7.

Auf dieser Basis werden folgende Einheitspreise EP_u je m^3 Boden abgeschätzt (Tab. 7.8). THSD: 6,13 €/m^3, CSD: 4,14 €/m^3, SD: 5,58 €/m^3, BLD: 14,85 €/m^3, BHD: 12,58 €/m^3, GD: 22,14 €/m^3. In diesen EP_u sind keine erwarteten Folgekosten besonderer Betriebsrisiken enthalten.

Es ist jedem Kalkulator bei Studium der Verdingungsunterlagen des Modellprojektes sofort klar, dass der Einsatz eines BLD oder BHD oder GD insbesondere in Anbetracht der abzugrabenden Bodenart, aber auch wegen der zu erwartenden geringen Wochenleistung nicht gewählt werden wird, da nicht wettbewerbsfähig.

Die Modellrechnung zeigt, dass man sich zwischen den Gerätesätzen THSD – CSD – SD zu entscheiden hat.

Tab. 7.8 Modellprojekt: Abschätzung EP_u in €/m³

Abschätzung Einheitspreise Modellprojekt (€/m³)							
Leistungsdaten		**THSD**	**CSD**	**SD**	**BLD**	**BHD**	**GD**
Arbeitszeit	h/w	168	168	168	168	168	168
Leistung	m³/w	98.711	124.488	93.366	64.680	94.080	41.160
Drehfaktor D		0,90	0,62	0,62	0,70	0,70	0,70
Bauzeit	w	10,13	8,03	10,71	15,46	10,63	24,30
Umlaufzeit je Schute							
Laderaumgröße	m³	3.000			1.000	1.000	1.000
Eimer-, Löffel-, Greifergröße	m³				0,80	21	10
laden, $Q_{THSD,\ 3000 m^3/h}$, $Q_{CSD,\ 1.200 m^3/h}$, $Q_{BHD,\ 800 m^3/h}$, $Q_{BLD,\ 550 m^3/h}$ $Q_{GD\ 340 m^3/h}$	h	1,00			1,64	1,13	2,94
fahren + an-/ablegen, $v_{mittel\ THSD\ 14kn}$, $v_{mittel\ Schute\ 9kn}$	h	0,48			0,46	0,46	0,46
Löschen	h	2,00			1,50	1,50	1,50
fahren	h	0,48			0,63	0,63	0,63
positionieren/anlegen	h	0,17			0,17	0,17	0,17
Umlaufzeit je Schute	h	4,14			4,39	3,88	5,70
Leistung je Hopper/Schute	m³/h	588			143	162	111
Leistung Verspülen THSD	m³/h	1.350					
Leistung verspülen CSD	m³/h		741				
Leistung verspülen Schutenspüler	m³/h			900			
Anzahl Transporteinheiten	Stck	1,00	direkt	direkt	6,00	6,00	8,00
Wiederbeschaffungswerte							
Naßbagger	€	30.000.000	10.000.000	12.600.000	12.800.000	31.100.000	4.741.000
Druckerhöhungsstation	€	3.970.000	3.970.000	3.970.000			
Rohrleitung $Schwimmltg_{500m}$	€	895.833	1.791.667				
Rohrleitung $Düker_{1.500m}$	€		847.500				
Rohrleitung $Landleitung_{3000m}$	€	1.167.500	1.167.500	1.167.500	1.167.500	1.167.500	1.167.500
Schute	€			4.920.000	7.380.000	7.380.000	7.380.000
Schutenspüler	€			7.790.000	7.790.000	7.790.000	7.790.000
Summe Wiederbeschaffungswert V	€	36.033.333	17.776.667	30.447.500	29.137.500	47.437.500	21.078.500
Ermittlung Einheitspreise							
Kapitalkosten Bagger	€/w	95.537	40.331	58.946	57.747	188.573	20.037
Kapitalkosten Druckerh.-station	€/w	22.378	22.378	22.378			
Kapitalkosten Schuten	€/w				33.298	33.298	44.397
Kapitalkosten Schutenspüler	€/w				35.145	35.145	35.145
Kapitalkosten Rohrleitung	€/w	14.659	18.857	18.857	5.784	5.784	5.784
Lohn- und Gehaltskosten	€/w	90.000	108.000	108.000	360.000	270.000	360.000
Reparaturkosten Bagger	€/w	47.500	30.103	18.648	23.552	121.864	20.186
Reparaturkosten Druckerh.-station	€/w	11.513	11.513	11.513			
Reparaturkosten Schuten	€/w				7.380	7.380	9.840
Reparaturkosten Schutenspüler	€/w				80.394	80.394	80.394
Verbrauchsstoffe	€/w	10.000	10.000	10.000	10.000	10.000	10.000
Energie und Schmierstoffe	€/w	121.333	113.513	100.800	92.829	120.677	86.775
Geräteversicherung	€/w	27.025	13.333	22.836	21.853	35.578	15.809
Gemeink. Baustelle	€/w	50.000	50.000	50.000	50.000	50.000	50.000
Herstellkosten	€/w	489.945	418.029	421.978	777.981	958.692	738.366
Geschäftskosten (10%)	€/w	54.384	46.401	46.840	86.356	106.415	81.959
Selbstkosten	€/w	544.329	464.430	468.818	864.336	1.065.107	820.324
Wagnis & Gewinn (10%)	€/w	60.420	51.552	52.039	95.941	118.227	91.056
Teilleistungssumme	€/w	604.749	515.981	520.856	960.278	1.183.334	911.380
Einheitspreis	**€/m³**	**6,13**	**4,14**	**5,58**	**14,85**	**12,58**	**22,14**

7.4.2 Risikobewertung Modellfall

Ein Teil der in den vorangehenden Kapiteln geschilderten Risiken und deren Folgen sind mit dem Ansatz eines „normalen" Wagniszuschlags abgedeckt.

Die Höhe des „normalen" Wagniszuschlags wurde im Modellfall mit 5 % der Herstellkosten angenommen [4]. Die Höhe des Wagniszuschlags hängt jedoch von der Unternehmensphilosophie ab, mehr oder weniger risikofreudig an ein Projekt heranzugehen, und weiter natürlich auch vom Projekt selbst. Der Ansatz 5 % kann sich also ändern.

Ein weiterer Teil der Risikofolgen infolge von Änderungen der in den Verdingungsunterlagen beschriebenen Situation, die im Zuge der Projektdurchführung eintreten könnten, können sicherlich durch Nachtragsangebote und deren Verhandlung kompensiert werden.

Schwierig jedoch ist die Kompensation des dritten Teils der Risikofolgen, deren Existenz der AG in den Verdingungsunterlagen nicht oder nicht ausreichend beschrieben hat und die deshalb der AN zum Zeitpunkt der Angebotskalkulation auch nicht aus diesen entnehmen konnte. Sie wurden also im Angebotspreis nicht bewertet und sind Thema meist streitiger Auseinandersetzungen von AG und AN.

Beiden Parteien jedoch kann der Risikofalleintritt durch Erfahrung als möglich erscheinen und lässt u. U. erhebliche Mehrkosten für den AN vermuten. Da deren Umfang anhand der Verdingungsunterlagen jedoch kalkulatorisch nicht quantifizierbar und damit zum Angebotszeitpunkt nicht zu bepreisen war, bleibt deren Eintritt abzuwarten. Die Erstattung der Folgekosten ist im Nachtragsverfahren ggf. prozessual durchzusetzen, d. h., wahrscheinlich nur im Streitverfahren.

Dass solche Erstattung nur in den seltensten Fällen in AN-seits geforderter Höhe erfolgt, wurde weiter oben in Kap. 6 bereits angedeutet.

Um sich vor Schaden zu schützen, sollte der Bieter/AN deshalb schon zum Angebotszeitpunkt in den Fällen, in denen berechtigter Verdacht auf zu erwartende, schwierig durchzusetzende Mehrkosten besteht, einen Zuschlag zu dem „normalen" Wagniszuschlag bei seiner Preisfindung ansetzen. In Kap. 3 in den jeweiligen Abschnitten zu den Geräterisiken sind jeweils Tabellen beigefügt, in denen beispielhaft die „besonderen Risiken" des Modellfalles abgegrenzt worden sind. Die Risikoeinschätzung und Abschätzung einer erwarteten Schadenshöhe erfolgte für den Modellfall durch Bildung eines Faktors $F_{S\,gesamt}$, um den der zunächst kalkulierte Einheitspreis, der eine untere Preisgrenze darstellt (EP_{u}), zu erhöhen wäre. Damit ergibt sich eine obere Preisgrenze (EP_{o}), die den erwarteten Schaden infolge Risikoeintritt im EP kalkulatorisch abdeckt. Das Ergebnis dieser Berechnung ist für den Modellfall in Tab. 7.9 und Abb. 7.5 dargestellt.

Das Modellprojekt ist mithilfe eines CSD oder eines THSD am kostengünstigsten anzubieten. Für den SD ist zwar ein günstigerer EP ermittelt worden als für den THSD, jedoch kann der SD keine profilgerechte Baggersohle herstellen. Diese Lösung scheidet damit aus. Es folgt an Platz 3 der BHD als Gerätewahl.

Tab. 7.9 Modellprojekt: Preisgrenzen Einheitspreise (EP) verschiedener Gerätearten

Gerätetyp	EP_u	EP_o
CSD	4,14	14,02
SD	5,58	10,88
THSD	6,13	17,48
BHD	12,58	27,58
BLD	14,85	72,83
GD	22,14	71,73

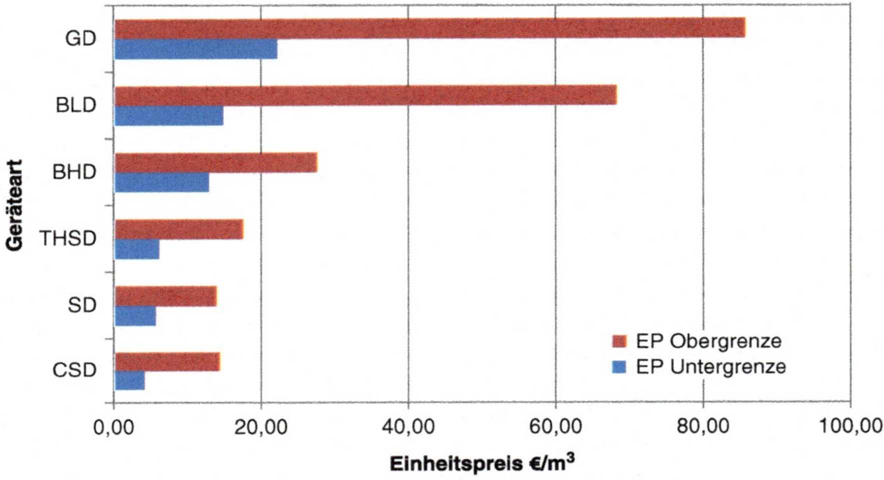

Abb. 7.5 Modellprojekt: Preisgrenzen mit (rot) und ohne (blau) Berücksichtigung besonderer Betriebsrisiken

Literatur

1. Wirth V et al (2002) Schlüsselfertigbaucontrolling, Bd 486, 2. Aufl. Expert, Renningen
2. AfA Tabellen für steuerliche Absetzung von Abnutzung beweglicher Wittschaftsgüter (o.D.)
3. Keil W, Martinsen U (1988) Einführung in die Kostenrechnung für Bauingenieure, 6. Aufl. Werner, Düsseldorf
4. Wolke T (2013) Risikomanagement, 2. Aufl. Oldenbourg, München

Anhang 8

8.1 Erläuterung von Gerätelisten

Um die Kostenarten beispielsweise unter Konsortialpartnern einer Bietergemeinschaft soweit möglich in Abhängigkeit von der Größe zu standardisieren, wurden in der europäischen Bauindustrie für bestimmte Kostenarten, nämlich die Kapital- und Reparaturkosten, seit den 40iger Jahren des letzten Jahrhunderts Gerätelisten eingeführt. Im Wesentlichen sind zu nennen:

- BGL 2015 (Euroliste),
- NIVAG 1995,
- CIRIA 2009 *Cost standards for dredging equipment.*

Holländische Unternehmen haben schon sehr früh im letzten Jahrhundert eigene firmenspezifische Gerätelisten entwickelt (Tab. 8.1). Beispielhaft sind In der Tabelle die zum damaligen Zeitpunkt (1976) von der niederländischen Fa. Ballast-Nedam Group betriebenen THSD aufgelistet (pk: niederländisch für PS).

Folgende Merkmale dieser Geräteliste sind herauszuheben, da sie von den heute geltenden Ansätzen teils erheblich abweichen, für einen Kalkulator jedoch sehr aufschlussreich sein könnten:

- Der d_{50}-Wert der PSD beträgt 300 µm (in CIRIA 2009: 200 µm),
- bei Arbeiten in Koralle, Unrat o.ä. gelten andere M&R-Kosten,
- es werden kalkulatorische Brennstoffverbräuche in [g/h] angegeben (werden in CIRIA 2009 nicht vorgegeben),
- es werden Versicherungsprämien angegeben (in der CIRIA-Liste 2009 dagegen nicht),

V. Patzold, G. Gruhn, *Betriebliche Risiken in der Nassbaggerei*,
DOI 10.1007/978-3-662-49345-8_8

Tab. 8.1 Auszug Geräteliste 1976 Ballast-Nedam Group für THSD (Archiv Patzold)

Ballast-Nedam Groep					**INTERNE TARIEVEN BAGGERMATERIEEL**							
Machine naam	Technische Gegevens				Energie verbruik p/huur*	Afschr	Rente	BK	Vezekering	Rep	Total p/ dag	Basiswaarde
14.	**Baggermolens en Elevatoren**											
	140. Baggermolens											
	Nereus	diesel-hydr.	450	1–337 pk	g.50	1.005	300	325	150	1.130	2.910	3.600.000
				17,5m								
x	Kronos	diesel-hydr.	600	1–500 pk	g.90	785	130	510	235	1.765	3.425	4.600.000
				22,0m								
	Titan	diesel-hydr.	750	1–500 pk	g.110	1.610	485	525	240	1.810	4.670	5.750.000
				22,0m								
x	eigendom von Strabag-Ballast											

De reparatietarieven zijn gebaseerd op normale grondsort, d.w.z. zand tot 300µm.
De werkdraden und werkankers van baggermolens zijn niet in het reparatietarif begrepen
*) Het gemiddelde energieverbruik per bedrijfsuur van de hoofdmotoren bij normale werkumstandigheiten. Bij niet normale werkumstandigheden, bijz. zwaar zand enz. dient het verbruik verhoogd te worden

Tab. 8.2 Vorgaben gemäß NIVAG 1995 für THSD

#9200 Sleephopperzuigers | ***Trailing suction hopper dredgers***

- lossen d.m.v. bodemdeuren, kleppen of schuiven
- al dan niet walpersend

- unloading through bottomdoors, valves or sliding doors
- with or without shore discharge

Gebruiksduur	18 jaar
Restwaarde	5% van N
Bezetting	30 weken
A + r	9,780% van N per jaar of 0,326% per week

beun-inhoud	waterver-plaatsing op baggermerk*	eigen massa	vermogen grondpompen tijdens zuigen	jetvermogen op de sleepkoppen	vrijvarend schroef-vermogen	waardenorm	kosten per week		
		(G)	(P_z)	(J_s)	(S)	(N)	A + r	O + R	O + R/week
m³	t	t	kW	kW	kW	*f*	*f*	*f*	% van N
900	2 000	650	350	220	1 000	14 170 000,–	46 194,–	36 417,–	0,226
1 100	2 500	800	450	260	1 300	17 140 000,–	55 876,–	37 365,–	0,206
1 300	3 000	970	600	300	1 600	20 380 000,–	66 439,–	39 537,–	0,185
1 600	3 500	1 130	750	340	1 900	23 370 000,–	76 186,–	37 859,–	0,165
1 800	4 000	1 290	960	360	2 000	26 160 000,–	85 282,–	38 717,–	0,151
2 400	5 200	1 680	1 150	660	2 200	32 090 000,–	104 613,–	43 642,–	0,133
2 700	5 800	1 850	1 250	660	3 900	36 450 000,–	118 827,–	46 656,–	0,123
3 500	7 600	2 450	1 550	760	4 100	44 480 000,–	145 005,–	53 376,–	0,114
4 700	9 900	3 125	1 950	800	5 300	54 370 000,–	177 246,–	61 438,–	0,107
6 200	13 000	4 025	2 400	850	6 800	66 800 000,–	217 768,–	72 144,–	0,103
7 700	16 000	4 900	2 600	1 000	8 000	77 760 000,–	253 498,–	81 648,–	0,101
9 100	19 000	5 775	3 500	1 600	9 800	91 460 000,–	298 160,–	94 204,–	0,100
11 000	23 000	7 000	4 500	1 600	10 500	106 610 000,–	347 549,–	106 610,–	0,100
12 500	26 000	7 800	5 500	1 600	12 500	119 110 000,–	388 299,–	119 110,–	0,100
16 800	35 000	10 600	6 000	1 800	15 000	149 470 000,–	487 272,–	149 470,–	0,100
19 500	40 000	11 800	8 000	2 200	18 000	169 420 000,–	552 309,–	169 420,–	0,100

A + r en O + R gelden voor het werken in dubbele ploeg (84 uur/week). Voor O + R-percentages bij afwijkende uren/week zie § 2.9.
Indien geen certificaat van deugdelijkheid voor onbeperkt vaargebied, dan N met 10% verlagen, zie § 2.5.
* waterverplaatsing op baggermerk = eigen massa + toelading.
O + R is geldig voor dumpen; bij walpersen geldt een toeslag van 15% i.v.m. extra slijtage, zie § 2.2.
Afwijkende kenmerken: N berekenen m.b.v. onderstaande formule. O + R lineair interpoleren bij afwijkende N.

A + r and O + R are based on double shift (84 hours/week). For other values O + R than with 84 hours/week, see § 2.9.
For trailing suction hopperdredgers without a certificate for unrestricted service, the N must be decreased by 10%, see § 2.5.
* displacement on dredging mark = weight of 'lightship' + deadweight.
O + R is applicable for dumping; a surcharge of 15% O + R is applicable during shore discharge due to additional wear, see § 2.2.
Different characteristics: N to be calculated according to formula. In case of a different N, interpolate O + R (linear).

$$N = 7\,770 \times G + 1\,575\,000 \times G^{0,35} - 8\,400\,000 + 2\,520 \times P_z + 1\,208 \times S + 1\,050 \times J_s$$

Die M&R-Kosten der Hausgeräteliste basieren auf 5-d/w-Betrieb à 100 h, bei 6 d/W erhöhen sich die M&R-Kosten um 15 %, bei 7 d/W entspr. 168 h/w um 30 % (CIRIA 2009 gibt die Raten für 168 h/w an).

Aus diesen Hausgerätelisten ergab sich dann die erste umfassende nassbaggereispezifische Geräteliste, die sog. NIVAG-Liste, die 1995 zuletzt aktualisiert worden ist.

8.1.1 NIVAG 1995

Die weltweit niederländisch geprägte Nassbaggerei hatte schon in den 40iger Jahren des letzten Jahrhunderts Kostenstandards entwickelt und damit versucht, die üblichen firmenspezifischen Gerätelisten zu standardisieren.

Die NIVAG-Liste (Tab. 8.2) vermittelte in viel größerem Umfang als die BGL Kostenstandards für die Nassbaggerei. Daneben wurde aber auch sonstiges Baugerät gelistet und kostenmäßig bewertet.

8.1.2 Baugeräteliste BGL 2015

Die von der deutschen Bauindustrie herausgegebene sog. Baugeräteliste, heute auch als Euroliste bezeichnet, wird kurz BGL genannt. In Kapitel G der BGL 2015 sind einige Seiten auch Nassbaggereigeräten gewidmet.

Tab. 8.3 Vorgaben gemäß BGL 2015 für THSD

▶ G.1.3 Laderaumsaugbagger, selbstfahrend

	AfA-Fundstelle Bau-AfA	allg. AfA	Nutzungsjahre	Vorhaltemonate	Monatlicher Satz für Abschreibung und Verzinsung	Monatlicher Satz für Reparaturkosten
G.1.30	7.6		12	75–70	1,9%-2,0%	1,0%

G.1.30 **Laderaumsaugbagger**
HOPPERBAGGER
Beschreibung:
Selbstfahrend, zwei Seitensaugrohre
Mit: Spülvorrichtung
Kenngröße(n): Tragfähigkeit (t)

Nr.	Tragfähigkeit	Leistungsbedarf der Baggerpumpe	Leistung der Fahrantriebe	Gewicht	Mittlerer Neuwert	Monatliche Reparaturkosten	Monatlicher Abschreibungs- und Verzinsungsbetrag	
	t	kW	kW	kg	Euro	Euro	von Euro	bis
G.1.30.0136	1365	350	950	635000	11427000,00	114500,00	217000,00	228500,00
G.1.30.0205	2055	600	1550	945000	16493000,00	165000,00	313500,00	330000,00
G.1.30.0274	2740	880	2200	1260000	21344000,00	213500,00	405500,00	427000,00
G.1.30.0356	3560	1000	2500	1640000	26088000,00	261000,00	495500,00	522000,00
G.1.30.0400	4000	1250	3550	1800000	29322000,00	293000,00	557000,00	586500,00
G.1.30.0520	5200	1550	4000	2400000	36221000,00	362000,00	688000,00	724500,00
G.1.30.0685	6850	1950	5100	3050000	44090000,00	441000,00	837500,00	882000,00
G.1.30.0907	9075	2400	6450	3925000	54008000,00	540000,00	1026000,00	1080000,00
G.1.30.1122	11220	2600	7350	4780000	62632000,00	626500,00	1190000,00	1253000,00
G.1.30.1336	13365	3500	9400	5635000	74059000,00	740500,00	1407000,00	1481000,00
G.1.30.1617	16170	4320	10800	6830000	86671000,00	866500,00	1647000,00	1733000,00
G.1.30.1839	18390	5200	13000	7610000	96804000,00	968000,00	1839000,00	1936000,00
G.1.30.2031	20315	5200	13000	8685000	105321000,00	1053000,00	2001000,00	2106000,00
G.1.30.2790	27900	6680	16700	12100000	137984000,00	1380000,00	2622000,00	2760000,00
G.1.30.2825	28250	7000	17500	13750000	151998000,00	1520000,00	2888000,00	3040000,00
G.1.30.3205	32050	7200	18000	15950000	169246000,00	1692000,00	3216000,00	3385000,00
G.1.30.4175	41750	9600	24000	18250000	198352000,00	1984000,00	3769000,00	3967000,00
G.1.30.6056	60560	9600	24000	22440000	228536000,00	2285000,00	4342000,00	4571000,00
G.1.30.7800	78000	13000	38000	27000000	281358000,00	2814000,00	5346000,00	5627000,00

Lt. Verlag sind die wesentlichen Anwendungsbereiche der BGL die

- innerbetriebliche Verrechnung und zwischenbetriebliche Berechnung von Gerätevorhaltekosten, z. B. zwischen Hauptverwaltung, Niederlassung und Baustelle oder zwischen Arbeitsgemeinschaften und ihren Gesellschaftern,
- Organisation und Disposition der Geräteverwaltungen von Bauunternehmen,
- Beurteilung von Geräte- und Maschinenkosten, insbesondere bei Wirtschaftlich keitsvergleichen,
- Bewertung bei Versicherungsfällen und für gerichtliche Entscheidungen.

Überwiegend jedoch befasst sich die BGL mit Baugeräten. Im internationalen Nassbaggereigeschäft wird die BGL wegen ihrer geringeren Detailliertheit von der internationalen Industrie kaum benutzt.

Die BGL 2015 beschreibt THSD in der Größe von 1.365–78.000 t Tragfähigkeit (Tab. 8.3), die CIRIA -Liste Geräte bis 100.000 t.

Tab. 8.4 Vorgaben gemäß CIRIA 2009 für $THSD_{unrestricted\ navigation\ area}$

Group 1 Trailing suction hopper dredgers

Table 100 Trailing suction hopper dredgers

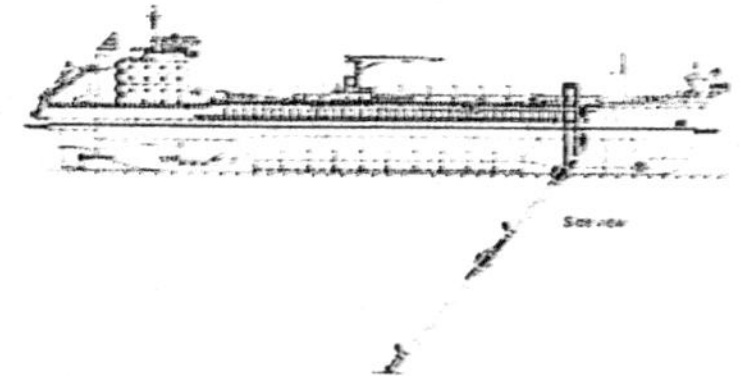

With certificate for unrestricted navigation area [a]
Unloading through bottom doors, valves or sliding doors with or without shore discharge

Service life	18 years
Service hours	168 hours per week
Residual value	10 % of V
Utilisation period	33 weeks
D+i	9.647 % of V per year or 0.292 % per week
Standard value	$V = 6000 \times W + 1\,212\,000 \times W^{0.35} - 6\,464\,000 + 1900 \times P_t + 785 \times J_t + 910 \times S$

Hopper volume	Displacement at dredging mark [b]	Lightweight	Power dredge pumps during suction	Power jet pumps on draghead	Free sailing propulsion power	Value	Costs per week		M+R/ week
		(W)	(P_t) [b]	(J_t)	(S)	(V) [d]	D+i	M+R	
cu.m	t	t	kW	kW	kW	€	€	€	% of V
900	2000	635	350	220	950	10 600 000	30 952	21 917	0.2068
1300	3000	945	600	300	1550	15 300 000	44 676	30 508	0.1994
1800	4000	1260	880	360	2200	19 800 000	57 816	38 734	0.1956
2400	5200	1640	1000	660	2500	24 200 000	70 664	42 625	0.1761
2700	5800	1800	1250	660	3550	27 200 000	79 424	45 142	0.1660
3500	7600	2400	1550	760	4000	33 600 000	98 112	50 513	0.1503
4700	9900	3050	1950	800	5100	40 900 000	119 428	56 639	0.1385
6200	13 000	3925	2400	850	6450	50 100 000	146 292	64 359	0.1285
7700	16 000	4780	2600	1000	7350	58 100 000	169 652	71 072	0.1223
9100	19 000	5635	3500	1600	9400	68 700 000	200 604	79 967	0.1164
11 000	23 000	6830	4320	1600	10 800	80 400 000	234 768	89 786	0.1117
12 500	26 000	7610	5200	1600	13 000	89 800 000	262 216	97 674	0.1088
13 500	29 000	8685	5200	1800	13 000	97 700 000	285 284	104 303	0.1068
18 000	40 000	12 100	6680	2000	16 700	128 000 000	373 760	129 730	0.1014
19 000	42 000	13 750	7000	2000	17 500	141 000 000	411 720	140 639	0.0997
22 500	48 000	15 950	7200	3000	18 000	157 000 000	458 440	154 066	0.0981
24 000	60 000	18 250	9600	4000	24 000	184 000 000	537 280	176 723	0.0960
35 000	83 000	22 440	9600	4000	24 000	212 000 000	619 040	200 220	0.0944
45 000	105 000	27 000	13 000	4500	38 000	261 000 000	762 120	241 339	0.0925

a For trailing suction hopper dredgers without a certificate for unrestricted navigation area, V should be decreased by 10 per cent. For further explanation about class, see Section A1.3.

b Displacement on dredging mark = lightweight W + deadweight.

c Unless dredge pumps during trailing have their own power supply that cannot be used for other applications, P_t is defined as 40 per cent of the main engine power but not exceeding the mechanical limitation of the dredge pump drive.

d Standard values for large TSHDs exhibit a different trend to the smaller vessels because of the inclusion of extra equipment, such as extended pipes and submerged dredge pumps.

8.1.3 CIRIA equipment cost standard 2009

Für die internationale Nassbaggerei gilt seit 2005 die sog. CIRIA-Liste (Tab. 8.4) als am häufigsten angewandter Kostenstandard für Nassbaggergeräte. Die Kostenstandards der CIRIA-Liste bewerten Nassbagger, Nassbaggerzubehör wie Rohrleitungsmaterial und sonstige nassbaggereispezifische Hilfsgeräte. Die CIRIA-Liste soll der Budgetschätzung durch öffentliche Auftraggeber, Finanziers oder Consultants dienen. Die CIRIA Liste wurde auf Basis der NIVAG-Liste speziell für die Nassbaggerindustrie weiterentwickelt, ohne weiter auf sonstige Baugeräte einzugehen.

Die Liste bietet eine detailliertere Angabe zu den Kosten für D&I und M&R als die NIVAG oder die BGL und trägt der mit Beginn des Baubooms am Persischen Golf einsetzenden Entwicklung der Geräte zu immer größeren Einheiten Rechnung.

8.1.4 Grundlagen der Gerätelisten

8.1.4.1 Angabenbasis

Die Baugerätelisten basieren auf Annahmen, die in den folgenden Abschnitten weiter erläutert werden sollen. Dabei handelt es sich um:

- mittlerer Geräteneuwert bzw. Widerbeschaffungswert;
- Restwert;
- wirtschaftliche Lebensdauer;
- Ansätze für D
- Ansätze für M&R.

8.1.4.2 Geräteneuwert und -restwert

Die in den Listen gemachten Angaben Kapitalkosten (D&I) bzw. Reparaturkosten (M&R) beziehen sich jeweils auf einen Neuwert bzw. Wiederbeschaffungswert des Gerätes, und zwar lt.

- BGL 2015 dem mittleren Neuwert der gebräuchlichsten Fabrikate einschl. den Bezugskosten, jedoch ohne Ersatzteile,
- NIVAG 1995/CIRIA 2009 dem derzeitigen Wiederbeschaffungspreis V für Standardausführung einschl. Ersatzteilen (ca. 10–15 % von V) ohne Mwst. zum Stichtag 1.1.2009.

Die Neuwerte werden auf Basis der Vorgaben nationaler statistischer Ämter wegen inflationsbedingter Kostensteigerungen indexiert. Der Hauptverband der Deutschen Bauindustrie, Wiesbaden, veröffentlicht jährlich die Preissteigerungsrate für die BGL 2015, die International Association of Dredging Companies (IADC) diejenige für CIRIA 2009. Für Erstere betrug sie seit 2008 1 % je Jahr, für Letztere seit 2010 1 % je Jahr.

In der CIRIA-Liste 2009 werden Gleichungen zur Berechnung des Wiederbeschaffungswertes V angegeben, z. B. für

$THSD_{groß}$
$$V = 6.000 \cdot W + 1.212.000 \cdot W^{0,35} - 6.464.000 + 1.900 \cdot P_t + 785 \cdot J_t + 910 \cdot S$$

$CSD_{selfprop}$
$$V = 8.500 \cdot W + 2.000 \cdot C + 80.000 \cdot W_{cgb} + 141.000 \cdot W^{0,35} + 1.400 \cdot (P + J) + 950 \cdot S$$

SD
$$V = 7.000 \cdot W + 1.350 \cdot (P + J)$$

BHD
$V = 8.500 \cdot W_{pontoon} + 840 \cdot S + 3.500 \cdot I$

BLD
$V = 9.700 \cdot W + 1.400 \cdot I$

GD
$V = 4.000 \cdot W_{pontoon} + 1.000 \cdot W_{Hydraulikbagger} + 2.370 \cdot I$
mit:

C Schneidkopfantriebsleistung (kW)
I insgesamt installierte Leistung (kW)
J Jetpumpenleistung bzw. Fluidisierungsanlage (kW)
J_t Jetpumpenleistung beim Trailen (kW)
P Baggerpumpenleistung (kW)
P_t Baggerpumpenleistung während Trailen (kW)
S Antriebsleistung bei Freifahrt (kW)
V Wiederbeschaffungswert (€)
W Konstruktionsgewicht (t)
W_{cgb} Gewicht Schneidkopfantrieb (t)

Der Restwert von Nassbaggergeräten wird in der CIRIA-Liste im Allgemeinen mit 5 % des Wiederbeschaffungswertes V angenommen, bei Großgeräten mit hohen Konstruktionsgewichten steigt der Restwert auf 10 %. Der bei der Preisfindung anzusetzende Neuwert bzw. Wiederbeschaffungswert V ist ggf. um den Restwert des Gerätes bei Verschrottung zu reduzieren.

Unbedingt zu beachten ist die Indexierung des V-Wertes, da sich die gelisteten mittleren Neuwerte durch die jeweils vorherrschende Marktsituation auch erheblich ändern können (Abb. 8.1). So stiegen die Kosten, infolge dramatisch angestiegener Stahlpreise, für einen 35.000-m^3-THSD von 150.000.000 € im Jahre 2005 auf 300.000.000 € im Jahre 2010. [Mitt. Vlasblom].

Die wirtschaftliche Lebensdauer von Standardbaggergeräten beträgt gemäß BGL 2015 in Anlehnung an deutsche steuerliche Vorschriften 20 Jahre. Für THSD und zerlegbare Saugbagger beträgt die Lebensdauer (Nutzungsjahre) 12 Jahre.

Gemäß CIRIA 2009 beträgt die Lebensdauer ebenfalls 20 Jahre. Während dieser Lebensdauer wird das Gerät in den mittleren Vorhaltezeiten gemäß BGL 2015 bzw. den mittleren Nutzungszeiten gemäß CIRIA 2009 eines Jahres im Allgemeinen kalkulatorisch abgeschrieben. Abweichend von den vorgenannten Zeiten können Geräte bei Einsatz unter verschleißerhöhenden erschwerten Bedingungen über kürzere Zeit abgeschrieben werden.

Innerhalb der wirtschaftlichen Lebenszeit ist das Gerät:

- im Einsatz,
- zur Einsatzzeit gehört die
  - Mobilisierungs- und Demobilisierungszeit,
  - Bauausführungszeit,

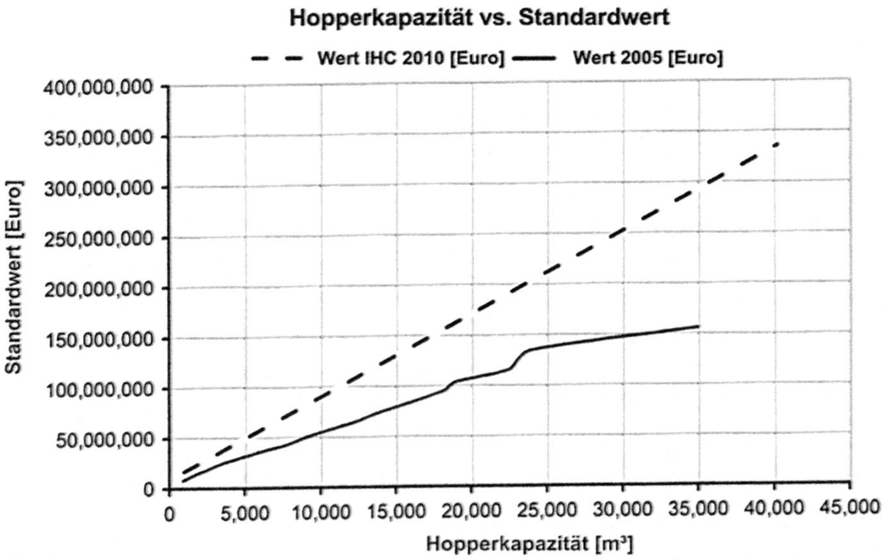

Abb. 8.1 Preisanstieg THSD Neubauten

  - ggf. Umsetzzeit,
  - baustellenbedingte Stillstandszeit,
  - Wartung und Pflege,
  - laufende Reparaturen;
- in Reparatur,
- einschließlich jährlicher Generalüberholung; oder
- ohne Einsatz stillliegend.

Die in den Baugerätelisten aufgeführte Nutzungsdauer ist die aus langjährigen Daten ermittelte mittlere Einsatzzeit für ein Gerät, in der BGL 2015 Vorhaltezeit, in der CIRIA 2009 Nutzungszeit genannt. In dieser Zeit kann das Gerät nur von einem Projekt genutzt werden.

Die Vorhaltezeit liegt lt. BGL 2015 für Standardgerät bei ca. 50 % der jährlichen Verfügungszeit. Die gelisteten Vorhaltemonate gelten „*im Falle von Nassbaggern unter der Voraussetzung einer mittelschweren Belastung bei 168 h/w Arbeitszeit und einer sachgemäßen Wartung sowie regelmäßiger Ausführung von Reparaturen*“.

Im Vergleich der beiden Gerätelisten unterscheiden sich die Angaben zur Nutzungsdauer. THSD haben lt. CIRIA-Liste 2009 eine höhere mittlere jährliche Nutzungsdauer von ca. 60 %, große CSD von ca. 46 %, BLD dagegen eine geringere Nutzungsdauer von 36 % jährlicher Verfügungszeit als in der BGL 2015 ausgewiesen (Tab. 8.5).

Solange das Angebot nicht in einer Arbeitsgemeinschaft erstellt wird, kann der Bieter natürlich auch seine firmeneigenen Nutzungsgrade unterschiedlichen Gerätes

Tab. 8.5 Beispiel Nutzungszeiten verschiedener Baggergeräte

	Einheit	THSD	CSD	BLD
Verfügungszeit	w/a	56	56	56
Mittlere Nutzungszeit gemäß BGL 2015	w/a	27	23	23
Mittlere Nutzungszeit gemäß CIRIA 2009	w/a	33	26	20

in die Kalkulation einführen. Im Wettbewerb möglich erachtete Reduktion des Satzes ist einer gesonderten Unternehmensentscheidung vorbehalten.

Der Nutzungsgrad hängt auch wesentlich von der Größe des Gerätes ab. Von den großen THSD gibt es wegen der hohen Investitionssumme nur relativ wenige Geräte. Sie erreichen deshalb einen höheren Nutzungsgrad.

Sollte die tatsächliche Ausführungszeit die mittlere in den Gerätelisten erwähnte Nutzungsdauer überschreiten, wird mit den Gerätekosten für D&I sowie M&R in gleicher Höhe weitergerechnet.

Der Vergleich der Nutzungsgrade von BGL 2015 und CIRIA-Liste 2009 zeigt um rd. 20 % höhere Nutzungsgrade bei den THSD bzw. 12 % höhere bei den CSD, bei den BLD allerdings rd. 15 % geringere Nutzungsgrade.

8.2 Ausgewählte Normen und Empfehlungen

Als besonders wichtige Normen zur Risikoeinschätzung von Nassbaggerarbeiten sind zu nennen:

- Nassbaggerei
  - DIN 18123, VOB/C: Bestimmung der Korngrößenverteilung
  - DIN 18299, VOB/C: Allgemeine Regelungen für Bauarbeiten jeder Art,
  - DIN 18300, VOB/C: Erdarbeiten,
  - DIN 18301, VOB/C: Bohrarbeiten,
  - DIN 18311, VOB/C: Nassbaggerarbeiten;
- Baugrund
  - STUK 7004–2014: BSH-Standard Baugrunderkundung. Mindestanforderungen an die Baugrunderkundung und -untersuchung für Offshore-Windenergieanlagen, Offshorestationen und Stromkabel,
  - EN 1997–2: *Geotechnical Design – Part 2: Ground investigation and testing*,
  - EN ISO 22475: *Geotechnical investigation and testing –Sampling methods and groundwater measurements Part 1–3*,
  - EN ISO 22476: *Geotechnical investigation and testing –Field testing – Part 1–12*.
  - DIN 4020: Geotechnische Untersuchungen für bautechnische Zwecke,
  - Ergänzende Regelungen zu DIN EN 1997–2,
  - DIN 4023: Baugrund- und Wasserbohrungen; zeichnerische Darstellung der Ergebnisse,
  - DIN 4030: Beurteilung betonangreifender Wasser, Böden und Gase (2 Teile),

- ISO 22476: Geotechnische Erkundung und Untersuchung – Felduntersuchungen,
- DIN 18137: Baugrund, Untersuchung von Bodenproben – Bestimmung der Scherfestigkeit,
- ISO 9613: Akustik – Dämpfung des Schalls bei der Ausbreitung im Freien,
- ISO 14688: Geotechnical investigation and testing –Identification and classification of soil Part 1–2,
- ISO 14689–1: Geotechnical investigation and testing –Identification and classification of rock – Part 1: Identification and description,
- DIN EN 1997: Berechnung und Bemessung in der Geotechnik – Teil 2: Erkundung und Untersuchung des Baugrunds Eurocode 7: Entwurf;

• Wasserbau
  - EAU: Empfehlungen Arbeitsausschuss Ufereifassungen,
• EAK: Empfehlungen Arbeitsausschuss Küste;
• Kampfmittelräumung
  - BGl 833: Handlungsanleitung zur Gefährdungsbeurteilung und Festlegung von Schutzmaßnahmen bei der Kampfmittelräumung,
  - BSprengG: Sprengstoffgesetz,
  - KampfmV SH: Landesverordnung zur Abwehr von Gefahren für die öffentliche Sicherheit durch Kampfmittel des Landes Schleswig-Holstein,
  - BGR: Berufsgenossenschaftliche Regeln.

8.3 Beispiel Leistungsbeschreibung komplexer Arbeiten

In der Leistungsbeschreibung sind beispielhaft folgende Vorgaben zu nennen: Die Auswahl der Baggergeräte und Transporteinheiten/-leitungen zur Baustelle bleibt der bauausführenden Firma überlassen. Sie muss die Geräte und deren Leistungen so wählen, wie es sich aus den Erfordernissen der Leistungsbeschreibung ergibt. Die Besichtigung der Geräte und Fahrzeuge durch den AG oder die Genehmigungsbehörden ist jederzeit zu gestatten.

Für die Ausrüstung und das Personal der Geräte werden die gültigen Besetzungsvorschriften der Seeberufsgenossenschaft sowie die deutschen Unfallverhütungsvorschriften und für den Betrieb der schwimmenden Fahrzeuge und Geräte die Vorschriften der Seeschifffahrtsstraßen-Ordnung, den internationalen Regeln zur Verhütung von Zusammenstößen auf See *(„Kollisionsverhütungsregeln", KVR),* der Seeberufsgenossenschaft sowie alle sonstigen einschlägigen Bestimmungen angewandt. Bei Einsatz ausländischer Fahrzeuge und Geräte sind hierfür entsprechende Zertifikate und Versicherungsnachweise beizubringen. Die Haftung regelt sich nach deutschem Recht.

Mit der durchgehenden Schifffahrt sind rechtzeitig Absprachen über Passiervorgänge u. ä. zu treffen. Soweit erforderlich, ist die Baggerstrecke kurzfristig zu verlassen. Der maßgebliche Revierfunk ist permanent durch die Schiffsführer abzuhören.

Es werden die „Allgemeinen technischen Vertragsbedingungen für Nassbaggerarbeiten", DIN 18311, die entsprechenden Angaben der EAU sowie die ZTV-W angewandt.

Für die Nassbaggerarbeiten im Zufahrtsbereich sind Überlaufbaggerungen nicht gestattet (z. B. bei Einsatz von THSD oder Schuten).

Der AN koordiniert den Abtrag des auflagernden Schluffs sowie den Sandeinbau gemäß dem vertraglich vereinbarten Baufortschritt.

Die Sandentnahme erfolgt im Bereich der Zufahrt zum Liegeplatz sowie aus der Liegewanne, zwischen Liegeplatz und Fahrwasser gelegen. An die Bodengewinnung für die Aufhöhung der Hafenfläche des zukünftigen Terminals werden die im Folgenden erläuterten Anforderungen an die Ausführung gestellt.

8.3.1 Bodenmanagement

Vor Beginn der Arbeiten sind ein detailliertes Bodenmanagementprogramm *(soil management plan)* sowie ein Baggerplan *(dredging plan)* vorzulegen und vom AG zu genehmigen, denen folgende Informationen entnommen werden können:

- die mittels seiner angebotenen Gerätetechnik gewinnbaren Bodenmengen,
- die bei der Gewinnung entstehenden Verluste (ggf. Überlaufverluste bei Hopperbaggerung),
- die Verteilung der Mengen im Bereich des Kraftwerkterminals sowie den Verbringungsstandorten,
- die zeitliche Abfolge der Baggerarbeiten entsprechend der vorgesehenen Gerätetechnik.

Dabei ist selektiver Abtrag der kontaminierten Schichten zu berücksichtigen. Einzelheiten über den zu baggernden Boden und dessen Bodenarten sind dem Bodengutachten zu entnehmen.

8.3.2 Gerätetechnik

Die Gewinnung der Böden erfolgt innerhalb der in der Ausschreibung markierten Flächen. Die anzuwendende Gerätetechnik ergibt sich aus der selektiven Gewinnung von auflagernden kontaminierten Schluffen und deren Entwässerung sowie der Baggerung von nicht kontaminierten Sanden.

Für die Baggerung der auflagernden Schluffschicht kommen folgende Geräte in Betracht:

- BLD,
- BHD,
- GD.

Für die Baggerung der Sandschicht kommen folgende Geräte in Betracht:

- CSD,
- THSD.

Es ist die jeweils wirtschaftlichste und umweltschonendste Methode zu wählen.

8.3.3 Baggerung Zufahrtsbereich und Liegewanne

Der Zufahrtsbereich und die Liegewanne soll auf die planmäßige Tiefe von NN – 10 m für den Zufahrtsbereich und NN – 12 m für die Liegewanne gebracht werden. Der Zufahrtsbereich soll an die Ausbautiefe der Fahrrinne angepasst werden. Der herzustellende Zufahrtsbereich hat eine Fläche von 30 ha. Die aktuellen Tiefen liegen zwischen NN –3 m und NN –8 m.

Die Unterwasserböschungen sind gemäß den Lage- und Tiefenplänen herzustellen. Im Entnahmebereich stehen vorwiegend fest gelagerte Feinsande mit einem Schluffkornanteil von ca. 30 % an (s. Bodengutachten).

Auf der Fläche ist mit einer bis 2 m dicken Weichsedimentschicht zu rechnen. Weichsedimente sind zu entwässern und entsprechend Kontaminationsgrad gem. LAGA zu entsorgen.

8.3.4 Auffüllung und Entsorgung

Der abzugrabende Boden wird in zwei Phasen gebaggert:

- Phase 1: Baggerung der auflagernden Schluffe,
- Phase 2: Baggerung des Sandes bis Ausbautiefe.

Der auflagernde kontaminierte Schluff soll in ein gedichtetes Becken verspült und von dort einer Entwässerungsanlage zugeführt werden (s. u.). Nach Entwässerung soll der Schluff stichfest sein und raumsparend zur weiteren Entsorgung (Deponie bzw. Sonderdeponie) per Lkw abtransportiert werden.

8.3.4.1 Verspülen von Sand auf Aufhöhungsfläche

Der Sand wird in die Aufhöhungsfläche eingespült. Die Aufhöhungsfläche ist in Teilflächen aufzuteilen. Der abzugrabende Boden wird mittels Verspülen in die Aufhöhungsfläche eingebracht. Verspülen ist der Einbau von Füllmaterial von Land oder Wasser aus (konventionelles Spülverfahren mit oder ohne Spüldeichbegrenzungen), bei welchem die Spülrohrleitungen kontinuierlich dem Baufortschritt entsprechend verlängert und verlegt werden.

Während der Auffüllungsarbeiten muss erkennbar schlechtes Material aus Schluffen und Tonen kurzfristig in die gesondert anzulegende Deponie umgeleitet werden können. Der AN hat entsprechende durch Schieber gesteuerte Weichen vorzusehen.

Vor Beginn der Arbeiten wird ein Spülfeldkonzept *(reclamation management plan)* vom AN erstellt, das vom AG zu genehmigen ist. Aus diesem Konzept soll ersichtlich werden, wie der Bieter die Steuerung des Einspülvorganges betreiben wird, damit der Qualitätsanspruch eingehalten wird. Es ist dabei Folgendes zu beachten:

- Die Bildung von Schlufflinsen ist zu vermeiden.
- Die Aufspülung in Teilflächen ist so zu bemessen, dass Grundbrüche durch zu schnelles Aufhöhen und die Bildung von Weichsedimentwalzen verhindert werden.

- Der AN hat das Spülfeldmanagement so zu betreiben, dass der Spülbetrieb nicht für längere Zeit unterbrochen bzw. die Spülleistung reduziert werden muss.

Im Zuge der Spülarbeiten muss eine Aufweichung des Hauptdeiches verhindert werden. Zu diesem Zweck ist ein Entwässerungsgraben vorgesehen. Dieser Graben ist vom Spülfeldbetrieb zu trennen, darf also nicht für die Spülfeldentwässerung herangezogen werden, sondern dient zur Regen- und Sickerwasseraufnahme während der Bauzeit und später als Regenrückhaltebecken. Die Entwässerung der Spülfelder erfolgt über Staukästen („Mönche"). Eine etwaige Anhäufung von schluffigem Material vor und nach dem Staukasten ist nicht zugelassen.

Materialablagerungen nach dem Staukasten werden spätestens im Zuge der Baustellenräumung gebaggert und entsorgt.

8.3.4.2 Verklappen von Sand

Bei Baggerung mittels THSD wird der gebaggerte Boden zu einer zugelassenen Klappstelle transportiert und dort entsprechend den Bestimmungen für den Betrieb der Klappstelle verklappt.

8.3.4.3 Entsorgung Schluff

Vor der Entsorgung in eine Deponie muss der gebaggerte Schluff dem Stand der Technik entsprechend mithilfe einer mobilen Aufbereitungsanlage entwässert werden, um Transportaufkommen und Deponieraum zu sparen.

Der prinzipielle Verfahrensablauf einer Anlagenkonfiguration gliedert sich in drei Prozessschritte, nämlich:

- Baggerung: Baggerung des auflagernden Bodens inkl. Schluff-Fraktion 0–120 μm aus dem Zufahrtsbereich, z. B. mittels kleinem CSD; Verspülen des Baggergutes in ein Becken im Bereich der Aufbereitungsanlage.
- Aufbereitung (Trennen und Filtrieren): Die Aufbereitungsanlage dient der Volumenreduktion des Bodens durch dessen Trennen in verschiedene Kornfraktionen und nachfolgendes Entwässern. Die Trennung der Schlufffraktion von der Sandfraktion erfolgt mittels Siebung (Trennschnitt T>120 mm), die der Schlufffraktion mittels Zyklonierung (T>60 μm) und ggfls. Aufstromklassierung (T>20 μm). Das Entwässern bis zu stichfester Konsistenz erfolgt mittels Eindicker, Filterpresse, Zentrifugen oder Dekanter. Die Aufbereitungsanlage sollte vorzugsweise an Land stehen. Der AN erstellt eine detaillierte Verfahrensbeschreibung zum Eindickvorgang.
- Verbringung und Lagerung: Die Verbringung zur Deponie erfolgt mittels LkW. Die Deponien befinden sich im Raum Cuxhaven.

8.3.4.4 Baggerhindernisse

Alle störenden Hindernisse werden in Abstimmung mit dem AG gemeldet, vom AN geborgen und landseits entsorgt.

Sachverzeichnis

V. Patzold, G. Gruhn, *Betriebliche Risiken in der Nassbaggerei*,
DOI 10.1007/978-3-662-49345-8

Printed by Printforce, the Netherlands